# 天气分析与预报实践教程

主　编　刘　瑞
副主编　朱佩君　翟国庆

ZHEJIANG UNIVERSITY PRESS
浙江大学出版社

## 内容提要

本教材主要介绍了两部分内容:第一部分是天气图分析基础,重点介绍了天气形势场分析的要求、步骤、分析原则和技术规定,以及气象要素的空间分布,这是天气预报实践内容之一。第二部分是中国气象部门普遍使用的气象信息综合分析与处理系统(MICAPS)的使用介绍,这部分内容也是天气预报课程实践的重要内容。MICAPS 系统是中国气象部门普遍使用的人机交互系统,主要通过检索各类气象数据,显示气象数据的图形和图像,对各种气象图形进行编辑加工,为气象预报服务人员提供一个中期、短期、短时(临近)天气预报分析制作的工作平台。

本教材可供大气科学学科本科生在学习天气分析与预报时使用,旨在提高学生的天气分析能力。本教材还适合其他初学者和自学者,也可供其他学科参考。

**图书在版编目(CIP)数据**

天气分析与预报实践教程 / 刘瑞主编. —杭州:
浙江大学出版社,2021.9
ISBN 978-7-308-21623-4

Ⅰ.①天… Ⅱ.①刘… Ⅲ.天气分析—高等学校—
教材 ②天气预报—高等学校—教材 Ⅳ.①P45

中国版本图书馆 CIP 数据核字(2021)第 153865 号

**天气分析与预报实践教程**

主　编　刘　瑞　　副主编　朱佩君　翟国庆

责任编辑　范洪法　樊晓燕
责任校对　王　波
封面设计　周　灵
出版发行　浙江大学出版社
　　　　　(杭州市天目山路 148 号　邮政编码 310007)
　　　　　(网址:http://www.zjupress.com)
排　　版　杭州青翊图文设计有限公司
印　　刷　浙江省邮电印刷股份有限公司
开　　本　787mm×1092mm　1/16
印　　张　12.75
彩　　插　6
字　　数　310 千
版 印 次　2021 年 9 月第 1 版　2021 年 9 月第 1 次印刷
书　　号　ISBN 978-7-308-21623-4
定　　价　46.00 元

# 前　言

　　大气科学学科重要的基础教学内容之一就是掌握天气分析技术和正确地分析出可能发生灾害天气或危险天气的天气系统，包括天气系统可能出现的时间、地点、强度等，天气系统的基础分析包括气象要素的分析和各种物理量的分析；气象要素的分析又包括天气图的分析、遥感资料的分析等；而这些分析又可分为人工分析、计算机自动分析等。本实践教材涉及人工分析的要求、步骤和注意要点，同时介绍气象信息综合分析处理系统，以及我国现代气象业务化中基础分析的操作、分析及预报思路等，但没有包括气象资料利用和开发，这一部分将由后续课程来完成。

　　气象信息综合分析处理系统(Meteorological Information Comprehensive Analysis and Process System)，简称 MICAPS 系统，是目前我国气象部门用来支持天气预报制作的人机交互系统，它主要通过检索各种气象数据，显示气象数据的图形和图像，对各种气象图形进行编辑加工，为气象预报服务人员提供一个中期、短期、短时天气预报分析制作的工作平台，在气象系统被广泛应用并可以多次开发利用。

　　对于初学者，首先需要学习手工天气图分析的基础知识，基本了解地面和高空天气图的填图格式，掌握分析原则及技术规定，熟悉等值线、槽线、切变线、锋面等系统的分析方法，能正确分析各气象要素的空间分布，得出有利于判断出天气系统的发生、演变的基本要点以及得到较为准确的预报信息。

　　根据天气分析基本原理和方法进行天气分析，可以揭示主要的天气尺度系统、天气现象的分布特征和相互的关系。天气图是目前气象部门分析和预报天气的重要工具之一。天气图主要有地面天气图和高空天气图。高空天气图又分成不同高度如 850hPa、700hPa 等规定的标准层天气图。通过对同一时刻上、下层次各层的分析，可了解天气系统的空间结构。根据实际需要，又可选用不同范围的天气图，我国通常使用欧亚范围的天气图，有时也用北半球范围或低纬度(30°N～30°S)图，或某一省、地区范围的小图作辅助分析用。

　　现代气象科技有了飞速的发展，气象分析和预报技术也充分利用了计算机、电子科学等学科的技术发展，气象预报服务领域涉及众多行业和社会的各个角落，本书的另一个重点是将目前气象业务应用的 MICAPS 系统作了相关介绍，以利于学生在天气预报实践之前，能够了解目前的气象业务系统，基本上可在计算机上操作常用业务分析图等。

　　本书以配合"天气分析与预报"课程为主。通常仅靠"天气分析与预报"的教学课时数远不足以熟练掌握分析天气图的技巧和计算机业务化的应用，需要学生课后多练习以便较为熟悉天气分析。

　　本教材参考了国内高校、国家气象部门的相关材料及文件内容等，在此一并感谢！

　　参与本教材相关工作的还有浙江大学地球科学学院教师邓素清以及周一民、苏涛、张红蕾博士等。

由于水平和认识可能不到位,本教材难免有许多不足和疏漏,甚至有出错之处,敬请指正为谢。

由于本教材编写历时几年,其间有的单位名称已更名,不过我们仍然保留着原名称以表示尊重历史,特此说明。

编者
2021 年 2 月

# 目　录

## 第一篇　天气图分析基础

## 第二篇　MICAPS系统

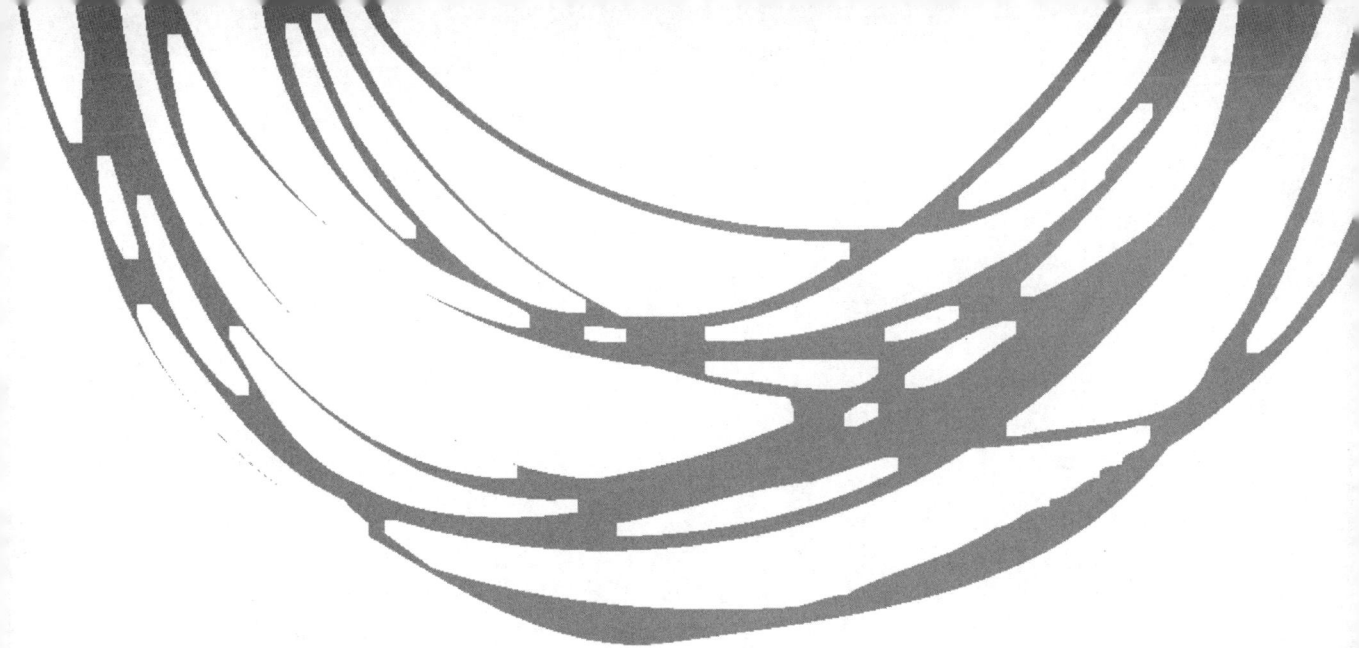

第一篇

# 天气图分析基础

# 第1章 天气图分析

要了解一个地方的天气现状和演变规律,做出正确的天气预报和判断,不仅要对当地和周围地区的天气状况进行周密的观测,而且还要对大气的状况和运动过程进行连续的、综合的分析。天气分析图简称天气图,就是为了适应这种需要而创造出来的。天气图具有简便、直观的特点。从第一张天气图诞生到现在已有100多年的历史,目前它仍然是世界大多数气象台站分析和预报天气的重要工具之一。本章参考天气学分析的相关资料[1~4],结合实践教学,具体介绍如何进行天气图分析。

## 1.1 人工绘制天气图的基本要求

人工绘制天气图是在站点气象信息填图的基础上进行的。在绘制天气图时需要准备最常用的几种铅笔和工具:2B铅笔(用于绘制等压线、等高线等),红色铅笔(用于绘制等温线、暖锋、静止锋、低压中心等),蓝色铅笔(用于绘制冷锋、高压中心),棕色铅笔(用于绘制高空槽线),绿色铅笔(用于绘制地面图上降水区等),橡皮,削笔刀等。

在绘制天气图时,绘制人员若是右手握笔,可以从图的右端起步,自右向左运动绘制线条。右手握笔不会遮住图上绘制曲线前方的数据。绘制人员的双眼看着握笔的右手的左侧,并不需要双眼盯着铅笔尖。这样绘制的图整齐、流畅。

绘制等值线的基本要求是:

(1)在同一条等值线上,其数值处处相等;

(2)等值线线条粗细均匀、平滑;

(3)等值线线条不能中途中断,每一条等值线都必须有始有终;

(4)等值线不能相互交叉,相等的两条等值线也不能在近距离平行过长;

(5)等值线一侧的数值应高(低)于另一侧;

(6)地面等压线或低于高原平均高度的等压面上的等高线和等温线以间断线通过高原区;

(7)每条等值线的两端都必须清楚地标出它的全部数字,而对闭合的等值线,则在其闭合的正北方留下一个缺口,用于标出该等值线的数字,同时,在闭合区内标出高压(G)或低压(D),表示该点是最高值或最低值,并在这个中心的下方标出中心数字,这时所标的中心值只保留整数。

在绘制天气图时,有条件的话,先要关注一下上一个时次相同天气图的形势和整体形势的空间特征,这有利于在绘制时有一个情景判断,然后再着手绘制。绘制天气图时先绘制等高线(等压面图),再绘制等温线。在绘制等温线时,红色线条不能太重(浓),应该突出等高线的清晰度,而让等温线作为配角出现。在绘制地面图时(等高面),天气区的绘制应该作为配角出现,从而突出等压线和锋面。

# 1.2   天气图分析基础

天气图分析基础包括初步分析、锋面分析、等压面分析和天气系统分析等。本节手工绘制的实习分析图来源于中国人民解放军理工大学气象学院制作的《实习分析图》。

## 1.2.1   初步分析

天气图初步分析主要是在天气图上绘制等值线。在正常情况下资料的空间分布是比较均匀的。气象资料在空间分布时有一定的规律。比如低压系统,可以按照逆时针环流来确定等值线的分布,而对于高压系统则可以按照顺时针环流来确定。在分析等值线时,可以按照背风而立时高压在右、低压在左的风压定律和地转风(或准地转)原理来绘制等值线。但要注意,在地面上,由于地表的摩擦和高低起伏的山脉的作用,地面(和近地面)风场的风向、风速呈现出不连续性,因此,地面风场(近地面)风的走向会穿越等值线。此外,我国的一些高大山脉如青藏高原、秦岭山脉、大兴安岭等,海拔高度都较高,在绘制地面图时要注意地形的影响,有时应停止继续绘制这一等值线,有时采用地形等值线,有时可以把该站资料仅作为参考要素等。在图1.1到图1.3所示的初步分析图中[7]有锋面气旋,在锋面处,气象要素通常有明显的变化,因此,在分析锋面等值线时,要注意气象要素的梯度变化和风场的变化。另外,地面等压线在锋面上会有明显的转折,这是锋面的一个重要特征。

分析步骤:

(1)在分析天气图之前,应先把填好的图仔细地看一遍,有一个概略的了解。

(2)在绘制等值线时,一般应从记录较多的地方开始画。

(3)在绘制等值线时,通常先绘几条主要的等值线,如1005.0hPa、1000.0hPa等等压线,待大体轮廓显露后,可以再依次补充其他的等值线。绘图时,应先用铅笔轻轻地描出草图,然后根据天气学原理进行修改,使整个天气图清晰醒目。

(4)分析等压线,等压线间隔2.5hPa进行分析。

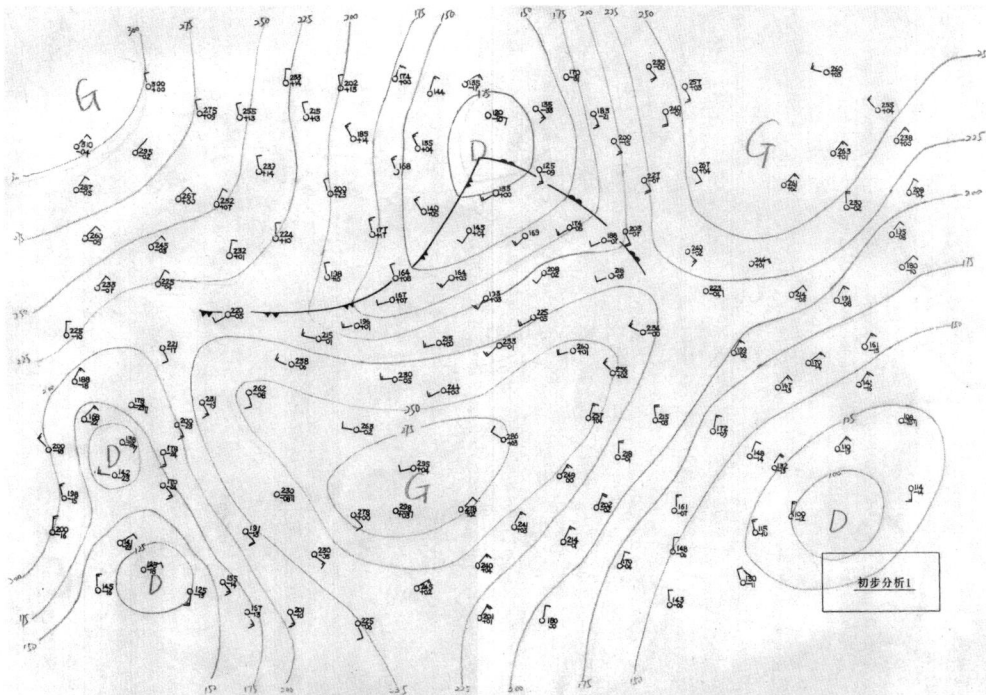

图 1.1　初步分析图(1)

图中：等值线为等压线，锯齿线为冷、暖锋，"G"为高压中心，"D"为低压中心[5]。

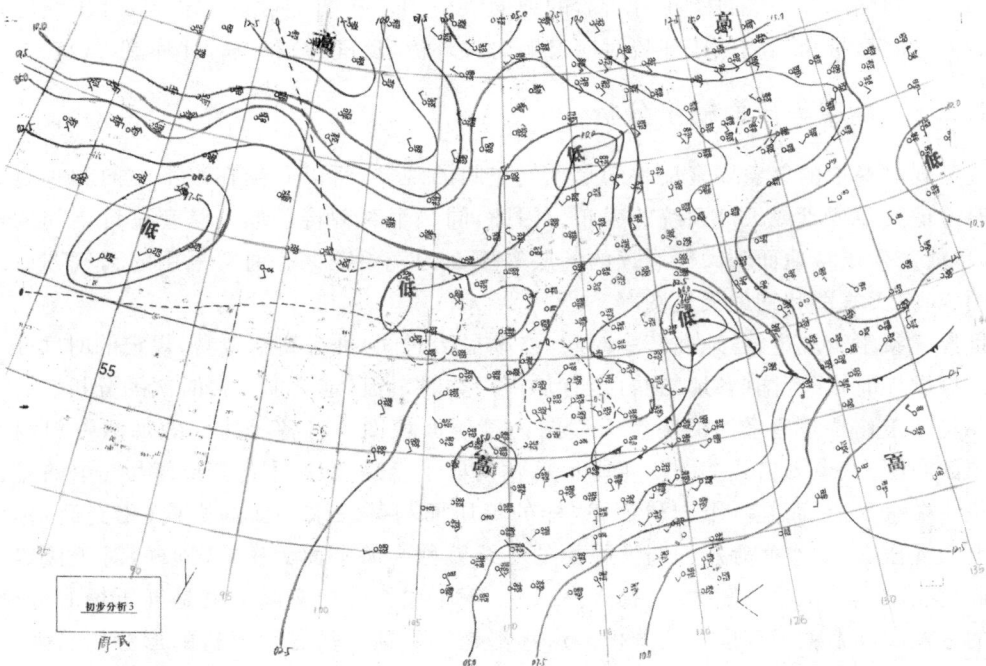

图 1.2　初步分析图(2)

图中：等值线为等压线，锯齿线为冷、暖锋，"高"为高压中心，"低"为低压中心[5]。

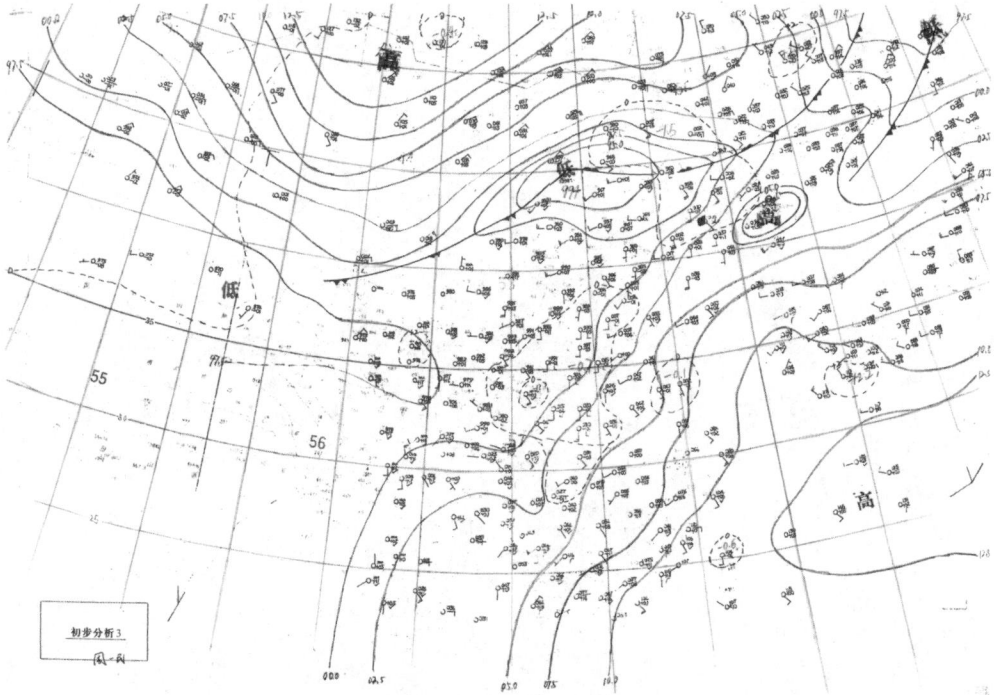

图 1.3　初步分析(3)

图中:等值线为等压线,锯齿线为冷、暖锋,"高"为高压中心,"低"为低压中心[5]。

　　图 1.1 到图 1.3 为经过手工分析后的地面天气图。从图上可以注意到:等压线经过锋面气旋时有明显折角;高、低压环流对应着顺时针环流(反气旋)和逆时针环流(气旋)。

## 1.2.2　高空等压面初步分析

　　气象观测获取的气象要素反映的是大气空间的现象,所以必须在水平方向和垂直方向上同时考虑气象要素或天气系统的分布。因此,同一个时刻将获取一整套三维空间的气象资料,也就产生了从地面到大气层顶的各层等压面的气象数据。通常采用的天气图有地面天气图、高空天气图和辅助天气图等。

　　世界气象组织规定,各地在统一时间(格林尼治时间)进行高空观测,规定的时间是 0 时和 12 时(世界时)。各国(各地)在自定有加密探空时,可自定增加加密时次的分析。

　　在实际工作中普遍采用的高空天气图为等压面填图。将各等压面的观测资料填写在天气图的底图上(填图格式如图 1.4 所示),就构成了全球等压面图。现实大气中的等压面并不是一个水平面,而是一个起伏面,这样的等压面与某一水平面的交线(相交面)称为该平面上的等压线,如空间等压面与海平面的交线就称为海平面等压线,同样,对于该等压面来说此交线就是等位势高度线(简称等高线)。等压线的分析实际上就是气压场的分析,等高线的分析实际上就是高度场的分析。这些都是气象预报员必须分析的形势场。因此,我们才可能在等压面上像分割地形高度那样分析等高线。在等压面图上,全世界气象部门提供的各地获取的气象数据主要有位势高度、该高度上的气温、该高度上的湿度(温度露点差)以及风向、风速,共 5 个气象要素,同时,也可以根据需要增加分析内容,如分析变温、变高、温差等。

图 1.4 中的符号分别代表：$HHH$ 为等压面的绝对高度，以位势什米为单位（1 位势什米等于 10 位势米）；$TT$ 为该高度的温度值，以摄氏温度为单位，温度为零下时以负号表示出；$T-T_d$ 为该高度的露点温度差；$dd$ 为该高度上的风向；$ff$ 为该高度上的风速值（m/s）。

风场分析的目的是寻找低层的辐合区、高层的辐散区以及高低空的垂直风切变。因此，风场的分析包括切变线、辐合线、急流、显著流线和等风速线分析。

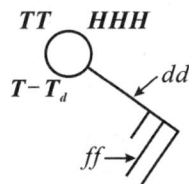

图 1.4　等压面上的填图格式

温度场的分析是为了判断垂直方向的热力不稳定和水平方向的冷暖平流。因此，温度场的重点分析内容包括温度脊（暖脊）、温度槽（冷槽）、变温和温度差等的分析。在对流层低层分析温度脊（暖脊），在对流层中层分析温度槽（冷槽）。变温分析主要集中在对流层中层，用以确定表征冷平流的显著降温区。

大气中大约 70% 的水汽集中在近地面的 3km 以内。因此，湿度场的分析主要在 700hPa 及以下，分析内容包括露点锋（干线）、显著湿区（湿舌）和干舌。露点锋是水平方向上的湿度不连续线。露点锋的一种特殊形式即干线，一侧是暖而干的空气，另一侧是冷而湿的空气。穿过干线，水平露点温度变化剧烈。干线两侧的露点温度可相差 14℃/500km 以上。干线是具有自身垂直环流的中尺度系统，垂直伸展高度达地面以上 1～3km。干线可导致强烈的对流风暴，是对流的触发机制之一。

在等压面上需要分析等高线，也就是分析等位势高度场。位势高度场分析是为了判断槽、脊的位置及其演变。高空分析主要集中在对流层低层、中层和高层的特征等压面上。在东部低海拔地区，对流层低层的分析主要集中在 850hPa 和 700hPa，当 850hPa 急流或其他系统不明显时，在地势平坦地区增加 925hPa 的分析。对流层中层和高层的分析则分别集中在 500hPa 和 200hPa 或 300hPa。

在分析高空天气图时，对所分析的气象要素要有空间的概念。在等压面上分析有三方面的优势：第一，避免了在气象上获取比较困难的密度（$\rho$），因为密度廓线成指数递减较快，垂直方向上变化大；第二，等压面上可以进行上下层风场之间的比较，因为在等压面上 $u=-g/f(\Delta z/\Delta y)$，且和高度无关；第三，可以尽可能地避免绘制过多的线条，且不减少表达的意义，例如：

（1）状态方程 $P=\rho RT$，即 $\rho=\dfrac{P}{RT}$，在等压面上，温度 $T$ 就表示了密度 $\rho$。其中：$P$ 表示气压；$R$ 表示空气的气体常数。

（2）干位温方程 $\theta=T\left(\dfrac{1000}{P}\right)^{\frac{R}{C_p}}$，则等压面上的等温线 $T$ 就代表了等位温线 $\theta$，其中 $C_p$ 表示干空气的定压比热容。

（3）等饱和比湿 $q_s=622\dfrac{e_s(T)}{P}$，在等压面上温度 $T$ 反映了等饱和比湿等，其中 $e_s$ 表示饱和水汽压。

所以，在分析天气图时，可以尽量让气象要素场在自己的认识中建立起空间概念和了解空间结构分布特征。

因此,预报员除了分析等高线以外,还要分析温度场,即分析等温线。通过等温线与等高线的分析,可以初步了解系统的空间结构,表征大气中的物理现象,如冷暖平流、大气斜压结构、锋区等。在分析高空等压面时,也就要注意高度场、温度场、高低压系统的三维空间特征,以及温度中心与低压中心的位置配合关系,垂直空间上高压、低压的变化特征等,这有助于提高对大气系统的特征、演变和结构的认识。

气象上常用的等压面有 850hPa、700hPa、500hPa、300hPa、100hPa 等。一般 850hPa 的位势高度在 1200～1500 位势米,700hPa 的位势高度在 2500～3200 位势米,500hPa 的位势高度在 5200～5800 位势米,300hPa 的位势高度在 9000 位势米附近,而对流层顶附近的 100hPa 所对应的位势高度在 16200～16800 位势米。

### 1. 等高线分析及步骤

等高线是用黑色铅笔以平滑的实线绘制的。我国规定,相邻等高线间隔为 40 位势米。所以:

850hPa 等压面图上的等高线的数值为 1360、1400、1440、1480、1520 位势米;

700hPa 等压面图上的等高线的数值为 2960、3000、3040、3080、3120 位势米;

500hPa 等压面图上的等高线的数值为 5720、5760、5800、5840、5880 位势米。

在闭合的等高线的高值区中心标注"G",低值区中心标注"D"。有些国家,如日本、英国、美国等规定相邻等高线间隔为 60 位势米,高值区和低值区分别用"H"和"L"来表示。在实际高空等压面图上,等高线的分布多呈波状。在行星边界层以上,由于高空大气运动受地面摩擦力的影响很小,因此高空风与等高线的关系接近于地转风,遵循地转风原则,风向与等高线近于平行,地转风的去向就是等高线的走向。同时,风速大的地方等高线就密,等高线密集的地方风速大,反之,等高线稀疏的地方风速小。

等高线分析步骤:

(1)在分析高空天气图之前,应先把填好的图仔细地看一遍,有一个概略的了解。

(2)在绘制等值线时,一般应从图的右侧、记录较多的地方开始画。

(3)在绘制等值线时,通常先绘几条主要的等值线,如 850hPa 上的 1360 位势米、700hPa 上的 3000 位势米等,待大体轮廓显露后,可以再依次补充其他的等值线。绘图时,应先用铅笔轻轻地描出草图,然后根据天气学原理进行修改,使整个气候图清晰醒目。

(4)等高线按间隔 40 位势米进行分析。

### 2. 等温线分析及步骤

等温线是用红色铅笔绘制的。我国规定每隔 4℃ 绘制一条等温线,冷中心用蓝色的"L"来表示;暖中心用红色的"N"表示。有些国家高空图上的等温线之间的间隔采用 6℃ 或 3℃;冷中心用蓝色的"C"、暖中心用红色的"W"表示。等温线与等高线一样,常呈波状分布,其位相稍落后于等高线,形成了冷槽、暖脊的等压面的水平结构。等温线的分布有时候会出现有的地方密集,有的地方稀疏。等温线较密的区域,就是我们所说的锋区,表示是有冷、暖气团交汇的地带。

绘制了等温线与等高线后,可以从等高线的疏密程度、等温线的疏密程度、等高线与等温线的交角这三方面定性判断温度平流的强弱。等高线越密,等温线越密,等高线与等温线之间的交角越大,温度平流就越强;反之,等高线越稀疏,等温线越稀疏,等高线与等温线之间的交角越小,温度平流就越弱。

图 1.5 所示是高空等压面上经常可以看到的高空波状温压场配置情况。初学者应将等高线绘制得平滑一些,避免不规则的小弯曲和突然曲折(槽线、切变线除外)。两条数值相等的等高线应尽量避免近距离互相平行过长,等高线分布从疏到密或从平直到弯曲,其形状和间距应该做到逐渐过渡。

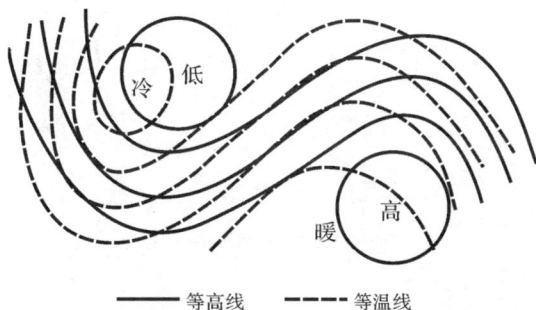

—— 等高线　---- 等温线

图 1.5　高空图常见的温压场形势图

等温线分析步骤:

(1)在绘制等温线时,一般应从图的右侧、记录较多的地方开始。

(2)在绘制等温线时,通常先绘几条主要的等值线,如 850hPa 上的 0℃,700hPa 上的 −8℃ 等。可以待大体轮廓显露后,再依次补充其他的等值线。遵循天气学原理绘图时,温度场与高度场有一定的相关性,可以作为参考。

(3)用红色铅笔分析等温线,间隔 4℃ 画一条,参考值为 8℃、4℃、0℃、−4℃、−8℃ 等。暖中心用红色标"暖"或"N"字,冷中心用蓝色标"冷"或"L"字。为了工作的需要,可以把某些等温线绘得深一些。

### 3.槽线和切变线分析及步骤

槽线是低压槽内等高线曲率最大点的连线,它是气压场的特征线。在北半球,槽线多呈南北向或东北与西南走向,通常槽前为西南风,槽后为西北风。也有出现横槽情况。横槽是槽线从低值中心向后(西)延伸,槽后东北风而槽前西北风。切变线是一条风的不连续线,切变线两侧风向或风速均具有较强的气旋性切变。它是风场的特征线。切变线的高度出现在 850hPa 和 700hPa 图上。槽线和切变线的共同点是风向均具有较强的气旋性切变。

槽线和切变线分析步骤:

(1)选定高度场上向南弯曲曲率最大的地方,确定曲率西侧为西北风、东侧为西南风,则可以用棕色铅笔在曲率最大处绘制高度槽连线。

(2)选定高度场上向西弯曲曲率最大的地方,确定曲率北侧为东北风、南侧为西北风,则可以用棕色铅笔在曲率最大处绘制横槽连线。

(3)选定风向具有明显的气旋性曲率,高度场上没有弯曲的地方,确定偏西风与偏东风之间的切变线,则可以用棕色铅笔在风向曲率最大处绘制切变线连线。

图 1.6 表示的是 2012 年春季我国南方阴雨天气的低层形势场。

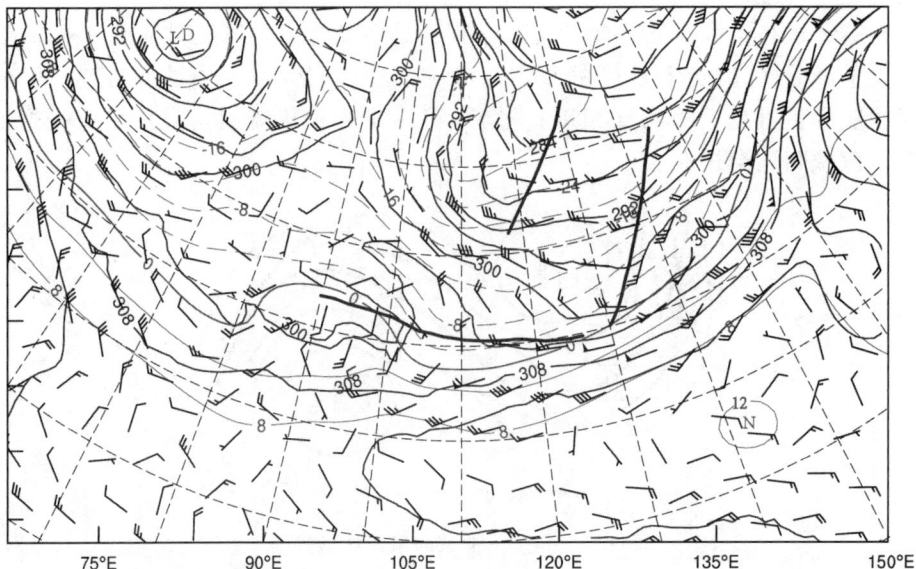

图 1.6　2012 年 3 月 9 日 20 时(北京时)700hPa 亚欧高空分析图

图中:蓝色线为等高线,红色线为等温线,棕色粗实线为槽线或切变线(见书后彩色插页)。

4.流线分析及步骤

风是一种矢量,包含风向和风速两个要素。描述风场除了直接说明风向和风速两个要素外,当然也可以在天气图上分析某高度上的流线和速度线。

在摩擦层以上,空气的流动主要受气压梯度力和科氏力的影响。中纬度地区空气的流动与等高线平行。低纬度地区除台风外,气象要素的空间分布比较均匀,水平梯度较小,天气系统相对较弱,因此,在低纬度地区分析流场比分析高度场更加直观和实际。在赤道附近和低纬度地区,空气运动不遵循地转平衡关系,并且气压日差通常比实际变化大,往往掩盖了天气系统活动所引起的气压非周期变化。因此,在那个地区天气图分析往往以流线分析代替等高线分析。

流线是与风矢量处处相切的连线,表示某时刻气流运动的趋势。在同一时刻,某一条流线上任意一点的切线方向都与该点风向一致。在流线图上用箭矢线表示气流方向,箭头方向为气流的去向。除了在流线图的边界上外,流线只能在汇合点、辐合线以及风向急剧转变等地方才可以断开(停止),否则流线应从"源"或图的边界出发,流入"汇"或流向图的边界。

流线有以下分类。

(1)平直流线与波状流线

流线中最常见的是平直流线和波状流线,见图 1.7。平直流线是由一束接近于平行,略有弯曲的流线组成的。波状流线相当于气压场中的波状低压槽和高压脊,反映了低纬度地区大气中的波动扰动。

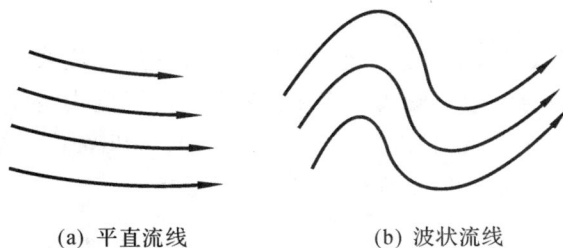

(a) 平直流线　　　　　　　(b) 波状流线

图 1.7　平直流线与波状流线

（2）渐近线

渐近线是指流线逐渐汇合。若流线处于辐合状，则称为辐合渐近线。辐合渐近线往往与一些活跃的对流天气区相联系。对流天气区一般会出现云系、阵风、阵雨等天气现象。若流线逐渐分支，呈辐散状，则称为辐散渐近线。图 1.8 所示为辐合渐近线与辐散渐近线。

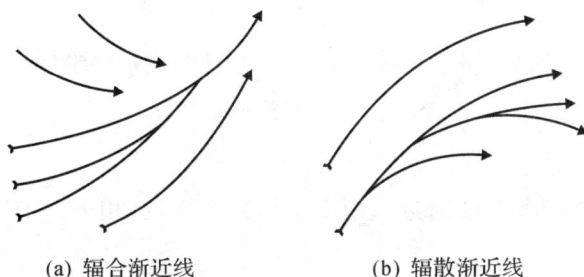

(a) 辐合渐近线　　　　　　(b) 辐散渐近线

图 1.8　渐近线

流线有以下性质：

（1）流线不能交叉，但可以分支。流线既能起止于流线图的边缘，也可起止于风向有急剧变化的地方。

（2）风速大的地方，流线较密；风速小的地方，流线较稀疏。

（3）奇异点

奇异点是流场中的静风点，在此点上风速为零，没有风向，其附近风速也较小。通过该点可画出一条以上的流线。奇异点一般可分为尖点、涡旋（汇、源）和中性点三种。

1）尖点

尖点是波动向涡旋发展的过渡形式，其生命期一般很短，在实际工作中常因资料不足而难以分析出来。图 1.9 表示在东西方向气流中的气旋性和反气旋性尖点。

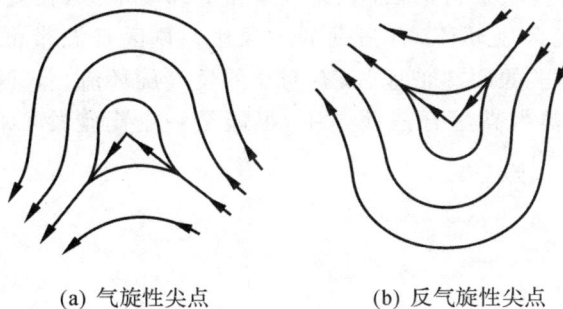

(a) 气旋性尖点　　　　　　(b) 反气旋性尖点

图 1.9　尖点

2)涡旋

涡旋的流型包括流入气流、流出气流、气旋式气流和反气旋式气流等。通常地面流场中主要有两种涡旋,即辐合型的气旋式涡旋和辐散型的反气旋式涡旋(见图1.10)。流线图中分别以符号"C"和"A"表示,它们相当于气压场中的低压和高压。这种具有辐合点(汇)或辐散点(源)的流场,也称为单汇辐合流场或单源辐散流场。

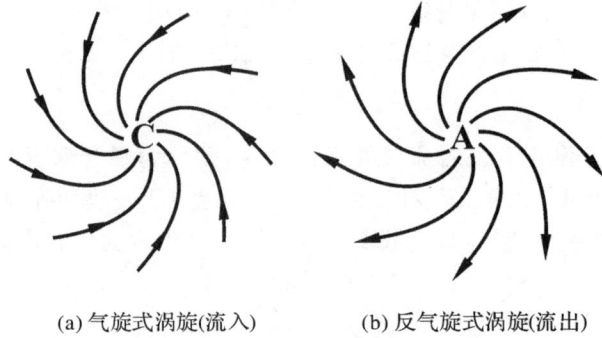

(a) 气旋式涡旋(流入)　　(b) 反气旋式涡旋(流出)

图1.10　常见涡旋的种类

3)中性点

两条辐合渐近线或两条辐散渐近线的交点称为中性点,相当于海平面气压场中的鞍形场,如图1.11所示。

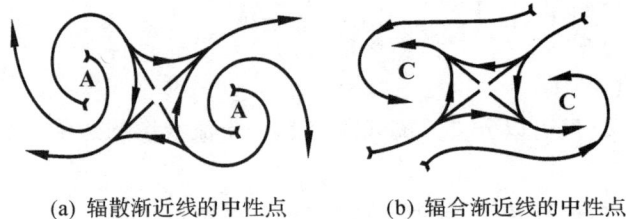

(a) 辐散渐近线的中性点　　(b) 辐合渐近线的中性点

图1.11　中性点

流线在实际工作和研究中得到广泛应用,也显示出其直观的、具有特色的性质。图1.12显示的是计算机绘制的流线图。

图1.12中位于孟加拉北部的A区有明显的气旋式环流,其南侧吹西至西南风,外围风力较强,是一个季风低压。此低压引发强盛且深厚的南亚西南季风,为印度、孟加拉等国带来充沛的降雨。B区吹平行的西风,而且是在低纬度地区,在夏季就是西南季风并流向C区。C区是气旋式台风环流,有强劲的大风区。D区是温带低压,可以有冷锋和暖锋。E区为西北太平洋上的副热带地区,有明显的反气旋环流。F区为气旋式环流,但外围风力比中心强,被副热带高压脊三面包围,可能是一个高空冷心低压的地面部分或一个季风低压。

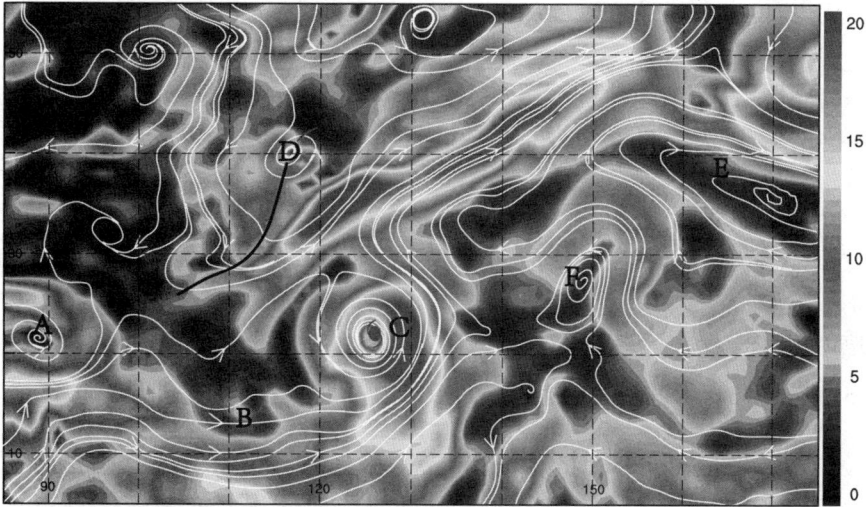

图 1.12　对流层低层流场图

图中:箭矢线为流线,表示风的流向,填色区代表风速大小(m/s)(见书后彩色插页)。

### 1.2.3　地面要素场分析

1.地面气象要素填图的基本格式

地面天气图上填写的气象资料根据的是各地气象台站定时观测的数据。其基本填写格式如图 1.13 所示(具体内容见表 1.1 说明)。

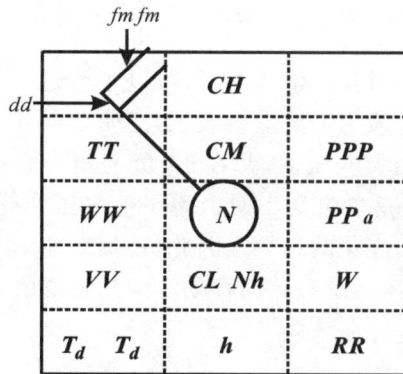

图 1.13　地面天气图的填图格式

表 1.1　地面填图内容

| 地面填图中的缩写说明 | | |
|---|---|---|
| | $CH$:高云状 | |
| $TT$:气温(℃) | $CM$:中云状 | $PPP$:海平面气压(hPa) |
| $WW$:现在天气现象 | $N$:视角内的总云量 | $PP$:过去 3 小时气压变量 $a$:过去 3 小时气压倾向 |

续表

| 地面填图中的缩写说明 | | |
|---|---|---|
| $VV$:有效水平能见度(km) | $CL$:低云状<br>$Nh$:云底低于 2500 米的低云或中云的总量 | $W$:过去天气现象 |
| $T_dT_d$:露点温度 | $h$:云底低于 2500 米的云底高度(m) | $RR$:过去 6 小时内<br>(包括本次观测时)的降水量 |

此外,在图 1.13 中,$dd$ 代表风的来向(360℃方位),$fmfm$ 代表地面观测站 10 米高度 2 分钟平均风速值。

根据地面观测资料在天气图上分布的状况,对其要素进行分析,帮助我们认识当时和过去的地面气象要素分布的状况,有利于对未来天气进行判别。

**2. 地面气压场分析及步骤**

按规定,对海平面气压场的分析应直接在地面图上绘制等压线,等压线绘出后就能清楚地看出海平面高度上气压系统的分布情况。

我国对地面等压线分析的间隔规定是每隔 2.5hPa 绘制一条等压线,例如按 995.0hPa、997.5hPa、1000.0hPa、1002.5hPa、1005.0hPa 等数值线序列绘制等压线。在特殊情况下,当气压梯度很大时,则按 5.0hPa 间隔绘制。日本、美国和英国等国家则每隔 4.0hPa 画一条等压线。等压线绘制完毕后要确定高、低压天气系统中心。对于高压中心,国际上用"H"表示,我国用"G"表示,都用蓝色;低压中心国际上用"L"表示,我国用"D"表示,都用红色。对热带气旋用红色或者"T"表示。高、低压中心强度用数值表示,一般为整数,且在"H"(G)或"L"(D)的下方用黑色醒目标注。

**3. 地面 3 小时变压量分析($\Delta P_3$)及步骤**

在地面图上通过分析 3 小时变压量等值线,可以了解过去 3 小时气压的变压情况和变压量的分布。对变压的分析一般用铅笔虚线表示,通常每隔 1.0hPa 分析一条,要标注每条等值线的数值和气压中心的最大变压值,并在正、负变压中心前分别加注正号(蓝色)和负号(红色)。3 小时变压量的值是过去 3 小时内海平面气压变化的综合反映,在一定程度上可以指示未来短时时间内气压变化的趋势。因此,地面 3 小时变压量分析有助于确定锋面性质和位置,亦可作为预报气压系统和锋面移动方向的重要依据。

**4. 地面天气现象分析及步骤**

在地面观测资料中有许多可供参考的气象要素,所以需要尽可能地将这些气象要素直观地表达出来。为了将地面天气图上的云和天气现象要素等直观地显示出来,在分析地面图时采用各种颜色的铅笔勾画和标注主要天气区,其标注方法如表 1.2 所示。还可以根据工作需要勾画和标注某种云状的区域,提供给相关的天气预测、预报分析使用,包括云和天气现象的性质、分布情况和演变过程。在分析云和天气现象时,需要注意地方性的影响以及地形、下垫面的物理特征和季节性特点等。例如,同样是在冷高压前部,同样有偏北大风,但在干燥地区就容易出现扬沙,而在潮湿地区就不易出现。在北方春季容易出现扬沙,而在秋季就不易出现。此外,还应注意云和天气现象的日变化等。

表 1.2　地面天气图上主要天气区的表示方法

| 天气现象 | 成片的 | 零星的 | 说明 |
|---|---|---|---|
| 连续性降水 | 绿色 | 绿色 | 除雨之外，其他性质的降水均应标注 |
| 间歇性降水 | 绿色 | 绿色 | 除雨之外，其他性质的降水均应标注 |
| 阵性降水 | 绿色 | 绿色 | 过去天气和现在天气中的阵性降水均应标注 |
| 雷暴 | 红色 | 红色 | 过去天气和现在天气中的雷暴均应标注 |
| 雾 | 黄色 | 黄色 | |
| 沙(尘)暴 | 棕色 | 棕色 | |
| 吹雪 | 绿色 | 绿色 | |
| 大风 | 棕色 | 棕色 | 凡地面图上填写的风速在12m/s即6级风以上，即应标注，其方向与实际风向相同 |

　　为了使各种主要天气现象的分布一目了然，在地面分析图上，还用不同颜色的铅笔勾画出大风、雾、降水、沙暴、吹雪等重要天气现象的区域。一般来说，超过 2 个地面测站出现相同的天气，就用彩色笔勾画出这一区域。下面是不同颜色所代表的天气现象：

　　(1)绿色笔用于降水(阵雨、雷雨)、降雪、冰雹；

　　(2)棕色笔用于大风(超过 11 米/秒)、沙(尘)暴、扬沙、浮尘等；

　　(3)黄色用于大雾、过去锋面位置；

　　(4)红色用于标注雷暴、龙卷风、飑线和勾画暴雨区。

　　5.地面锋面分析及步骤

　　根据所获取的地面气象要素并按照统一的填图格式(如图 1.13 所示)，填写到地面天气图的底图上，就形成地面天气图(简称地面图)。地面观测的气象要素包括海平面气压、气温、露点、风向、风速和现在天气现象，也包含云量、云状等高空气象要素的观测记录，还有反映最近时段内气象要素变化趋势的记录，如 3 小时变压($\Delta P_3$)、海平面气压变化倾向、最近 6 小时内出现过的天气现象等。所以地面天气图是天气分析和预报中最基本的、非常实用的综合性天气图。对地面天气图的分析内容一般包括等压线、等 3 小时变压线、风场情况、天气区等分析，其中包括非常重要的锋面分析。通过对地面图的分析，可以了解地面天气系统和天气现象的分布和历史演变情况，从而推断出未来的天气情况和变化。

　　锋面是地面天气图上最重要的天气系统。锋面分析就是确定锋的存在及其在地面上的具体位置，以及确定锋面的性质、强度及其变化情况等。在地面图上在锋面的前沿位置绘制出锋线。在锋面的两侧气象要素的分布常具有不连续的特征，即有突变现象。据此，根据这些气象要素在地面图上的分布特征可分析出锋线的位置、性质和强度等。各种锋线用不同的颜色表示。按照国家气象分析规则规定：冷锋用蓝色表示；暖锋用红色表示；静止锋的北面用蓝色线、南面用红色线表示,且两条线必须紧挨着。具体表示方法如表 1.3 所示。

表 1.3　各种锋面符号

| 锋的种类 | 分析图上的符号 | | 单色印刷图上的符号 |
| --- | --- | --- | --- |
| 暖锋 | ▬▬▬▬ | 红色 | (符号) |
| 地面暖锋 | ▬ ▬ ▬ ▬ | 红色 | (符号) |
| 冷锋 | ▬▬▬▬ | 蓝色 | (符号) |
| 地面冷锋 | ▬ ▬ ▬ ▬ | 蓝色 | (符号) |
| 准静止锋 | ▬▬▬▬ | 蓝色 红色 | (符号) |
| 暖性锢囚锋 | ▬●▬▬ | 紫色 | (符号) |
| 冷性锢囚锋 | ▬▲▬▬ | 紫色 | (符号) |
| 锢囚锋(性质未定) | ▬▬▬▬ | 紫色 | (符号) |

锋面分析有一定难度。通常强冷锋相对比较容易判断,这是因为在强冷锋附近气象要素的反映比较明显。在锋面的确定上,通常主要关注地面气象要素的变化,但之前首先需要关注上一个时次的地面锋面位置(也可以使用黄色线在本时次地面图上描出上一时次地面锋线位置),同时了解一下对流层低层等温线分布,如 850hPa 等温线相对密集的区域,即锋区位置。所谓锋区就是指等压面上等温线相对密集的地区。然后分析上一个时次到这一时次的变化,也就是常说的锋生和锋消现象。假定在这一短时间内锋面演变没有变化,那就需要根据演变特征确定锋面的移动,从而为确定本时次锋面大概位置做好预估,再根据地面要素变化最后定出锋面。

地面锋面分析步骤:

(1)3 小时变压

冷锋后部有强冷平流造成加压,有 3 小时正变压中心($+\Delta P_3$);冷锋前部(有时候 3 小时变压不明显)、暖锋前部有暖平流则易造成减压,有 3 小时负变压中心($-\Delta P_3$);暖锋过后变压不明显。

绘制等变压线($\Delta P_3$)时,可以简化,先只勾画或标注正(负)变压数值大的中心。

(2)天气区

北方冷锋常伴有偏北方向大风区(地面风速≥11m/s)和扬沙等天气。在东部和南部地区,锋面附近就常伴有降水、降雪等天气。天气区的范围大小与锋面有一定关系,从理论上说,地面锋面是在天气区的前部。

(3)风向

锋面常位于风的气旋性切变最大处。冷锋后部是偏北风,冷锋前部是偏西南气流,在锋面两侧有明显的风向转折;暖锋的锋前(暖锋的北侧)通常为东南风,锋后为西南风。

(4)风速

气团推动的地方一般有较大的风速,冷锋移动快,所以冷锋后部常有较大的风速。有时风向切变不明显,只表现为风速的不连续。如我国的寒潮冷锋,往往锋前锋后都吹偏北风,只是锋后风速偏大。

（5）地面形势场

锋面位置与地面气压形势场密切相关,锋面一般处于低压槽中。冷锋后部是高压系统,代表气团的推进,因此冷锋常与等压线大致平行。冷锋可以在低压中心的后部,或可以与等压线平行穿越低压中心,也可以从低压中心向外延伸。当从低压中心穿出时要特别注意是否有暖锋存在。在南方,锋面也较容易存在地面气压倒槽中,且倒槽中易生成出气旋波动。当有气旋波动时,就要特别注意冷锋和暖锋的生成。

当等压线通过锋线时,应有明显的折角或气旋性弯曲的突然增加,而且折角尖端指向高压的一侧。

（6）温度

锋两侧应具有较大的温差,冷区温度低,暖区温度高,这是分析锋的重要依据。因此,锋面附近有明显的温度梯度,但是气温的代表性与保守性都较差,会受到测站高度、天空状况、垂直运动的影响而造成虚锋,分析时应根据具体情况加以考虑。因此,这一要素需要仔细对照每一个测站。可能需要抛弃地面高山站的温度资料,因为由于海拔的影响,该处的温度资料没有实际意义。另外,在有些地区,如我国东北,锋面越过大山脉后进入大平原,由于地形高度的影响,会造成焚风效应,地面出现锋消假象。

（7）湿度（露点）

锋两侧应具有明显的露点差。冷区干燥,露点低;暖区潮湿,露点高。露点的代表性较气温好,但当冷锋后有降水时,代表性也较差。在江淮梅雨期间,由于长时间的降水等原因,锋面两侧的地面差温度并不明显,这时需要关注地面湿度的对比,有时候湿度的对比会更明显。

图 1.14 所示为锋面基础分析之一。在图中的三次锋面天气过程中,冷锋常呈东北—西

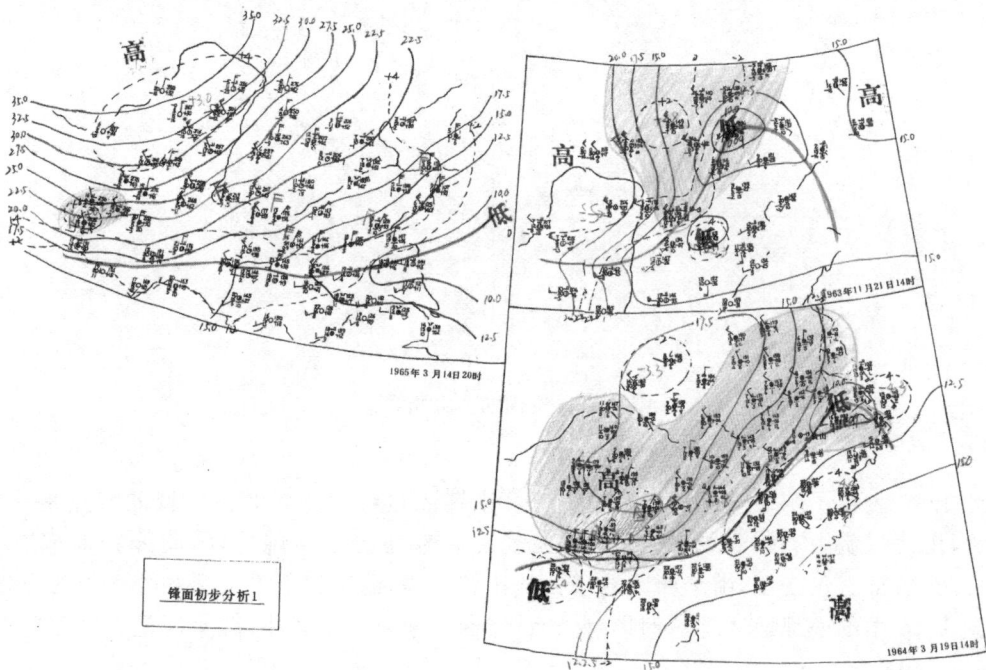

图 1.14　锋面初步分析（1）[5]

图中:等值线为等压线,蓝色为冷锋,红色为暖锋,绿色为降水区,棕色为大风区（见书后彩色插页）。

南走向,并处于低压带之中,冷锋后部有偏西北的气流,冷锋南侧有明显的偏南和西南气流;暖锋常呈西北—东南走向,暖锋附近的气流特征是,锋前东南风,锋后西南风;冷锋和暖锋的交点为闭合的低压中心。在锋面附近(尤其是冷锋后部)会出现天气区,即出现降水、大风、雷暴等天气现象,一般比较典型的降水落区是位于冷锋后的低空切变线以南附近。在我国北方地区(见图 1.14 右上图),冷锋后部常伴有风速超过 11m/s 的大风区;而在我国江南地区(见图 1.14 右下图),比较明显的是锋面附近有大范围的降水区。

图 1.15 表明了两个锋面过程。图中北方地区是一例东北低压至新疆的天气尺度锋面。锋面后部有较密集的等压线,有较强的正变压、大风和降温。在天山地区由于等压线过密而难以正常分析,所以采用了地形等压线的分析方法(见地形等压线)。

图 1.15 中的南方地区是一例江淮气旋波动的例子,有一串气旋波动由冷、暖锋面相连。锋面和气旋都位于西南倒槽中,降水区宽广,气旋波动中心有对流云、积雨云、雷电和暴雨等强对流天气现象出现(红色区域)。

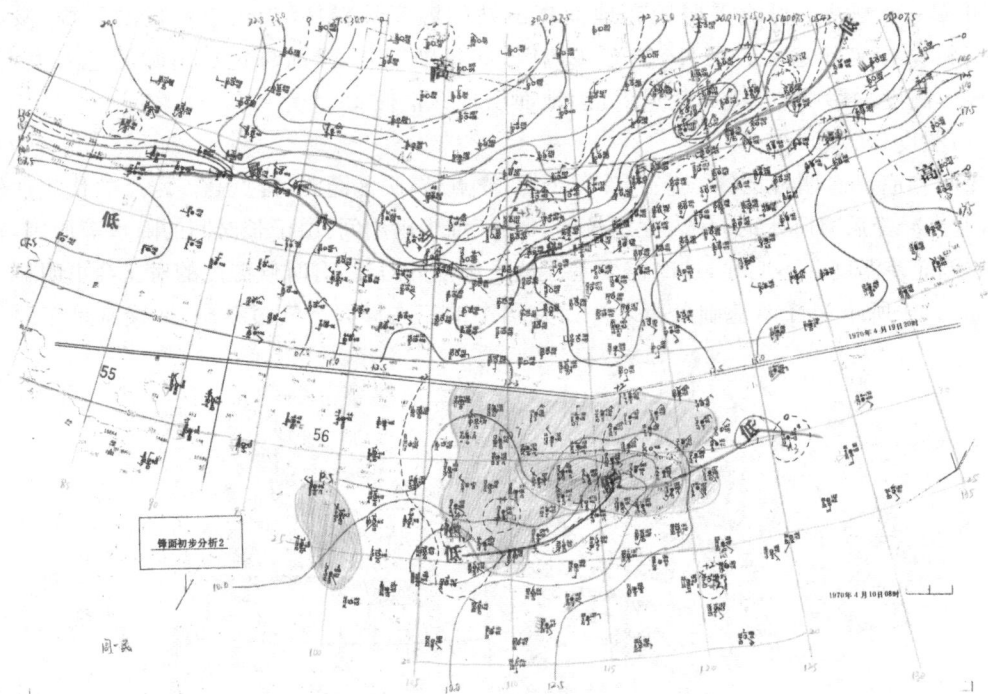

图 1.15　锋面初步分析(2)[5]

说明同图 1.14(见书后彩色插页)。

图 1.16 表明了东北气旋和华南静止锋 2 个锋面过程。图中北部区域的特点是一例东北气旋,围绕气旋中心有强的气压梯度,在气旋后部还有一条副冷锋,副冷锋前部有负变压,副冷锋后部有正变压,由于西北地区大气比较干燥,附冷锋上有大风和沙尘天气出现。

图 1.16 中的南部地区是一例华南锋面,锋面位于华南倒槽中,降水区位于锋面后部。

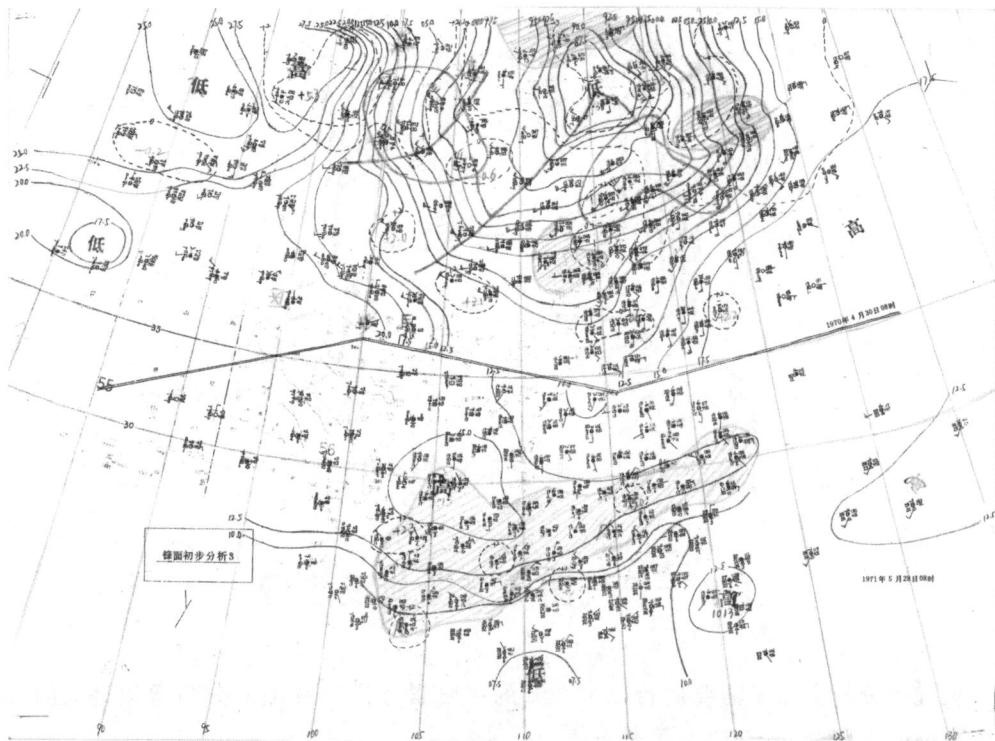

图 1.16　锋面初步分析(3)[5]

说明同图 1.14(见书后彩色插页)。

### 6.地形等压线分析

在平原或比较平坦的地区,气象要素一般不会出现奇特的变化或较大的波动,因此在平原地区等压线常显得平滑且比较均匀。但在地形崎岖的山地,尤其是较高和较大型的山脉,气象要素变化较大。例如,在山地迎风面一侧,由于空气质量的堆积,气压会增高,而背风面一侧由于空气质量辐散,导致气压降低,从而造成山地两侧气压差异很大。当有冷空气在山的一侧堆积时,山两侧气压差异会更大,使等压线突然变形或突然密集,出现等压线不连续的情形。这种现象比较多见于我国新疆的天山、长白山、祁连山、南岭以及台湾地区等。在绘制等压线时,按照常规的分析方法的确较困难。为了表明这种现象是由于地形所引起的,一般将这种等压线画成锯齿形,这一种等压线称为"地形等压线"。常见的地形等压线形式如图 1.17 所示。

绘制地形等压线时必须注意以下几点:

(1)当地形等压线很拥挤时,可将几根等压线用一条锯齿形线连接起来,但几根等压线不能相交于一点,两侧条数应相等(见图 1.17(b))。

(2)地形等压线应画在山的迎风面或冷空气的一侧。

(3)地形等压线应与山脉平行,不能横穿山脉。

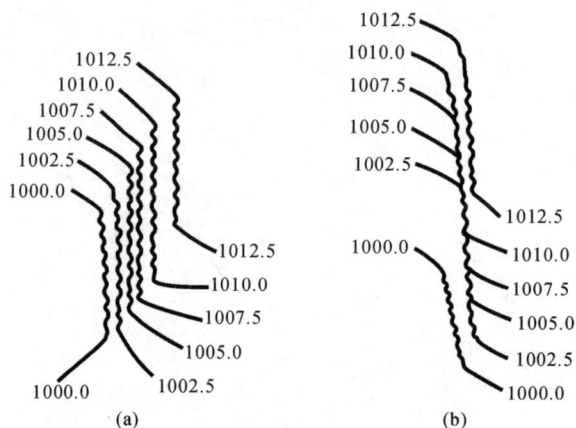

图 1.17　地形等压线（单位：hPa）

# 1.3　天气图综合分析及步骤

在天气图分析中除了需要进行以上介绍的单要素分析以及锋面分析等以外，还需要分析各要素的配置以及高、低空系统配置等。

图 1.18 所示为地面综合分析，表现的是我国春季的一例天气过程。图中有华北气旋、东北气旋和西南低涡。华北气旋与东北气旋之间由小高压将两者分开，我国东海以东有强副热带高压存在。12 小时之后，地面锋面和气旋发生了较大的变化（见图 1.19）。

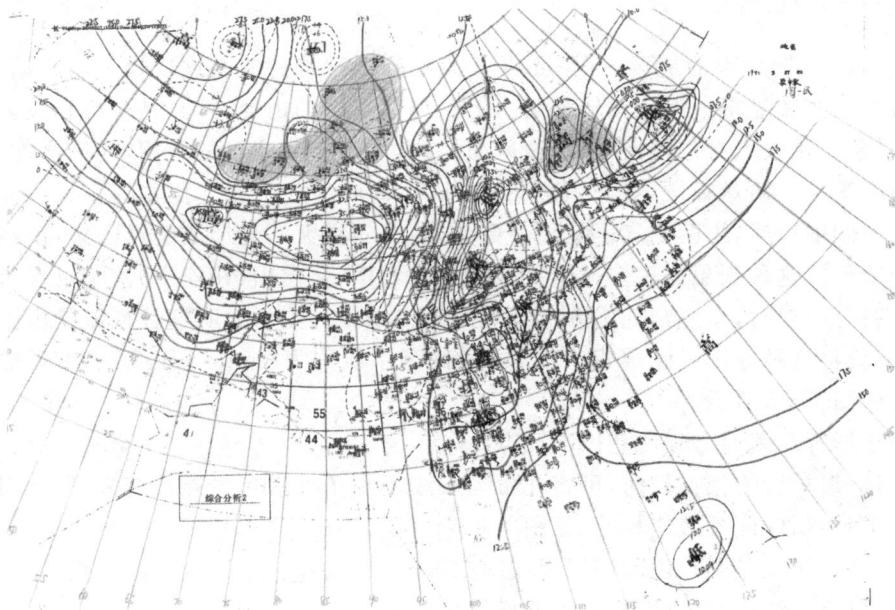

图 1.18　综合分析(1)[5]

图中：等值线为等压线，蓝色为冷锋，红色为暖锋，绿色为降水区，棕色为大风区（见书后彩色插页）。

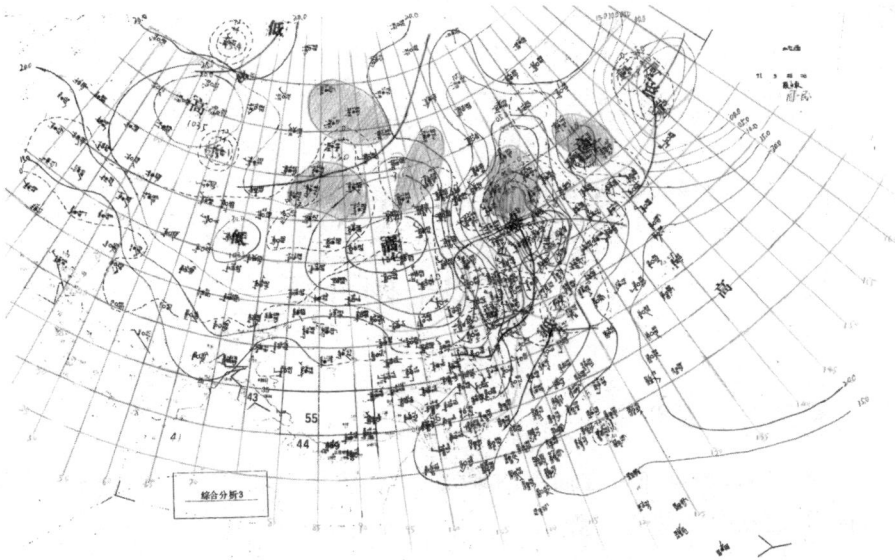

图 1.19　综合分析(2)[5]

说明同图 1.18(见书后彩色插页)。

在对应的高空等压面上(见图 1.20),在地面东北气旋的西北部有一个低值系统,是东北气旋的三维空间特征,高空槽与地面冷锋位置相对应,表明天气系统空间结构向西北倾斜。

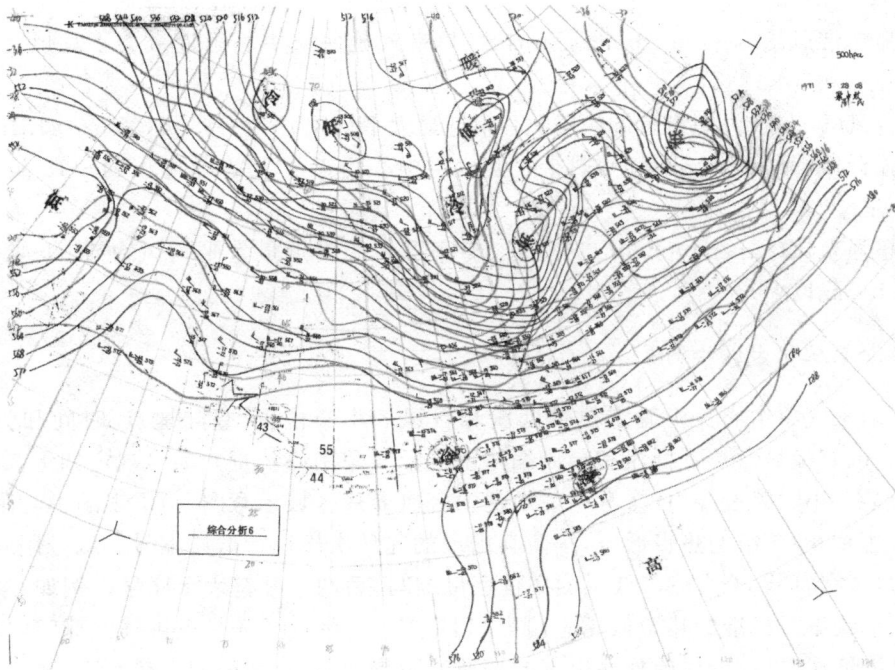

图 1.20　综合分析(3)[5]

说明同图 1.19(见书后彩色插页)。

天气图综合分析步骤：

(1)分析出天气系统；

(2)分析高低空系统的空间关系；

(3)分析地面天气系统的移动与变化；

(4)分析高空系统的移动与变化。

# 1.4 典型个例分析

## 1.4.1 台风分析及步骤

台风是生成在热带或副热带洋面上的天气系统,具有有组织的对流和确定的气旋性环流的非锋面性涡旋,统称为热带气旋。

### 1. 热带气旋分类

根据《热带气旋等级国家标准》(GB/T19201—2006)[6],热带气旋分类如下：

(1)热带低压(tropical depression)：热带气旋底层中心附近最大平均风力 6～7 级(10.8～17.1m/s)；

(2)热带风暴(tropical storm)：热带气旋底层中心附近最大平均风力 8～9 级(17.2～24.4m/s)；

(3)强热带风暴(severe tropical storm)：热带气旋底层中心附近最大平均风力 10～11 级(24.5～32.6m/s)；

(4)台风(typhoon)：热带气旋底层中心附近最大平均风力 12～13 级(32.7～41.4m/s)；

(5)强台风(severe typhoon)：热带气旋底层中心附近最大平均风力 14～15 级(41.5～50.9m/s)；

(6)超强台风(super typhoon)：热带气旋底层中心附近最大平均风力 16 级或 16 级以上(51.0m/s 或以上)。

### 2. 热带低压和台风的编号

我国国家气象中心负责确定热带低压和台风的中心位置、登陆地点、时间和强度。台风有名称,也有编号。热带低压和台风编号由国家气象中心负责。编号规定如下。

(1)在 48 小时警戒线内(参考相关规定中台风警戒区域示意图[6])出现的中心附近最大平均风力达到 6～7 级的热带低压,按照其出现的先后次序进行低压编号。编号用 4 个字符表示,前两个字符"TD"为热带低压英文首字母缩写,后两个字符表示序号。例如：某年出现的第 3 个达到编号标准的热带低压应编为"TD03"。热带低压编号仅供气象部门内部使用,对公众只提低压(可在低压前加注出现的海域),不提编号,以免引起混淆。

(2)在东经 180°以西、赤道以北的西北太平洋和南海海面上出现的中心附近最大平均风力达到 8 级或以上的台风,按照其出现的先后次序进行编号。编号用 4 个字符表示,前两个字符表示年份,后两个字符表示出现的先后次序。例如：2009 年出现的第 5 个达到编号标准的台风应编为"0905"。

（3）由台风减弱后的热带低压，仍维持原台风的编号和命名，直至停止编号。

（4）热带低压每天 00、06、12、18 时进行 4 次定位；台风中心位置进入 48 小时警戒线前，每天 00、06、12、18 时（世界时，下同）进行 4 次定位，进入 48 小时警戒线后则每天 00、03、06、09、12、15、18、21 时进行 8 次定位。

（5）当台风中心位置进入 24 小时警戒线后，每天进行逐小时的 24 次定位。

（6）热带低压定位后用"热带低压实况和预报电码"编发定位报，且仅发布 24 小时预报。台风定位后则用"台风实况和预报电码"编发定位报。

（7）为了避免因定位误差而影响预报精度，在定位报中可增发前 6 小时、前 12 小时的更正位置，供内部使用。对外服务仍以原来的位置为准，只有在定位误差很大、可能造成不良影响时才能使用更正位置，并说明是更正位置。

（8）台风进入 24 小时警戒线前（参考相关规定中台风警戒区域示意图[6]），每次定位报（包括预报）须在正点后 1 小时内发出，进入 24 小时警戒线后，每次定位报（不包括预报）应在正点后 15 分钟内发出，包括预报的定位报须在正点后 1 小时内发出。热带低压的每次定位报（包括预报）须在正点后 1 小时内发出。

（9）台风和热带低压登陆后的中心位置由该台风和热带低压所在省（区、市）气象台在正点后 10 分钟内向国家气象中心报告，最后由国家气象中心确定。台风和热带低压登陆后一般不提中心附近最大风力，只提最大风力。最大风力为外围观测到的最大风速，中心最低气压为中心附近观测到的地面最低气压。台风和热带低压登陆后一般不编发 7 级和 10 级大风半径。

（10）台风登陆后，如果仍维持热带风暴以上强度，每天进行逐小时的 24 次定位；如果减弱为热带低压，则每天 00、03、06、09、12、15、18、21 时进行 8 次定位。热带低压登陆后，如果仍维持热带低压强度，每天 00、03、06、09、12、15、18、21 时进行 8 次定位。

（11）当台风移出编号区域或中心附近最大平均风力已减弱到 6 级以下且无严重天气时，停止编发台风实况和预报。在停编前国家气象中心应尽量与有关省（区、市）气象台沟通。台风停编后，各级气象台站仍须加强监视。

### 3. 台风和热带气旋的报文发布

台风和热带低压的登陆地点由国家气象中心与该台风或热带低压登陆的省（区、市）的气象台协商后，由国家气象中心最终确定。登陆点精确到县（或县级市）并明确具体时间。国家气象中心应在编号台风登陆后 15 分钟内及时编发登陆报。除台湾、舟山、香港、海南、崇明岛以外，我国沿海其他岛屿都不作为登陆地点处理。热带低压登陆后不编发登陆报。各级气象台站进行服务时，必须以国家气象中心确定的热带低压或台风登陆地点、时间和强度（包括二次及多次登陆地点和时间）为准。未经国家气象中心确认的热带低压或台风登陆地点、时间和强度，不得用于对外服务。

由于台风可能造成海上和陆地上巨大的自然灾害，所以分析时需要特别重视几个环节。

在洋面上达到国际定义的热带气旋标准时，就会有报文发布。有时，气象工作人员会将简码填在当时的地面天气图的右下方。例如，台风定位后，就有"台风实况和预报电码"编发定位报。报文以若干位阿拉伯数字为一组电码，电码形式如下：

第一段

$T_1 T_2 A_1 A_2 ii$　　　CCCC　　　YYGGgg

第二段

TT NAME　　　$NNNN(N_1 N_1 N_1 N_1)$　　　$Y_1 Y_1 G_1 G_1 g_1 g_1$　　　UTC

00HR　　$L_a L_a . L_a N$　　$L_o L_o L_o . L_o E$　　PPPhPa　　FF　　m/s

50kts　　rrkm　　（$Q_1 r_1 r_1$ km　　$Q_2 r_2 r_2$ km）

30kts　　rrkm　　（$Q_1 r_1 r_1$ km　　$Q_2 r_2 r_2$ km）

第三段

$\left\{\begin{array}{l} \text{TT NAME } NNNN(N_1 N_1 N_1 N_1) Y_1 Y_1 G_1 G_1 g_1 g_1 \quad\quad \text{UTC} \\ \text{00HR } L_a L_a . L_a N \quad L_o L_o L_o . L_o E \quad PPPhPa \quad FF \quad m/s \end{array}\right\}^*$

P-6HR　　$L_a L_a . L_a N$　　$L_o L_o L_o . L_o E$　　PPPhPa　　FF　　m/s

P-12HR　　$L_a L_a . L_a N$　　$L_o L_o L_o . L_o E$　　………　　………

第四段

（TT　　NAME NNNN（$N_1 N_1 N_1 N_1$））*

LANDED　ON　IIIII $Y_2 Y_2 G_2 G_2 g_2 g_2$　　UTC　（ff　m/s）

第五段

$\left\{\begin{array}{l} \text{TT NAME } NNNN(N_1 N_1 N_1 N_1) Y_1 Y_1 G_1 G_1 g_1 g_1 \quad\quad \text{UTC} \\ \text{00HR } L_a L_a . L_a N \quad L_o L_o L_o . L_o E \quad PPPhPa \quad FF \quad m/s \end{array}\right\}^*$

MMM

P06HR　　$L_a L_a . L_a N$　　　$L_o L_o L_o . L_o E$　　（PPPhPa　　FF　m/s）

P12HR　………　　………………　　（………　………）

P18HR　………　　………………　　（………　………）

P24HR　………　　………………　　（………　………）

P30HR　………　　………………　　（………　………）

P36HR　………　　………………　　（………　………）

P42HR　………　　………………　　（………　………）

P48HR　………　　………………　　（………　………）

P54HR　………　　………………　　（………　………）

P60HR　………　　………………　　（………　………）

P66HR　………　　………………　　（………　………）

P72HR　………　　………………　　（………　………）

P78HR　………　　………………　　（………　………）

P84HR　………　　………………　　（………　………）

P90HR　………　　………………　　（………　………）

P96HR　………　　………………　　（………　………）

P102HR ………　　………………　　（………　………）

P108HR ………　　………………　　（………　………）

P114HR ………　　………………　　（………　………）

P120HR ………　　………………　　（………　………）

第六段

$$\left.\begin{array}{l}\text{TT NAME NNNN}(N_1N_1N_1N_1) \qquad Y_1Y_1G_1G_1g_1g_1 \qquad \text{UTC}\\ \text{00HR } L_aL_a.L_aN \quad L_oL_oL_o.L_oE \quad \text{PPPhPa} \quad FF \qquad m/s\end{array}\right\}*$$

$$\text{P12HR} \qquad M_dM_dM_dM_vM_v * *$$

$$\text{P+12HR} \quad L_aL_a.L_aN \qquad L_oL_oL_o.L_oE \left\{\begin{array}{lll}\text{PPPhPa} & FF & m/s\\ 50\text{kts} & rrkm & (Q_1r_1r_1km \ Q_2r_2r_2km)\\ 30\text{kts} & rrkm & (Q_1r_1r_1km \ Q_2r_2r_2km)\end{array}\right\}$$

| | | |
|---|---|---|
| P+24HR | …………… ………… | { ………… ……… ……… } |
| P+36HR | …………… ………… | { ………… ……… ……… } |
| P+48HR | …………… ………… | { ………… ……… ……… } |
| P+60HR | …………… ………… | { ………… ……… ……… } |
| P+72HR | …………… ………… | { ………… ……… ……… } |
| P+96HR | …………… ………… | { ………… ……… ……… } |
| P+120HR | …………… ………… | { ………… ……… ……… } |

第七段

$$\left(\begin{array}{l}\text{PROGNOSTIC REASONING}\\ \cdots\cdots \text{ plain language}\end{array}\right)$$

电码的各段含义:

(1)第一段为报头,必须编发。$T_1T_2A_1A_2ii$ 为 WTPQ20,对国内外发报均用此报头。

(2)第二段为台风中心位置和强度实况。

(3)第三段为前 6 小时、前 12 小时的位置(强度)。

(4)第四段为登陆地点、时间和登陆时最大风速。

(5)第五段为客观预报。

(6)第六段为综合预报。

(7)第七段为预报理由。

第二至七段可同时编发,也可以分别编发。若同时编发,注有"＊"的部分可省略;若分别编发,注有"＊"的部分对国家气象中心不能省略,对省(区、市)气象台(研究所)可省略。

未注有"＊"的括号内的内容可根据需要选择编发。

其中,每段符号具体含义如下:

CCCC　　　　　编发台风字母代号,按有关规定编码[7]。

YYGGgg　　　　广播的日期、小时、分钟。

$Y_1Y_1G_1G_1g_1g_1$　　台风实况的日期、小时、分钟。

$Y_2Y_2G_2G_2g_2g_2$　　台风登陆的日期、小时、分钟。

TT　　　　　　热带气旋等级名称缩写(超强台风 SUPER TY;强台风 STY;台风 TY;强热带风暴 STS;热带风暴 TS;热带低压 TD)。

NAME　　　　　台风的英文命名,未命名时为 NAMELESS。

NNNN　　　　　国家气象中心的台风编号。

$N_1N_1N_1N_1$　　　台风的国际编号。

$L_aL_a.L_a$　　　　台风纬度位置。

| $L_o L_o L_o . L_o$ | 台风经度位置。 |
|---|---|
| PPPhPa | 台风的中心气压，以百帕为单位。 |
| FF　m/s | 台风中心附近最大风速，以米/秒为单位。 |
| 50kts rrkm | 50 海里/小时大风圈半径，以公里为单位。 |
| 30kts rrkm | 30 海里/小时大风圈半径，以公里为单位。 |
| $Q_1$ | 风圈最大半径所在象限。 |
| $Q_2$ | 风圈最小半径所在象限。 |
| ff　m/s | 台风登陆时沿海的最大风速。 |
| IIIII | 台风登陆县、省的名称（用汉语拼音）。 |
| −12HR<br>00HR<br>12HR<br>… | 前 12 小时、当时、未来 12 小时……指示组。 |
| MMM | 各种客观预报方法的缩简符号 |
| $M_d M_d M_d$ | 台风中心移动方向，以 16 方位表示。 |
| $M_v M_v$ | 台风中心移动速度，以公里/小时为单位。 |

更详细的各类报文及说明可查阅国家气象中心发布的《台风业务和服务规定》[6]。

图 1.21 为 2012 年 8 月 2 日 8 时（北京时）地面天气图，图中有 1209 号台风"苏拉"登陆台湾，中心附近最大风力有 13 级（38m/s），中心最低气压为 960hPa，同时 1210 号台风"达维"台风进入东海，中心附近最大风力有 13 级（40m/s），中心最低气压为 960hPa，形成双台风格局。此时，700hPa 等压面上形式如图 1.22 所示。

对于台风系统而言，台风移动路径是气象天气图中必不可少的描述内容之一。台风移动路径可以绘制在特定的图上，有时可以绘在如图 1.21 所示的地面分析图中，并将未来可能的移动路径也绘制于图中。

图 1.21　2012 年 8 月 2 日 8 时地面分析图

图中：等值线为等压线（见书后彩色插页）。

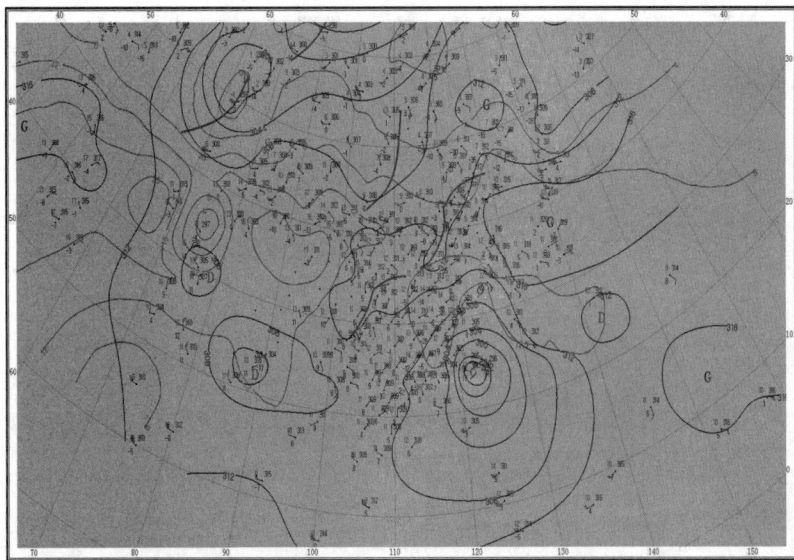

图 1.22　2012 年 8 月 2 日 8 时亚欧 700hPa 高空分析图
等值线为等高线,红色线为等温线,棕色线为槽线和切变线(见书后彩色插页)。

台风分析步骤:

(1)了解过去大尺度天气背景和台风位置。

(2)将热带气旋比如台风中心按报文给出的位置标在图上,以红色铅笔标注"⚡",根据热带气旋的等级,在热带气旋符号正上方,相应地标注红色的 TD、TS、STS、TY、STY、SuperTY 字符,在热带气旋符号正下方用黑色笔标注热带气旋编号(以中国编号为准)和热带气旋中心气压数值。

(3)分析等压线、变压线、现在天气区特征。等压线数值可分析到热带气旋中心数值止,如果中间线条太密,可相隔 5hPa、10hPa、15hPa 或更大间隔分析气压等值线。

(4)根据台风北侧风向的变化,在气旋性曲率最大的位置(通常位于台风中心至北),用棕色笔画出地面台风倒槽(倒槽从台风中心开始)。台风倒槽与降水区、暴雨区有直接密切关系。

(5)标出高、低压中心。

### 1.4.2　梅雨暴雨分析及步骤

梅雨暴雨是我国季风影响下的主要季节雨带暴雨之一。梅雨暴雨期也是江淮流域最主要的雨季和洪涝灾害季节。因此,对梅雨暴雨的分析以及了解梅雨暴雨时期的天气形势是十分重要的内容。下面以 1981 年 6 月 23—24 日的天气分析个例介绍江淮梅雨的典型过程。

地面图中(见图 1.23)特征明显,突出显示四川盆地的气旋系统,且有向东的地面倒槽。

利用高空图(见图 1.24),突出了解高空与地面系统的空间结构。在这一时刻,江淮高空有低压切变线,地面有气旋。

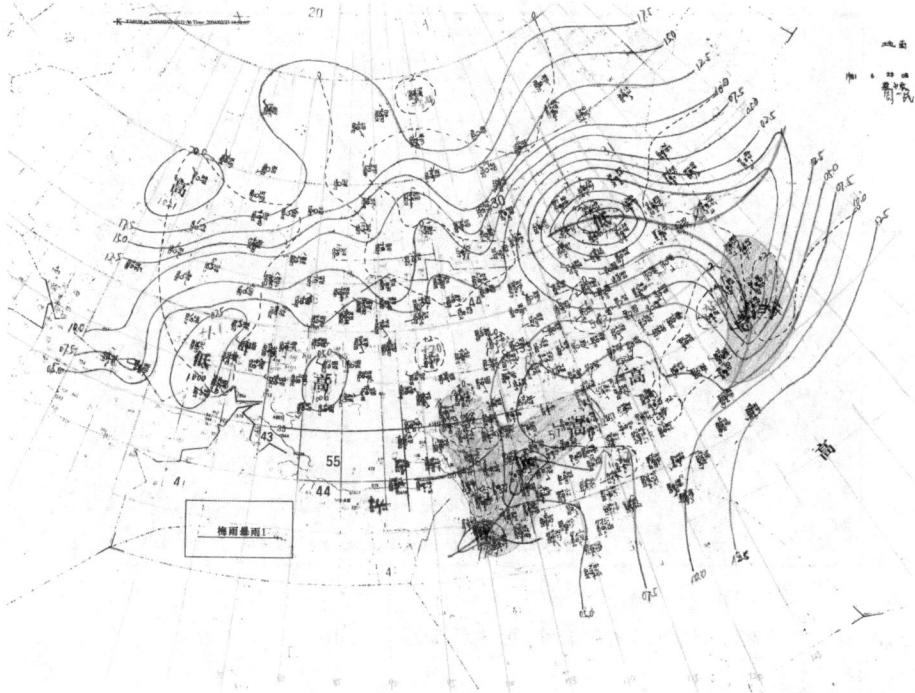

图 1.23  1981 年 6 月 23 日梅雨暴雨地面天气形势图[5]

图中:蓝色线为冷锋,红色线为暖锋,棕色线为锢囚锋,蓝色和红色相接壤表示静止锋,黑色线为等压线,虚线为 24 小时变压线,绿色区域为现在降水区(见书后彩色插页)。

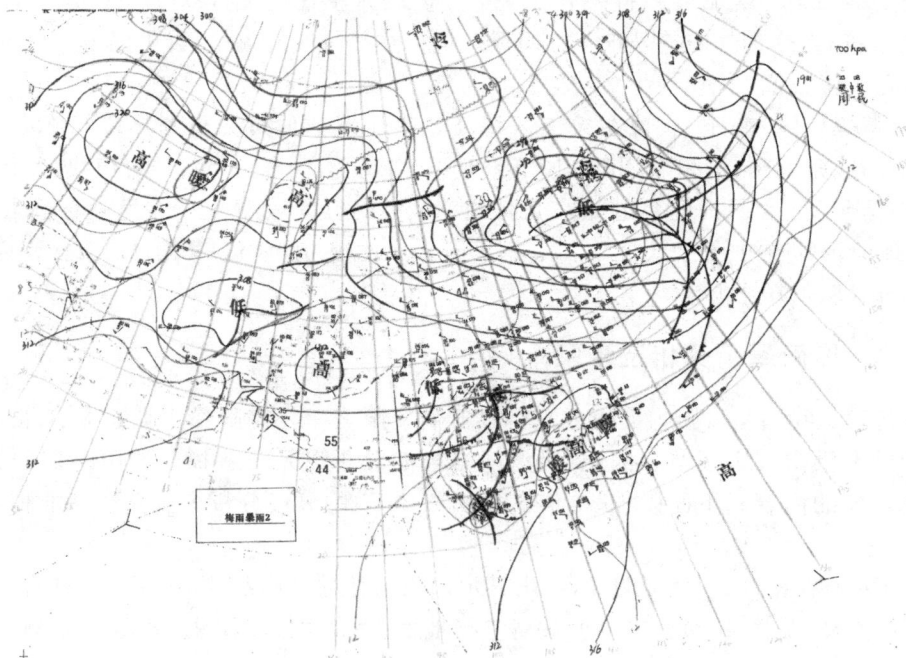

图 1.24  1981 年 6 月 23 日梅雨暴雨高空天气形势图[5]

图中:棕色线为槽线或切变线(图中为了让初学者了解空间结构,特意绘制了地面锋面的位置),黑色线为等高线,红色线为等温线(见书后彩色插页)。

下一时刻,地面图中(见图 1.25)突出显示了地面天气形势的变化。四川盆地的暖锋明显北抬一直延伸到上海,地面倒槽向东到达沿海省,北部不断出现冷锋,将不断补充冷空气南下。

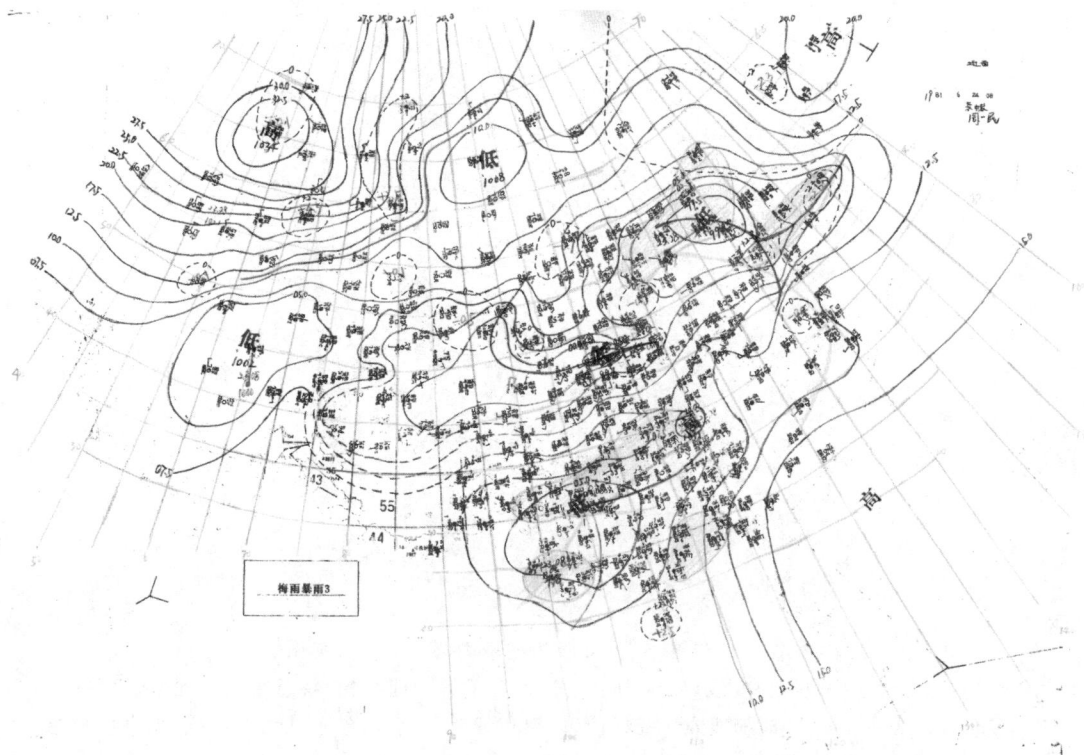

图 1.25　1981 年 6 月 24 日梅雨暴雨地面天气形势图[5]

图中:蓝色线为冷锋,红色线为暖锋,棕色线为锢囚锋,蓝色和红色相接壤表示静止锋,黄色为过去 24 小时锋面位置,黑色线为等压线,虚线为 24 小时变压线,绿色区域为现在降水区(见书后彩色插页)。

此时,高空图中突出显示了高空低压和切变线向东的变化和延伸(见图 1.26)。

梅雨天气过程分析步骤:

(1)了解过去大尺度天气背景和锋面位置。

(2)分析高空天气图,特别注意江淮地区的风场及切变,分析出低空切变线。

(3)低空温度场,分析时需要注意温度记录及温度场形势,注意低空的锋区分布和强弱,注意冷暖平流,流场上注意低空急流强弱和位置。

(4)在 500hPa 上,需要关注北方地区的阻塞形势、它的形成条件和建立。

(5)在地面天气图中注意西南倒槽的分析和锋面的确定。

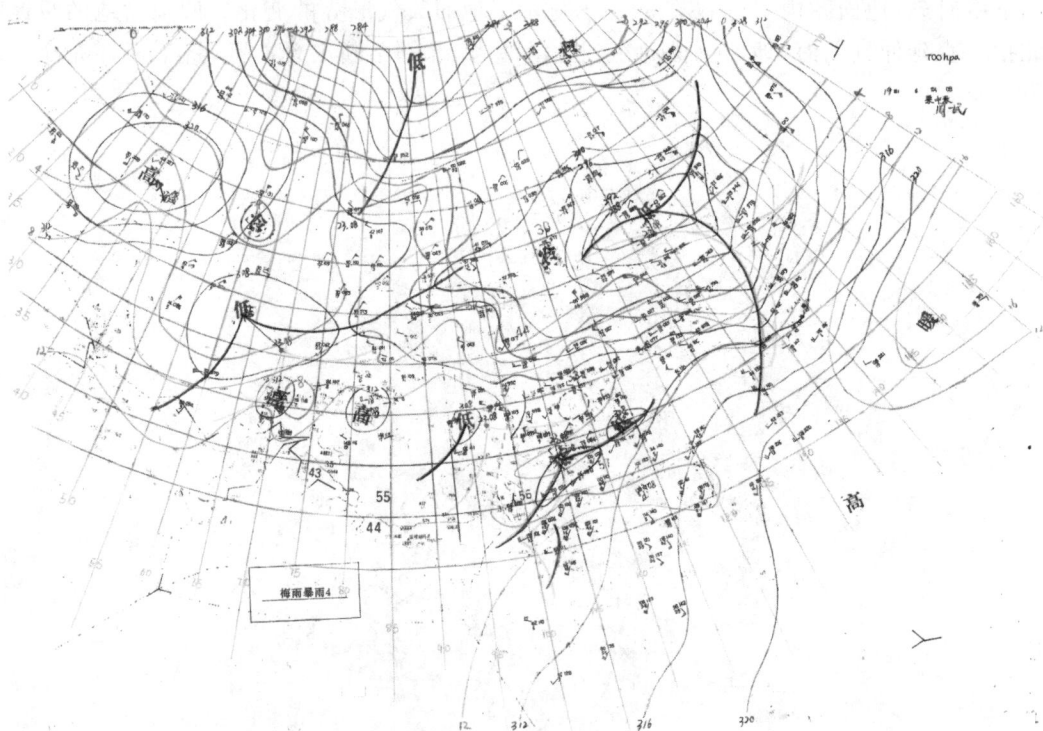

图 1.26　1981 年 6 月 24 日梅雨暴雨高空天气形势图[5]

　　图中:棕色线为槽线或切变线(图中为了让初学者了解空间结构,特意绘制了地面锋面的位置),黄色线代表过去 24 小时槽线或切变线位置,黑色线为等高线,红色线为等温线(见书后彩色插页)。

### 1.4.3　南方气旋分析及步骤

　　南方气旋多发生在华南雨季期间,是引起华南暴雨的天气系统之一。下面以 1980 年 5 月底的一次天气过程为例介绍华南静止锋的典型过程。

　　地面图中(见图 1.27)突出显示了地面天气形势上有蒙古冷高压,其前部有较强冷锋活动,冷锋上可有气旋波动并伴有明显天气发生。

　　在高空图中(见图 1.28)可突出了解高空与地面系统的空间结构,在这一时刻,我国东北至西南地区低空有明显的锋区和低压切变线。

　　下一时刻,地面图中(见图 1.29)突出显示了地面天气形势的变化。蒙古高压扩散南下,冷锋和天气区快速推至东南沿海。华南地区出现阵雨、雷暴、大风等天气,并由于冷锋向东南移动,锋面气旋移至长江口。这一类锋面气旋的区别在于气旋不产生于西南倒槽,而是在锋面向南推进中演变产生。

　　此时,高空图中突出显示了高空低压和切变线向东的变化和延伸(见图 1.30)。

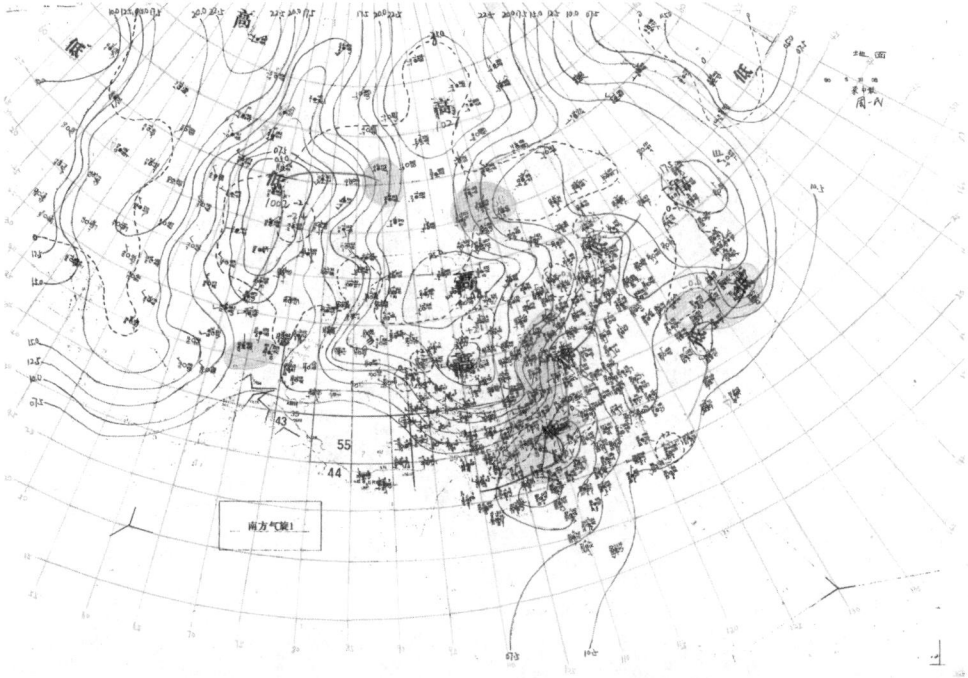

图 1.27　1980 年 5 月 31 日南方气旋地面天气形势图[5]

图中:蓝色线为冷锋,红色线为暖锋,黑色线为等压线,虚线为 24 小时变压线,绿色区域为现在降水区(见书后彩色插页)。

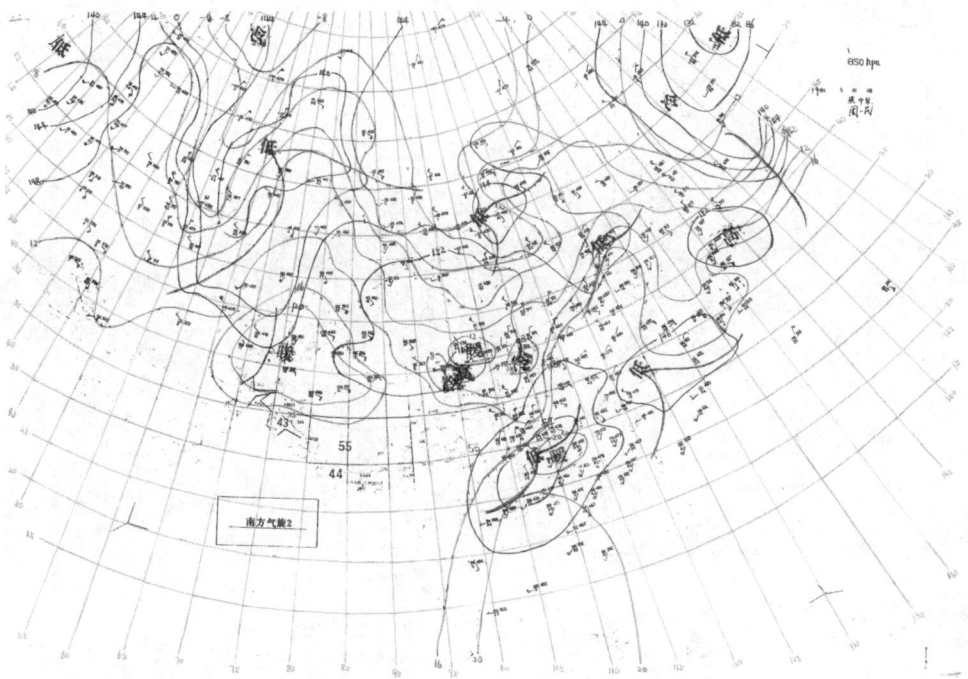

图 1.28　1980 年 5 月 31 日南方气旋高空天气形势图[5]

图中:棕色线为槽线或切变线,黑色线为等高线,红色线为等温线(见书后彩色插页)。

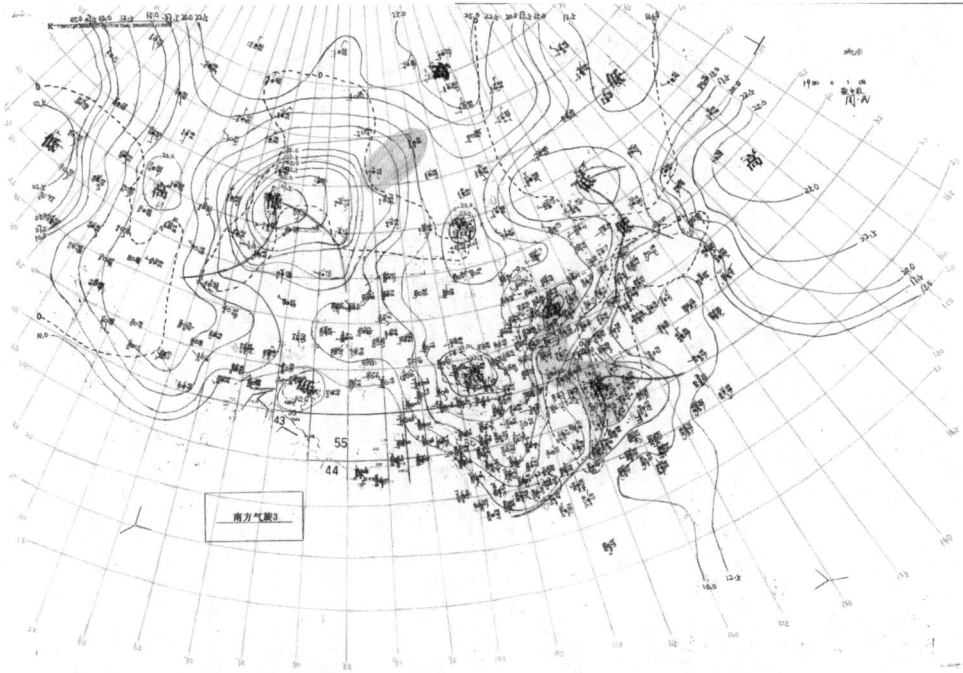

图 1.29　1980 年 6 月 1 日南方气旋地面天气形势图[5]

　　图中:蓝色线为冷锋,红色线为暖锋,黑色线为等压线,虚线为 24 小时变压线,绿色区域为现在降水区(见书后彩色插页)。

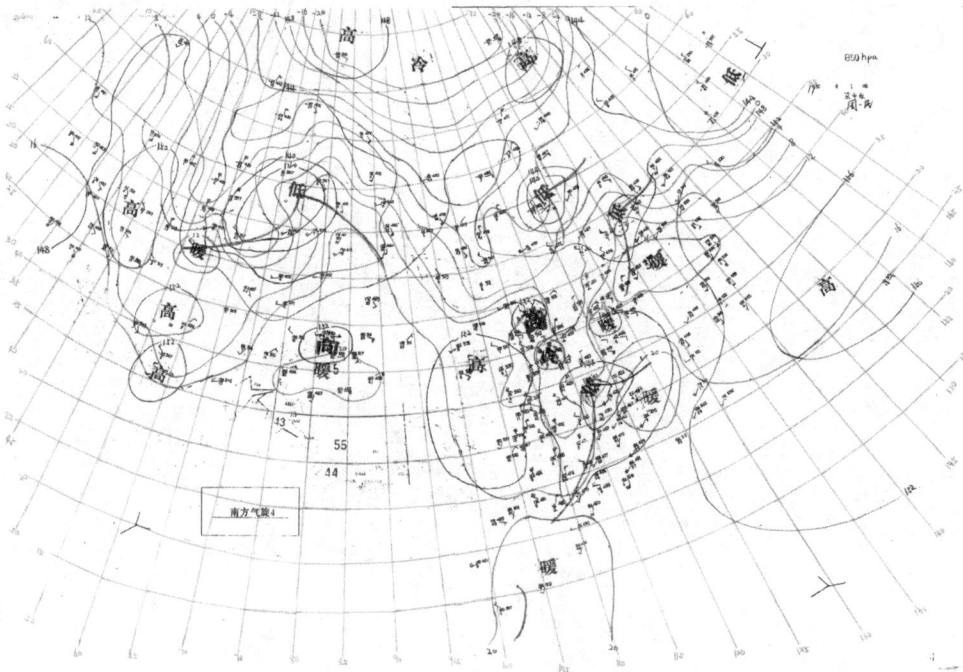

图 1.30　1980 年 6 月 1 日南方气旋高空天气形势图[5]

　　图中:棕色线为槽线或切变线,黑色线为等高线,红色线为等温线(见书后彩色插页)。

南方气旋天气过程分析步骤：

（1）了解过去大尺度天气背景和锋面位置。

（2）分析高空天气图，特别注意蒙古冷高和低空锋区，以及分析出低空切变线和槽线，流场上注意低空急流强弱和位置。

（3）在 500hPa 上，需要关注北方地区的波动形势，关注波动的斜压性和冷空气的活动。

（4）在地面天气图上，分析蒙古高压的强弱、等压线的密度、变压的强度和高压前部的冷锋。

（5）分析地面气旋及移动变化。

### 1.4.4　中尺度分析及步骤

中尺度分析通常需要更密集的时空资料。以地面为例，地面气象资料可以以每小时的时间间隔，也可以使用每 3 小时或每 6 小时的时间间隔；在空间分布上，每一个行政县级单位都有气象观测资料，应尽可能利用。另外，还有大量的自动观测资料，经过质量控制处理的自动观测资料就可以作为中尺度分析场。

图 1.31 所示为 1974 年 6 月 17 日的一次华东飑线天气过程。以 3 小时的地面气象资料为例，17 日 14 时对流性天气出现在山东东南沿海和江苏东北沿海，出现积雨云、雷暴大风和雷电天气，灾害天气区的前缘有明显的温度梯度、湿度梯度带，反映了飑线的位置，系统性的冷锋与飑线相交；系统性冷锋向东南移动，灾害天气区随飑线向南移动，并迅速扩大范围。在灾害天气区域内，可以发现飑线后部是中尺度高压和中尺度低温区，明显地表明

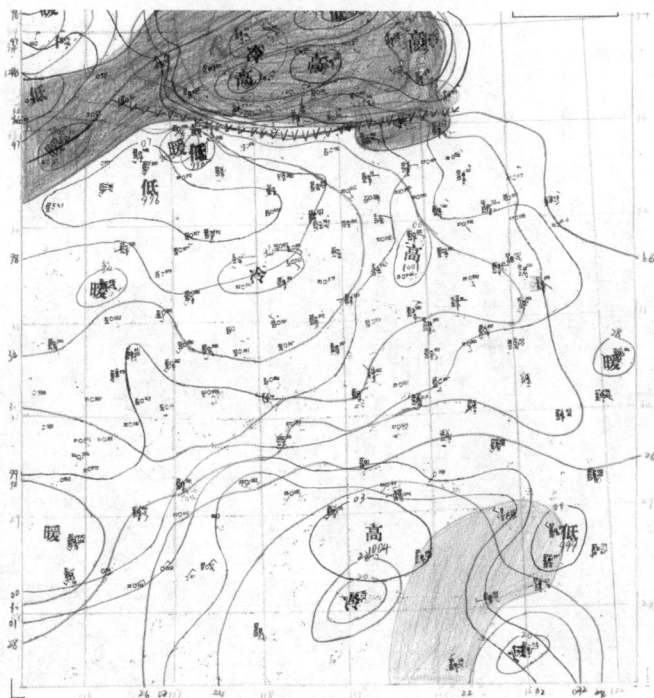

图 1.31　1974 年 6 月 17 日 17 时中尺度飑线天气分析过程[5]

图中：蓝色代表冷锋，蓝色齿形线代表飑线位置，红色区域代表雷暴区，绿色区域代表降水区，黑色线代表等压线，红色线代表等温线（见书后彩色插页）。

成熟飑线的地面特征,即飑线从风向急转,气压由缓降到陡升,表现出中尺度高压,然后缓降为尾流低压,在气压陡升时温度骤降、湿度突增的地面现象。

在中尺度分析中需要对中尺度系统有一定的了解,比如中尺度系统水平尺度较小,变化较快,并不一定严格遵循地转风原理等特点,分析时也可以通过空间加密分析,同时还要注意其他因素的气象要素的影响,如日变化、地形、下垫面的物理特征等。

中尺度分析步骤:

(1)了解大尺度天气背景和锋面位置。

(2)分析灾害天气区。

(3)分析等压线。

(4)分析等温线。

(5)分析锋面或中尺度物理界面。

### 1.4.5　空间剖面分析及步骤

在实际工作中,尤其是在研究过程中,常需要了解大气的三维空间结构。根据某一时间、多个站点的不同高度气象要素所分析出来的气象场被称为空间剖面图(见图1.32)。在制作空间剖面图时,需要关注的是做什么物理要素场,取哪一方位是最佳空间显示度。因为通常情况下能直观了解的是二维物理场,所以在空间剖面图制作前,需要先了解物理要素在等压面上的特征,甚至了解各层等压面上的特征。

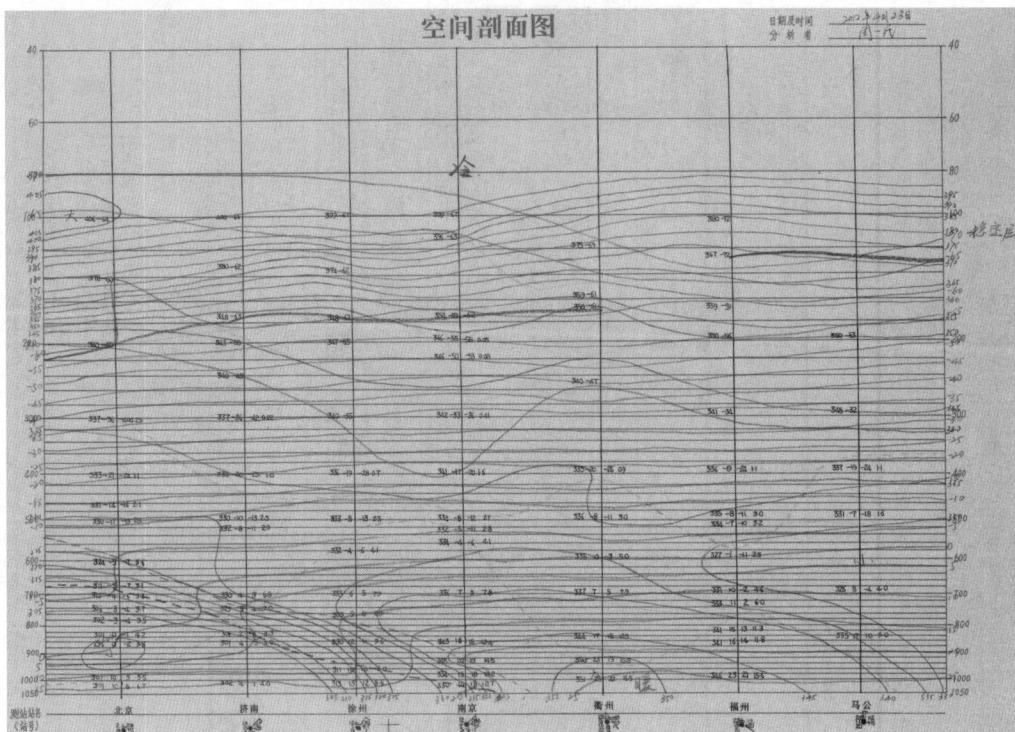

图 1.32　某一时刻的空间剖面图[5]

图中:黑色线代表等假相当位温线,红色线代表等温线,蓝色虚线代表冷锋,粗实线代表对流层顶(见书后彩色插页)。

制作空间剖面图步骤：

(1)在等压面的分析基础上,确定剖面图制作的目的。

(2)确定某一个方位作为剖面空间位置,如选取某一段经度线,或某一段纬度线,或关键位置任意连线作为空间剖面位置。

(3)将这一剖线位置的不同高度、不同位置的气象观测资料填在对应的空间位置上。

空间剖面分析与等压面分析类似,有一定的分析规律。由于剖面上的要素分析可以选择,比如可以有温度、湿度、比湿以及风向风速,也可以是通过计算获得的位温、假相当位温、散度、涡度和垂直运动场等,而一般在空间剖面上不进行高度场的分析。

空间剖面分析步骤：

(1)先分析空间剖面上最主要的场,如假相当位温,根据假相当位温的疏密,选择合适的等值线间隔,一般间隔 5K 分析。假相当位温的重点是分析对流层的中下层,而中上层多呈现为平直的波动。

(2)等温线分析。等温线一般在空间上呈平直状或平直波动状,在有锋面附近等温线出现密集和垂直状。等温线间隔 4℃ 分析,可以参考假相当位温的分布。

(3)根据假相当位温和温度的分布特征,在假相当位温最密集的空间分析锋区,也可以根据温度明显坡度的位置定义锋面。锋区可以接地面,形成地面冷锋或暖锋,也可以不接地面而形成空间上的锋面。

## 本章参考资料

[1]朱乾根.天气学原理和方法[M].北京:气象出版社,2002.

[2]寿绍文.天气学分析[M].北京:气象出版社,2006.

[3]钱贞成等.天气图分析与短期天气预报[M].解放军理工大学气象学院,2008.

[4]国家气象中心.中尺度天气图分析技术规范(暂行稿)[S].北京,2010.

[5]中国人民解放军理工大学气象学院制作的《实习分析图》.

[6]中国气象局.台风业务和服务规定[M].北京:气象出版社,2012.

[7]中国气象局监测网络局.气象信息网络传输业务手册[M].北京:气象出版社,2006.

第二篇

# MICAPS 系统

# 第2章 MICAPS 系统介绍及使用

气象信息综合分析与处理系统（Meteorlogieal Information Comprehensived Analysis and Process System，简称 MICAPS 系统）是由中国气象科学研究院、国家气象中心等单位联合开发的与气象卫星综合应用工程（简称"9210 工程"）通信和数据库系统相配套的人机交互系统[1]。其主要功能是通过检索各种气象数据，显示气象数据的图形和图像，对各种气象图形进行编辑加工，为气象预报人员提供一个中期、短期、短时天气预报的工作平台。它是我国气象台站普遍使用的气象信息综合分析处理系统。MICAPS 系统在我国气象预报中的作用如图 2.1 所示，它处于气象业务系统的末端。

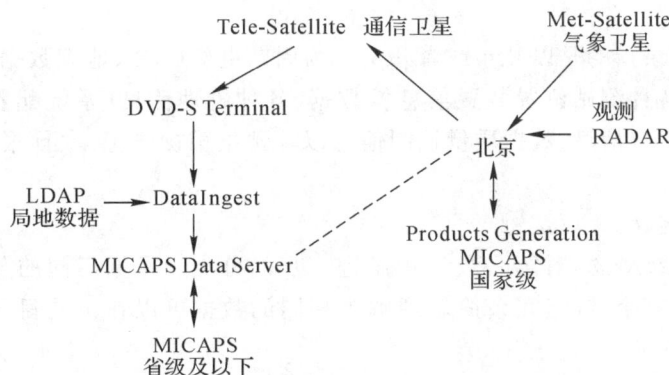

图 2.1　MICAPS 系统在气象业务系统中的作用

## 2.1　MICAPS 系统结构与功能简介

MICAPS 系统整体包括数据服务器、应用服务器和客户端三部分。鉴于本实践教材是将 MICAPS 系统用于辅助天气学分析教学，故本节主要介绍人机交互客户端这一部分，包括系统配置、数据检索、图形图像显示、分析预报结果的保存、会商资料制作输出、预报管理等。对于数据服务器部分，简单介绍 MICAPS 系统的数据结构设计原则、数据来源、数据目录。由于 MICAPS 系统的普通使用者对于应用服务器部分接触较少，这里不做介绍。

### 2.1.1　数据服务器简介

MICAPS 系统客户端检索、显示中使用的本地气象数据资料以文件目录结构为主。下面通过对本地气象数据资料的文件目录的结构设计和定义、数据来源、具体的目录形式以及文件系统与数据库系统的对比等方面的简要介绍,加强用户对客户端使用的理解。

**1.数据文件目录结构**

MICAPS软件开发的设计原则是保持正常业务的稳定,因此其数据资料以文件目录结构为主,并逐步增加数据库应用支持,最终实现数据库结构。文件目录结构按照层次基本分为3级,具体说明如下。

（1）一级目录定义

一级目录按照数据更新周期长短分为实时动态数据目录、非实时动态数据目录、准静态数据目录三大类。

实时动态数据目录指的是以日为更新周期的数据目录,它包括地面分析数据、高空分析数据、天气实况数据、卫星图像（FY2C、FY2E、MTSAT、METEOSAT等卫星）、雷达数据（基数据、敏视达产品等）、卫星数值产品等。

非实时动态数据目录是以周、旬、月等为周期更新的数据目录,包括气候历史数据、历史灾害数据、气候统计数据、预报员经验数据、旬月的气候产品、卫星的旬月产品、旬月指导预报产品等。

准静态数据目录指的是以几年或者几十年为周期更新（GIS、地理数据）的目录,包括各种地理信息数据、各种测站位置装置信息等数据、各种管理信息（系统配置信息、探测网分析结构、数据接收情况信息、数据质量控制信息以及预报员操作记录、预报评分记录等预报业务管理信息）等。

（2）二级目录定义

二级目录为次级概念,对第一级目录做进一步的分类。根据不同的分析目的,数据在不同目录下可以有冗余（数据冗余简单理解为相同的数据可以在不同目录下,牺牲空间换取时间）。

（3）三级目录定义

如果二级目录中数据量太大,或者依然无法表示清楚,为了更好地管理文件目录结构,可以再分一级,就是第三级目录。原则上第三级目录统一定义为数据的日期。第三级目录再往下就是数据具体的文件名,数据文件名统一按照监网司规定的Z文件风格命名。

**2.数据文件的来源**

数据文件来源于各个省、市、县气象单位。目前的数据来源包括9210通道、DVB-S通道、本地数据三类。

通过9210通道下发的数据包括地面常规报文、高空常规报文、城市预报报文、危险天气报文、T213数值预报、欧洲数值预报、FY2C卫星产品、传真图和指导预报等。接收之后按照数据定义的目录级别,存放进入。

新一代卫星通信气象数据广播（DVB-S）系统是在9210工程气象数据广播（PCVSAT）的基础上更新建设的高速数据广播系统,功能与9210相同,但针对9210带宽有限的问题而增加了带宽,在传送9210数据的同时增加传送新的数据。新增数据包括GRAPES/HLAFS数值预报、AWX原始卫星产品（比如标称图数据很大,二进制数据可以达到23M,

文件个数多）、加密自动站报文、各种雷达产品数据等。

9210 通道、DVB-S 通道从国家气象局中的信息中心通过这两个通道将气象数据进行上传、下发。

本地数据主要包括地面自动站数据、闪电定位、中规模站 FY2C 基本卫星云图、雷达基数据、风廓线仪、GPS 水汽等，采用本地的收集和分发系统，存放位置自定。

3. 数据文件目录

一级目录中的主要目录（部分）如表 2.1 所示。下面将逐一介绍地面、高空、卫星、雷达几个目录的二级目录。

表 2.1　一级目录中的部分主要目录

| 文件目录 | 目录含义 |
| --- | --- |
| surface | 地面实况数据 |
| high | 高空实况数据 |
| satellite | 卫星观测反演数据 |
| grapes | 全球区域同化预报系统数值预报 |
| hlafs | 暴雨模式数值预报 |
| t213 | t213 数值预报 |
| ecmwf | 欧洲中心数值预报 |
| fax | 传真图 |
| radar | 雷达产品数据 |

（1）地面实况数据目录

地面实况数据目录的子目录，如果是格点数据则以该要素名作为目录名称，如果是站点数据，则子目录名称在要素后增加-p 作为后缀，表示是站点数据（因其在标准气压面上）。地面实况数据目录下的部分主要子目录如表 2.2 所示。

表 2.2　地面实况数据目录的部分主要子目录

| 文件目录 | 目录含义 |
| --- | --- |
| p0 | 海平面气压格点数据 |
| p0-p | 海平面气压站点数据 |
| p3 | 3 小时变压格点数据 |
| p3ave | 3 小时平均变压格点数据 |
| p3-p | 3 小时变压站点数据 |
| p24 | 24 小时变压格点数据 |

续表

| 文件目录 | 目录含义 |
|---|---|
| t24 | 24 小时变温格点数据 |
| r1-p | 1 小时降雨量站点数据 |
| r6-p | 6 小时降雨量站点数据 |
| td | 露点格点数据 |
| td-p | 露点站点数据 |

（2）高空实况数据目录

高空实况数据目录的子目录命名规则与地面一致，部分主要的子目录如表 2.3 所示。

表 2.3　高空实况数据目录的部分主要子目录

| 文件目录 | 目录含义 |
|---|---|
| dh\dh-p | 24 小时变高格点\站点数据 |
| dt\dt-p | 24 小时变温格点\站点数据 |
| height\height-p | 高度格点\站点 |
| temper\temper-p | 温度格点\站点数据 |
| t-td\t-td-p | 温度露点差格点\站点数据 |
| plot | 高空填图数据 |
| tlogp | 探空数据 |
| uv | 风场格点数据 |
| vv\vv-p | 全风速格点\站点数据 |

（3）卫星数据目录

卫星数据目录下包括 hdf、image、numerical、other4 个子目录，其含义见表 2.4。

表 2.4　卫星数据目录的子目录

| 文件目录 | 目录含义 |
|---|---|
| hdf | 标称格式的卫星数据 |
| image | 卫星图像产品，包括 equal、lambert、mercator、mos 等子目录 |
| numerical | 卫星数值产品，包括 AMV、CLC、CTA、HPF、OLR、TBB、TPW、UTH 等子目录 |
| other | 未规定的新的卫星数据产品 |

（4）雷达产品目录

因目前我国各地所用雷达型号有所不同，产品也各具特色，所以这里只给出定义目录的规则。当然，各地气象局应根据具体情况定制目录，并向规定规则靠拢，便于数据的共享等。对于某一特定区域而言,除了本地雷达以外,一般只是使用该地上游的几个雷达的资料作为分析参考。

雷达资料目录定制的原则是,对于基数据而言,要求按照单站存放,每一个雷达站一个数据目录,站点和对应目录名可以通过配置文件配置,但保证一致;对于雷达 PUP 产品(在原始雷达数据的基础上,按照天气预报业务等实际需求,通过数据处理和计算等加工后得到的雷达数据产品,如风廓线、组合反射率、回波顶等),也要求每个雷达站一个数据目录,然后在该目录下按照数据要素再分子目录存放各类雷达数据产品。具体的文件目录结构示意图见图 2.2,其中图中左边以数字命名的文件夹是雷达数据产品的产品编号,如 19、26、37 分别表示极坐标下基本反射率(R)、基本速度(V)、组合反射率产品(CR);20、27、38 分别表示直角坐标下的 R、V、CR 数据产品。

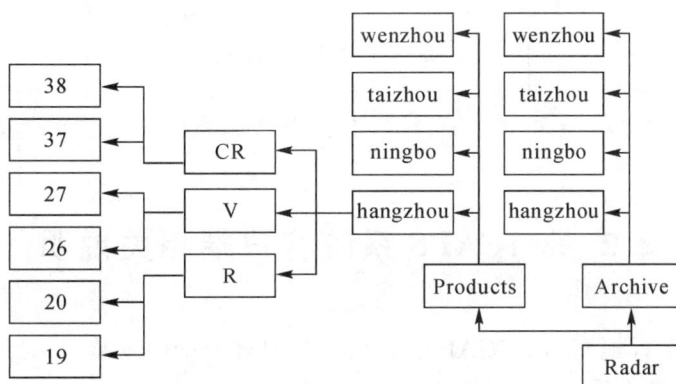

图 2.2　雷达数据目录结构示意图

## 2.1.2　系统客户端总体功能结构简介

MICAPS 系统采用跨平台、开放式框架结构,方便二次开发和基于 MICAPS 的业务系统建设。系统核心提供地图投影、模块管理、窗口显示与操作、图层管理、交互功能接口等基本功能,并且提供功能模块开发接口,可以利用这些接口对某些功能进行扩展开发。所有功能模块按照主框架提供的开发接口开发。地图绘制与各类资料显示以及菜单设计等均由相应的扩展模块完成。系统启动时扫描模块路径(\modual),并加载各目录下的功能模块。MICAPS 各功能模块由系统框架进行管理,可以在系统框架范围内进行任意增加或删除。这些功能可以用来对数据资料进行处理、显示、分析,为客户在进行天气预报、天气分析时提供参考,以较强的分析能力进行实时监测,提供报警功能等服务,并且可以针对重点天气类型给出相应的个性化的专业版(台风版本、海洋版本、中短期应用版本等),尽量满足各种专业气象分析的要求。

MICAPS 功能与该系统功能结构相对应,主要有检索各种气象数据、显示各种气象数据的图形图像、对数据进行编辑、图形和数据输出。此外,系统还提供预报产品制作功能等。具体功能在之后的章节中将逐一给出。

系统主框架和核心模块基本结构如图 2.3 所示。

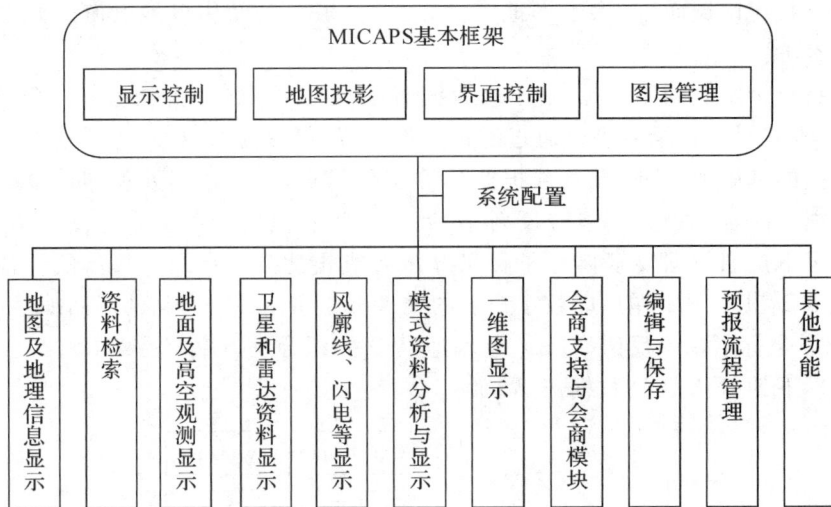

图 2.3　MICAPS 系统功能结构

## 2.2　MICAPS 系统客户端相关说明

为了逐步地、更好地介绍 MICAPS 系统,本节对客户端的安装、目录结构、主要文件类型以及系统启动等给出简单说明。

### 2.2.1　系统安装及相关说明

MICAPS 系统采用 Microsoft Visual Studio 2005. Net 作为主要开发工具,系统框架采用 C♯语言开发,基本算法采用 C/C++开发,并封装 OpenGL 绘图函数,作为软件开发的技术路线,所以安装 MICAPS 系统时必须安装 Microsoft. Net Framework 2.0 和 Microsoft Visual C++ Runtime Libraries(X86)两个软件,否则系统将无法正常运行。

安装系统前在控制面板中检查用户电脑中是否已有这两个软件,若没有则添加安装。确认软件环境后,双击 MICAPS 的安装文件 setup. exe,出现准备安装界面,随后出现"安装向导"窗口(见图 2.4),开始安装 MICAPS。

选择"下一步"弹出安装路径选择窗口(见图 2.5)。缺省安装目录为 C:\MICAPS3。图 2.5 中"磁盘开销"用来查看用户电脑硬盘各分区的空间大小和剩余空间,以便确定哪个分区适合安装 MICAPS 系统,然后通过选择"浏览"按钮,选择在适合目录安装。"任何人"表示该计算机上的每个用户均可启动 MICAPS 系统。"只有我"则只能是安装用户才能启动,缺省为"任何人",主要视该计算机的使用性质而定。

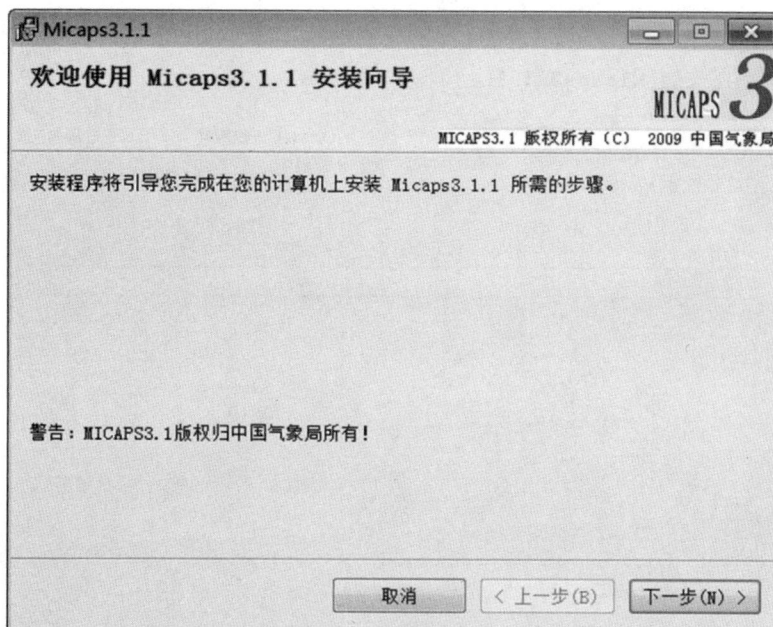

图 2.4　安装向导

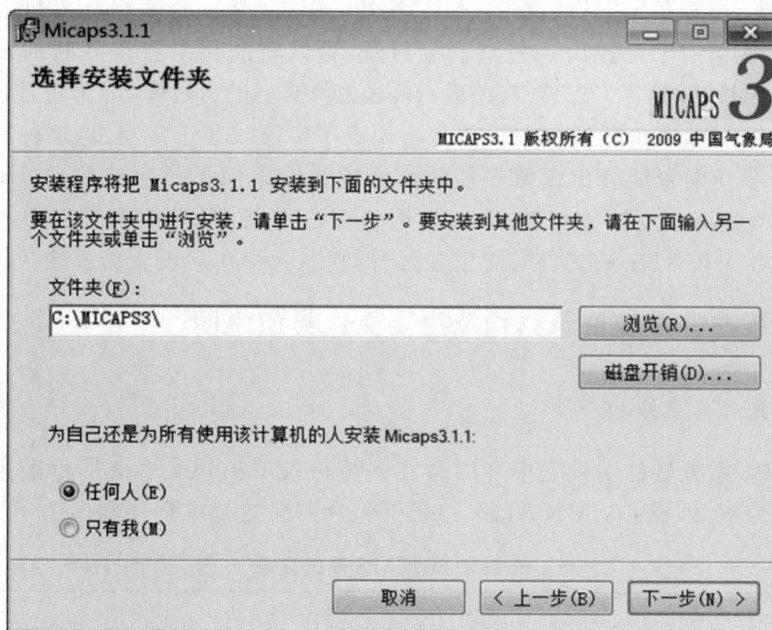

图 2.5　选择系统安装路径

　　安装目录和预设用户选择完毕后,选择下一步。出现"安装确认"窗口,当用户确认安装路径后,在该窗口中选择"下一步"出现系统安装进度窗口(见图 2.6),等待几分钟。

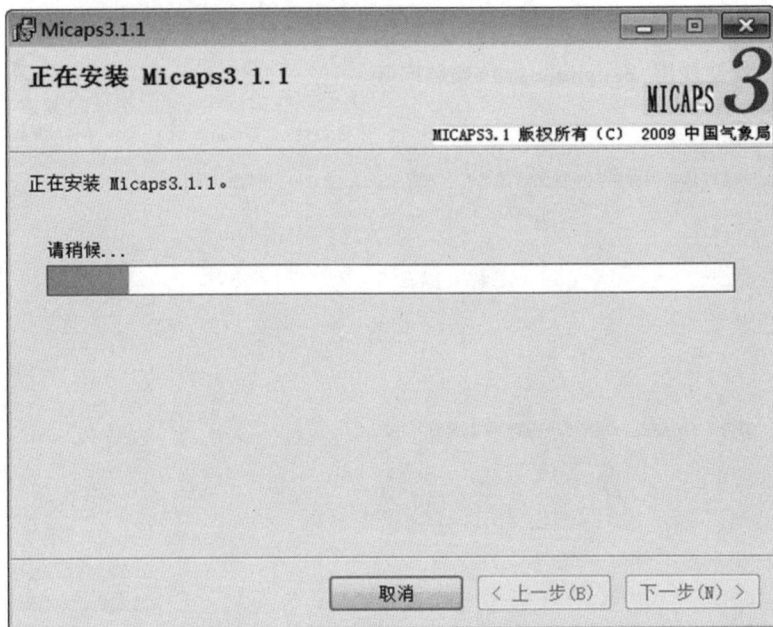

图 2.6　安装进度

　　安装完毕后,出现关闭窗口,点击"关闭"按钮,安装完成。在一台计算机上安装并进行本地化配置后,保留一个配置后的完整安装目录,可以将此目录直接复制到其他需要安装该系统的计算机上,只需手工安装.Net 运行环境和 VC++运行库,即可正常使用。

　　在运行 MICAPS 系统的过程中可能会出现程序错误或非正常退出,这种情况下在重新运行 MICAPS 系统时可能会出现像安装时那样的进度条而不是直接启动 MICAPS 系统,这是系统在自动尝试修复被破坏的文件,这时请耐心等待,最好不要强行中止程序。如果以上自动修复后 MICAPS 系统仍未能正常运行,则删除程序后再重新安装。

## 2.2.2　系统客户端目录结构及主要文件类型说明

### 1.系统客户端目录结构

　　在 MICAPS 系统软件安装完毕之后会在安装目录下出现表 2.5 所示的主要目录。以默认安装情况为例,即在 C:\MICAPS3 路径下包含安装的基本程序和多个子目录。

表 2.5　MICAPS 系统目录

| 系统目录 | 说　明 |
| --- | --- |
| basicGeoinfo | 保存基本地理信息数据,包括雷达单站显示模块使用的地理信息数据 |
| zht | 系统提供的综合图目录,主要是用来检索气象数据文件目录 |
| modual | 系统功能模块安装目录,系统主要的功能模块在该目录下体现,每个模块使用的配置文件、数据文件以及调色板文件等均放在该模块目录下。默认安装会产生 64 个子模块,每个子模块的功能可参考 MICAPS 安装目录下 MICAPS3.chm 文件 |

| 系统目录 | 说　明 |
|---|---|
| savePic | 默认的图片保存目录,自动保存当前显示内容为 PNG 格式图片,可以通过修改配置文件 set.ini 指定其他保存目录,用于制作会商报告等 |
| picList | 根据\picList 目录下图片生成列表文件 picList.txt,自动生成多幅图片,并将批量生成的多张图片保存到指定目录下(默认\MICAPS3\savePic) |
| fonts | MICAPS 系统字体文件目录 |
| MICAPS_G3D | MICAPS 系统网格资料三维分析、显示模块。可以使用 MICAPS 第 4、11 类数据(即格点数据、格点矢量数据)和 Vis5D 格式三维数据,可以显示水平和垂直剖面、三维等值面等 |
| log | 记录系统日志目录,每次启动系统,将会在该目录下自动生成一个新的文件,记录该次系统运行的基本情况,如果使用中出现问题,该文件可能对问题排查有所帮助 |
| image | 系统运行需要的一些图标等文件 |

**2. 文件类型说明**

安装结束后在定义的安装目录下会出现若干文件类型,按照文件后缀分类主要有表 2.6 中列出的几种。

表 2.6　文件类型说明

| 文件类型 | 文件后缀 | 说　明 |
|---|---|---|
| 应用程序 | *.exe | Windows 系统下应用程序文件,如 micaps3.exe,此类文件可直接双击 |
| DLL 文件 | *.dll | 动态链接库文件,应用程序调用该类文件从而实现模块化功能 |
| 字体文件 | *.ttf | 系统字体文件 |
| 图形图像文件 | *.gif<br>*.bmp<br>*.png | 如\MICAPS3\image 系统运行需要的一些图标等文件 |
| 配置文件 | *.ini<br>*.xml<br>*.conf<br>*.txt(部分) | 定制与缺省运行不同的模式和与本地数据环境连接时需要修改一些文本文件,该类文件即为 MICAPS 系统的配置文件,其中:<br>*.txt 为纯文本文件,如\MICAPS3\modual\radarpup\radStation.txt;<br>*.ini 为配置文件,如\MICAPS3\set.ini 主系统配置文件;<br>*.xml 为配色方案配置文件,如\MICAPS3\modual\diamond14\M3_Color.xml<br>*.conf 为雷达显示设置,如\MICAPS3\modual\radarpup\conf |
| 综合图文件 | *.zht | 此为文本文件。综合图是能够作为一个整体被检索的一组 MICAPS 数据,该数据文件中的信息可以直接被系统调用显示。如\MICAPS3\zht\高空观测\100 百帕温度露点差.zht,详细参照数据检索章节。另外,有些.txt 文件是配置文件,有些也是综合图文件,视文件具体内容而定 |

在直接修改配置文件时建议先对原文件进行备份。大部分系统配置文件分为系统级配置和用户级配置文件,系统级配置是不允许用户更改的,更改这些文件将造成系统不能正常工作。如会商模块中的配置文件 wbfSysConfig. xml,就必须严格按照固定格式修改,否则模块将不能正常工作。

### 2.2.3 系统启动运行

MICAPS 系统启动分两种形式:不带参数启动以及带参数启动。

1. 不带参数启动

MICAPS3 系统安装成功后桌面上自动生成一个快捷启动图标,双击启动即可,也可以从"开始"—"程序"—"MICAPS3"快捷方式启动,或直接运行安装目录下的执行程序 MICAPS. exe。

2. 带参数启动

MICAPS 系统可以通过使用命令行参数的方式(可以写成批处理文件)实现默认打开文件、自动保存图片并退出系统等功能。首先在后台运行 MICAPS 的命令(后台运行时不区分大小写):

micaps3.exe<配置文件,可选><数据或综合图文件名>

界面如图 2.7 所示。

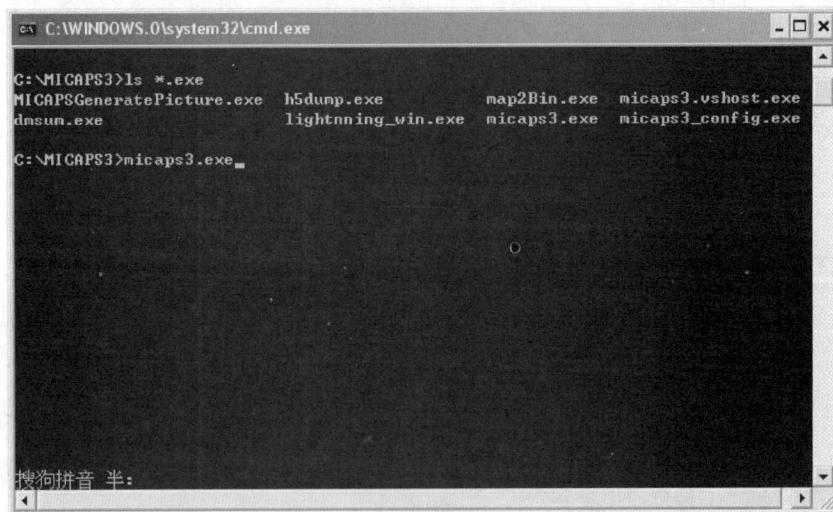

图 2.7　后台启动界面

在后台下转到 MICAPS3 安装的目录 C:\MICAPS3,启动过程具体可以有以下几种方式。

(1)启动并打开指定文件

MICAPS3.exe  .\zht\地面天气图.txt

或

```
MICAPS3.exe  .\500\07121108.000
```

此时,系统使用默认的系统配置文件 set.ini 启动,并打开综合图文件或直接打开指定文件名的数据文件。

以下几种启动方式则是系统按照指定的配置参数文件启动。

(2)直接指定配置文件启动,启动后不自动打开数据

```
MICAPS3.exe set.ini
```

系统按照配置文件 set.ini 启动。

(3)以指定参数配置文件启动并打开数据文件

```
MICAPS3.exe set.ini c:\MICAPS3\zht\地面天气图.txt
```

直接指定配置文件启动,启动后自动打开指定综合图文件数据。

(4)启动后打开指定综合图文件并保存图片退出

```
MICAPS3.exe c:\MICAPS3\zhtname.zht c:\MICAPS3\savepic\savepic.png
```

打开指定综合图文件 zhtname.zht,按照该综合图文件中定义的数据文件检索画图,并将图片保存为 savepic.png 文件并退出,保存文件格式通过文件的扩展名指定。

(5)指定启动地图参数文件和保存图片类型并退出

```
MICAPS3.exe set.ini c:\MICAPS3\zhtname.zht 1 c:\MICAPS3\savepic\savepic.bmp
```

使用该方式可以指定启动系统的配置文件、综合图文件、保存图片文件的格式和保存文件名,通过该方式保存的图像文件的数据格式不按照扩展名指定的格式,而是按照参数指定的格式保存,1 为位图(BMP)、2 为 JPEG、3 为 GIF、4 为 WMF、5 为 MICAPS 图元文件(不是图像,而是第 14 类数据)。

退出方式与一般软件相同。

# 2.3　系统界面与基本操作

## 2.3.1　系统界面

系统启动后,主界面如图 2.8 所示,包括标题栏、菜单条、工具条、图形显示区、显示设置窗口、状态栏,左侧有两个竖条窗口,外层竖条窗口为图组窗口及字体控制工具条,内层竖条窗口从上到下依次为资料检索窗口(综合图目录、综合图文件)和工具箱(二者为并列的切换状态)、图层选择窗口(同显示设置窗口)、属性窗口等。

菜单条提供系统基本功能、基本资料检索功能,工具条提供动画翻页、打印以及部分功能窗口调出显示,资料检索窗口主要提供综合图资料的检索,图层控制窗口提供图组切换、图层选择和简单的图层控制功能以及图层属性修改,主显示区域提供打开资料的显示,状态栏显示当前地理信息和包含定标信息数据的信息显示,显示设置窗口提供完整的图层控制功能。

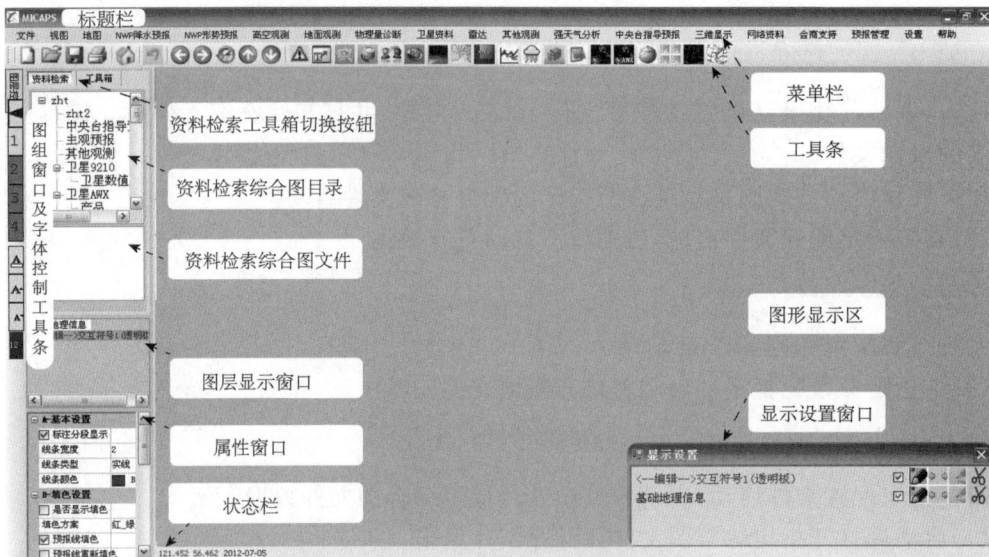

图 2.8　MICAPS 系统主界面（见书后彩色插页）

## 2.3.2　系统菜单

缺省安装的系统菜单条如图 2.9 所示。按照性质分类将系统菜单分为三类：系统基本菜单、资料检索菜单、功能模块菜单，具体内容见表 2.7。本节主要介绍系统菜单中的文件、视图、地图基本菜单项，其他菜单项将在相应的章节中介绍。

图 2.9　系统缺省菜单条

表 2.7　系统菜单分类

| 分　类 | 说　明 |
|---|---|
| 系统基本菜单 | 包括文件、视图、地图以及设置菜单，用户无法修改 |
| 资料检索菜单 | 包括 NWP 降水预报、NWP 形势预报、高空观测、地面观测、物理量诊断、卫星资料、雷达、其他观测、强天气分析、中央台指导预报、三维显示等，资料检索项可以通过模块 amenu 修改（包括增加减少菜单项以及菜单项的名称） |
| 功能模块菜单 | 包括网络资料、会商支持、预报管理、设置、帮助等菜单，分别由相应的模块添加，缺省安装中这些模块将自动加载。<br>• 网络资料，由功能模块 internetdata 添加<br>• 会商支持，由功能模块 weatherbf 添加<br>• 预报管理，由功能模块 zfcstmange 添加<br>• 帮助，由功能模块 z_help 添加 |

1. 文件菜单

图 2.10 所示是系统的文件菜单项。

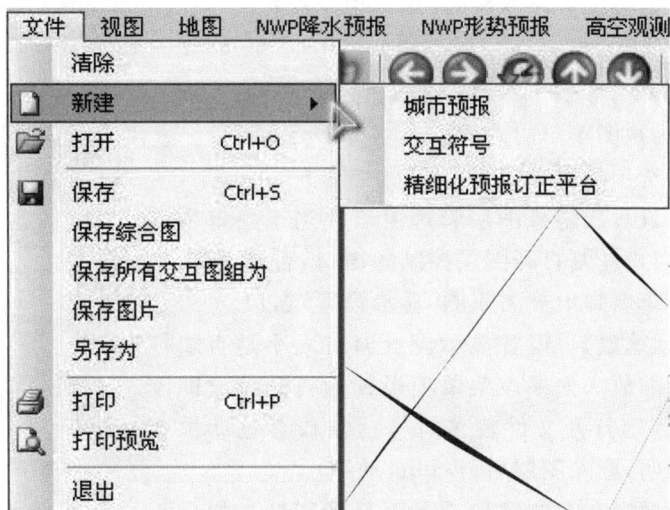

图 2.10　文件菜单

文件菜单中各选项的意义如下：

【清除】　删除所有已经在图形显示窗口打开的气象数据文件（非编辑状态），也可以使用显示设置中的 ✂ 。

【新建】　包含三个子菜单项，分别为城市预报、交互符号、精细化预报订正平台，分别建立相应的图层，用于制作城市预报、绘制预报符号和订正精细化预报结果。

【打开】　一种数据资料的检索方式，用户可以选择指定文件名后系统将打开该文件。

【保存】　保存当前交互层的编辑结果。如果是交互符号图层，则保存为 MICAPS 第 14 类格式数据（图元数据）；如果当前编辑图层为城市预报，将自动保存为第 8 类数据格式（城市站点预报数据）；精细化预报图层保存的是精细化产品上报数据格式。

【保存综合图】　定义当前打开的一个或多个气象数据文件为一个综合图，即 MICAPS 第 10 类格式数据，综合图文件名后缀可以任意确定，一般建议使用. zht 或.txt，增加适合本地使用的综合图文件，实现综合图本地化。

【保存所有交互图组为】　将当前窗口中所有交互式图层（第 4、第 14 类数据）保存为一个综合图文件，并将每个交互图层分别保存为图元文件（第 14 类数据）。此项功能不仅同时建立新的综合图文件和保存图元文件，且以后还能通过该综合图一次性全部显示相应的编辑修改后的分析预报产品数据，达到 MICAPS 系统本地化。

【保存图片】　保存当前屏幕显示区域即图组中图形图像为图片，可以保存为 PNG、GIF、JPG 或 BMP 格式，保存方式可以为自动保存，自动生成文件名，保存在系统指定的目录中（savePic 文件，且为 PNG 格式）。如果不使用自动保存，则需要选择文件路径，输入文件名，还可选择保存文件格式。

【另存为】　另外保存交互结果，可以使用不同的文件名保存，保存为 MICAPS 第 14 类格式数据。

【打印】 直接在打印机上打印当前显示区域。

【打印预览】 可以在屏幕上预览打印结果,其可能会和实际输出有所不同。

【退出】 退出系统。退出系统时,不再提示确认。

2.视图菜单

图 2.11 所示为视图菜单的内容。

视图菜单中各选项的意义如下:

【图层管理】 显示或隐藏图层管理窗口。当该菜单项前有"√"时,则在主窗口左侧打开图层控制的窗口,否则关闭。

【显示设置】 重新弹出被关闭的"显示设置"窗口。

【显示设置自动缩放】 设置显示设置窗口大小是否随打开图层的多少自动缩放。如果该菜单项设置为自动缩放即该菜单项前若有"√",则打开文件较多时显示窗口会自动扩大以显示各图层的说明,删除图层后,窗口自动缩小。

【显示属性】 设置在左侧窗口中是否显示属性。如果不显示属性窗口,则资料检索窗口自动扩大,检索资料更为方便,这时无法通过属性窗口修改属性。

【显示时间轴】 显示或隐藏时间轴。当该菜单项前有"√"时,则在主窗口图形显示区显示视图时间轴(见图 2.12),否则关闭。

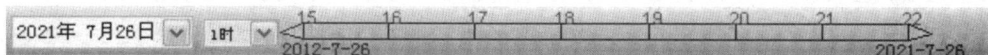

图 2.11 视图菜单

图 2.12 视图时间轴

【显示图层控制窗口】 设置图层管理和资料检索窗口的显示和隐藏。若该菜单项前有"√",则资料检索窗口、工具箱、图层选择窗口、属性窗口显示,否则这些窗口隐藏。再次点击显示图层控制窗口,则再次显示。

【动画设置】 设置动画方式并可启动动画。选择该菜单项,将弹出动画设置窗口(见图 2.13)。

图 2.13 动画设置

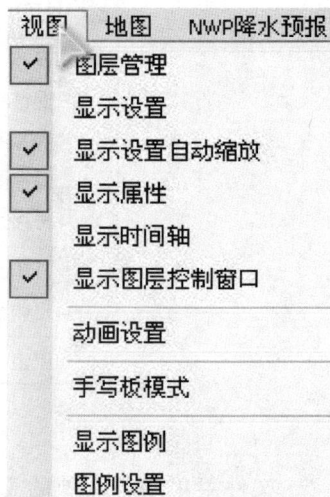

　　动画设置窗口中包括动画方式、动画间隔、动画返回文件数、动画返回天数等设置。可以选择动画方式为按时间或按文件动画。选择时间动画时文件时间自动同步,选择文件动画时按照文件名顺序依次显示。动画间隔可以设置动画显示时每幅图显示的时间,单位为毫秒。动画返回文件数为动画到最后一个文件后向前自动返回的文件个数,使用文件动画时,所有文件向前返回此处指定的文件数,如果按时间同步动画,则无法从文件名获取时间的文件按此处设置的文件个数返回。当按时间动画时,要设置动画返回天数。

　　【手写板模式】　设置交互绘制线条方式。选择该项后,可以使用手写板模式绘制(可以使用鼠标模拟手写板的操作,也可以直接使用手写板)。

　　【显示图例】　在图形显示窗口显示图例(初次显示图例之前应先设置,图例位置、图例中的标题可独立移动)。

　　【图例设置】　选择或设置当前显示的图例。缺省的图例由系统根据数据格式显示配置文件给定。图例可在配置文件\MICAPS3\modual\basemap\图例模板.ini 中预设,也可通过图例设置窗口完成修改(见图 2.14)。

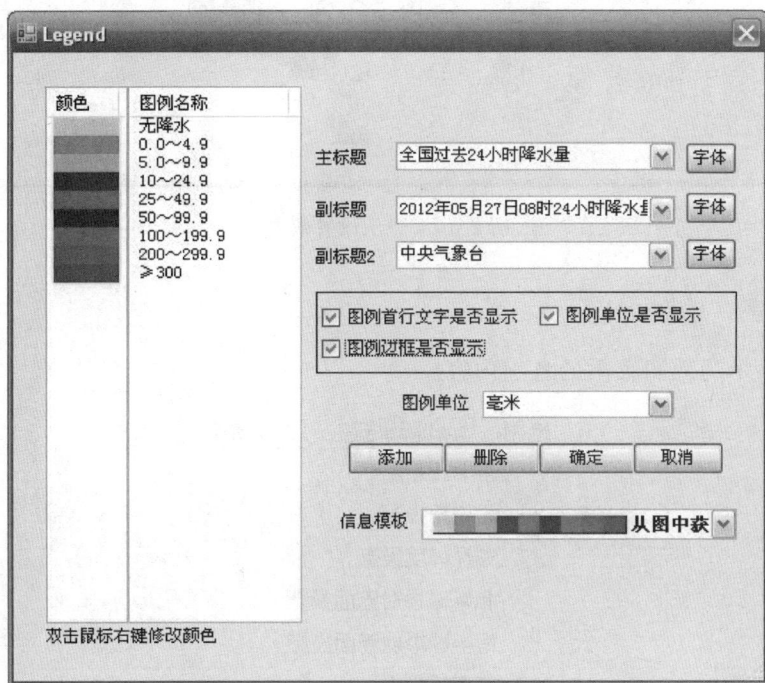

图 2.14　图例设置窗口

　　显示图例和图例设置这两项功能主要用于气象服务类图形的出图,即设置合适的图例并保存,点击【显示图例】,则按照图例设置参数的定义将图例显示在主窗口中(见图 2.15),作为气象要素显示的最终产品,并且方便后续工作展开,达到 MICAPS 系统本地化。

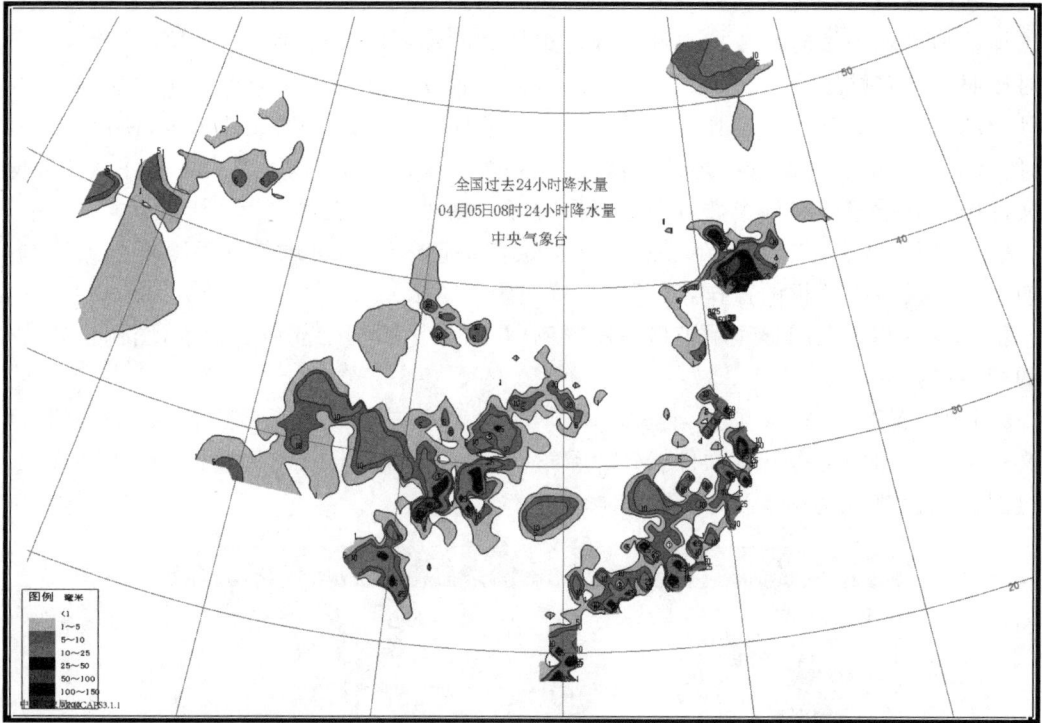

图 2.15　图例设置效果

3. 地图菜单

图 2.16 所示为地图菜单的各项内容。

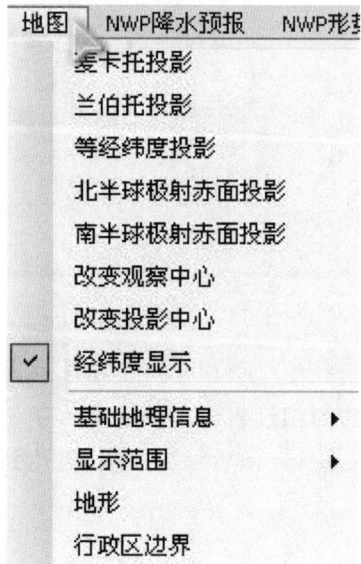

图 2.16　地图菜单

地图菜单中的各选项意义如下：

【麦卡托投影】　主要用于低纬地区显示分析。

【兰伯托投影】　主要用于中高纬地区显示分析，麦卡托、兰伯托投影适用于短期预报。

【等经纬度投影】　主要用于相应的云图显示。

【北半球极射赤面投影】　主要用于高纬地区或半球范围的显示分析，极射赤面投影适用于中长期预报。

【南半球极射赤面投影】　与北半球极射赤面投影类似，适用于南半球。

【改变观察中心】　观察中心即位于当前显示窗口的中心所对应的底图的经纬度位置。选择此功能可输入新的经纬度位置，底图即进行调整，按输入的经纬度作为新的显示中心（相当于平移地图）。观察中心的经度应与投影中心的经度一致，否则底图的显示会不符合通常的视觉习惯。

【改变投影中心】　所谓投影中心即当前显示窗口中底图的标准投影纬度和面向预报员显示、垂直于显示窗口上下边的经线。选择此功能可以输入新的经纬度位置，可作为新的投影中心，但底图形状可能出现变化。这里起作用的只有经度。如兰伯托投影的天气图的投影纬度分别是 $30°$、$60°$。麦卡托投影的天气图的投影纬度是 $22.5°$。极射赤面投影的天气图的投影纬度为 $60°$。

【经纬度显示】　选择是否显示经纬线。

【基础地理信息】　包含分级地理信息（图片）、全球遥感影像图（图片）、地区行政边界、县行政边界、中国地形和一、二、三、四、五级河流等选项，可以通过选择相应的菜单项，直接显示指定的地理信息。其中分级地理信息和遥感影像图数据需要另外安装数据，并在 set.ini 中指定数据目录。这两类数据只能在麦卡托投影下显示，选择显示该类信息时，地图自动切换到麦卡托投影。

【显示范围】　包含北半球、欧亚、中国、美国和自定义等区域，根据预报的要求和区域选择相应的菜单项，窗口显示范围将出现指定区域。缺省的分辨率为 $1024 \times 768$。自定义区域在系统配置文件 set.ini 中设置。

【地形】　显示分级地形，根据当前地图放大比例，最高可以显示 100 米分辨率的地形高度。地形显示模块为\MICAPS3\modual\reliefmap，地形数据在 relief 子目录下，MICAPS 系统提供 100m、500m、1000m、2000m、3000m、6000m 6 种分辨率地形高度数据，用户可以根据需要增加或删除该目录下的数据文件。

【行政区边界】　该菜单项可以读入安装在\MICAPS3\basicGeoInfo 目录下的文件 countyregion.txt，该文件为全国县的封闭边界（此文件可编辑制作责任区内精细化预报站点边界文件），读入该文件后，移动鼠标可以在状态栏显示鼠标所在位置对应县的名字。为了加快启动速度，MICAPS 系统缺省启动时默认不读入该文件。也可以修改系统配置文件，在启动系统时自动读入该文件。使用预警信号制作或离散点行政区填充也会自动读入该数据（见图 2.17）。

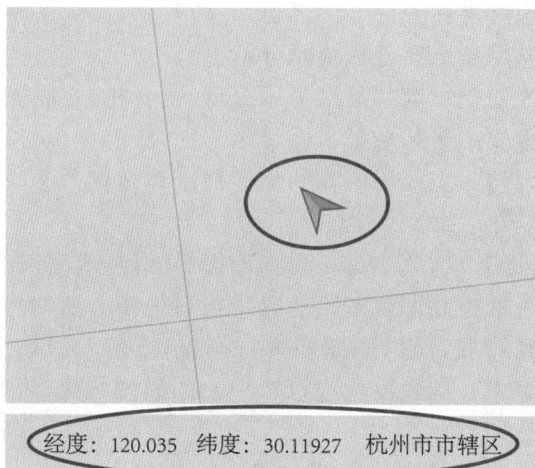

经度： 120.035　纬度： 30.11927　杭州市市辖区

图 2.17　行政区域显示

### 2.3.3　系统工具条

缺省安装的系统工具条如图 2.18 所示，包含 30 个工具按钮。按钮分为两类：基本工具按钮和模块扩展工具按钮。

图 2.18　系统工具条

基本工具按钮为工具条前 13 个工具按钮，包括新建交互图层、打开文件、保存图片、打印、返回初始地图状态、交互操作撤销、向后翻页、向前翻页、动画、层次向上、层次向下、监视运行、单屏和四分屏显示切换。

模块扩展工具按钮是相应功能模块添加的工具按钮，包括参数检索、雨量累加、会商组件、WS 报显示、模式产品剖面图、模式资料对比及处理显示、模式资料集合、模式单点资料时间变化显示、预警信号制作、历史资料检索、文本编辑、云图动画、AWX 云图和产品叠加动画、球面距离与面积计算、邮票图显示、黑/白背景切换。扩展工具栏是通过配置文件实现的，可以通过修改配置文件增减项目，顺序也可以做相应改变。

基本工具按钮的功能如下：

新建交互层　新建一个交互式符号编辑图层。

打开文件　与菜单"文件"→"打开"功能类似，在此不赘述。

保存图片　与菜单"文件"→"保存图片"功能类似，与菜单"会商制作"→"图片生成"功能相近，只不过后者无论是否在 set.ini 配置文件中设置自动保存图片选项，图片均保存在默认目录\MICAPS3\savePic（默认目录可在 set.ini 中另外指定）下。

打印　与菜单"文件"→"打印"功能类似。

返回初始地图状态　返回当前显示图组地图到初始设置状态。

交互操作撤销　撤销刚进行的编辑操作，如定义的槽线、锋面等。

向后翻页　文件向后翻页（时间向更早移动或显示字符排序靠前的文件。文件目录排序规则为,文件(目录)名为数字时,按照数字大小排序,如果包含非数字字符,则按照字母排序方式确定顺序。)。

　　▶向前翻页　文件向前翻页(时间向前,即显示时间更新的文件或显示字符排序靠后的文件)。

　　▶动画　按下该按钮,启动动画,系统自定向前翻页,再次按下该按钮,终止动画,如果在动画过程中更换图组,则自动终止动画过程。

　　↑↓层次向上/向下翻页　显示同一个气象观测或预报时次上一个/下一个层次的资料文件。

　　⚠监视运行　点击该按钮,系统自动打开设置的监视运行数据列表文件 monitorlist.txt,在系统主窗口中自动显示指定的气象要素,并循环显示,直到再次按下该按钮,结束监视运行。

　　▦单窗口与四分屏切换　在单窗口与四分屏显示状态之间切换,便于预报员进行多要素内容对比。如果当前系统只有一个图组,则无法正常显示四分屏。

　　另外,在使用多分屏时,工具条上会增加一个鼠标联动按钮,方便多分屏显示图像之间的对比分析,提高天气图浏览速度。点击鼠标联动按钮后,其他三个窗口将使用和当前激活窗口相同的投影方式和显示范围,同时显示当前鼠标所在位置,放大、缩小和移动一个地图时,其他窗口中的地图也相应放大、缩小或移动。

　　扩展工具按钮的详细功能与操作见相应的模块说明。这里只介绍黑白背景切换按钮。

　　■窗口切换为黑背景　将当前窗口的海洋、陆地填色为黑色。

　　▨窗口切换为白背景　将当前窗口的海洋、陆地填色为白色。

### 2.3.4　系统图组窗口和字体控制工具条

系统图组窗口和字体控制工具条包括 8 个按钮和一个文本显示框(见图 2.19),从上到下它们的功能依次为:

(1)控制检索和属性窗口的关闭和打开。在窗口关闭的情况下,点击该按钮,该窗口会打开;反之,则关闭该窗口。

(2)显示第一个图组窗口。

(3)显示第二个图组窗口,如果系统启动时设置的地图个数大于 1 个,则该按钮可以起作用。

(4)显示第三个图组窗口,如果系统启动时设置的地图个数大于 2 个,则该按钮可以起作用。

(5)显示第四个图组窗口,如果系统启动时设置的地图个数大于 3 个,则该按钮可以起作用。

如果缺省启动同时打开 2~4 个显示窗口,则带有数字 1~4 的按钮分别用于在不同的显示窗口间快捷切换。但如果系统启动时只打开了一个显

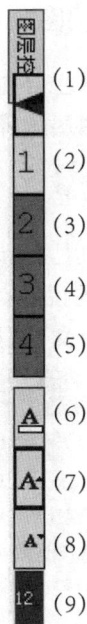

图 2.19　图组窗口和字体控制工具条

示窗口,则这4个按钮不起任何作用。

(6)填图字体颜色。点击该按钮,出现颜色选择框,可以选择当前系统填图使用文字的颜色。该设置仅对第三类数据有效,其他数据填图时使用默认字体颜色。

(7)填图字体增大,点击该按钮,增大系统填图字体,目前该功能对地面填图、高空填图和第3类数据填图起作用,字体最大设置为120,地面填图时因为要协调各种符号的大小,设定了5个级别,不能再增大。

(8)填图字体减小,点击该按钮,减小系统填图字体,目前该功能对地面填图、高空填图和第3类数据起作用,系统最小字体设置为6。

(9)当前填图字体大小,该文本框显示当前系统填图使用字体的大小,也可以直接修改数值来改变填图字体大小,该文本框的颜色为当前系统默认使用字体的颜色(或修改后的字体颜色,仅对第3类数据有效)。

系统填图默认本图层设置的字体颜色和大小,如果点击字体增大或减小按钮,则上述3类数据使用全局字体大小(第3类数据还使用颜色)填图,在图层内修改填图字体后,该图层不再使用全局字体填图。

## 2.3.5 系统状态栏

系统状态栏位于主显示区域的下方(见图2.8),显示内容主要包含三组信息:第一组显示当前鼠标的经纬度位置。如果鼠标在中国区域内,则第二组信息显示当前鼠标位置所在县级行政区名称(需要读取中国县级行政区边界数据,也可以使用本地区的行政区划数据文件替换默认的数据文件,只显示指定范围的行政区名称)。若在中国区域外,则显示鼠标在图片上的位置和当前地图放大比例。第三组一般不显示信息,若图形显示区显示云图或雷达等数据时,且该数据包含定标信息,则显示当前鼠标位置的定标信息。

## 2.3.6 系统图层控制

系统图层控制主要包括图层显示、隐藏、删除等。图层控制方式有两种:通过显示设置窗口控制或通过图层选择窗口控制。

### 1.显示设置窗口

显示设置窗口是独立于主窗口的一个顶层窗口(见图2.20)。显示设置窗口显示当前图组中所有图层的说明。可以通过该窗口设置指定图层的显示、隐藏、属性、动画、删除等操作。每打开一个文件,如果读取和显示文件正常,则会在该窗口增加一条记录,显示该图

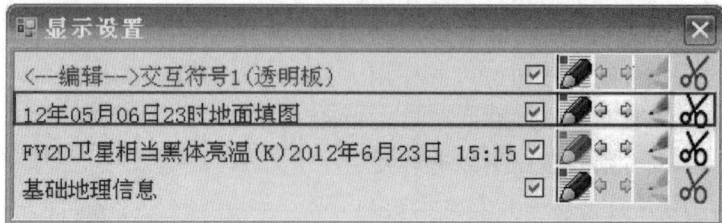

图2.20 显示设置窗口

层的说明,并包含 5 个图标。可以针对该层进行操作。

在显示设置窗口中,框中(见图 2.20)的按钮功能从左到右依次为每个文件的图层说明、显示/隐藏、属性、图层翻页、查看编辑和删除按钮。在【图层说明】按钮上点击鼠标左键,选中该图层,属性窗口中显示该图层属性。如果是可编辑图层(MICAPS 第 4、8、14 类数据和精细化指导预报产品),则该图层自动进入编辑状态。单击右键可取消编辑状态。处于编辑状态的图层不能清除和动画翻页,但可以通过点击【删除】按钮删除。通过右键选择图层不会自动进入编辑状态。

点击【显示/隐藏】按钮,可以设置图层的显示和隐藏状态。点击【属性】按钮,弹出该层的属性编辑窗口,如果该层不存在属性编辑窗口,则该按钮不可用,显示为灰色。当有地面观测数据(第 1 类数据)、高空观测数据(第 2 类数据)、离散点数据(第 3 类数据)、等值线(第 4 类数据、第 14 类数据)及基础地理信息等图层时,点击属性按钮就可弹出快捷方式的属性配置窗口,可以很方便地进行数据显示属性的设置和修改(见图 2.21)。

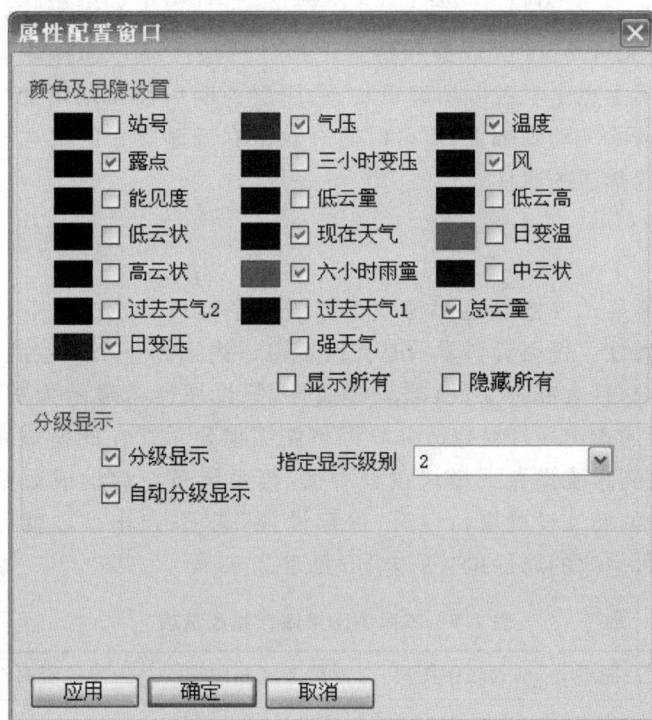

图 2.21　地面填图数据属性配置窗口

在【图层翻页】按钮上点击鼠标左键,则该图层时间向后移动,显示资料目录中上一时间的资料;点击右键则时间向前,显示资料目录中下一时刻的资料。点击【查看编辑】按钮,使用写字板打开该图层对应的数据文件,可以在图形分析时直接浏览检查数据文件。点击【删除】按钮,删除该图层。显示设置窗口关闭后,可以通过选择菜单"视图"→"显示设置"菜单项重新显示。

### 2.图层选择窗口

图层选择是指图层管理窗口中图组选择下面的窗口(见图 2.22),该窗口显示当前打开的所有文件的说明。每打开一个文件,如果读取和显示文件正常,则会在该窗口增加一条记录,可以通过在该说明文字上单击或双击鼠标的左或右键完成对该图层的一些操作。

基础地理信息
FY2D卫星相当黑体亮温 (K)2012年6月23日 15:15
12年05月06日23时地面填图
<-编辑->交互符号1(透明板)

图 2.22　图层选择窗口

在指定图层说明上双击鼠标左键显示或隐藏该图层,双击右键删除该图层。如果是可编辑图层(MICAPS 第 4、8、14 类数据和精细化指导预报产品),选择该层后自动进入编辑状态。在该图层说明上点击右键取消编辑状态,图层说明后面自动增加"〈编辑〉"。处于编辑状态的图层不能清除和动画翻页,但可以通过双击右键删除。图层选择窗口下面的属性设置窗口显示当前选择层的属性。

### 3.图层属性窗口

图层属性设置是显示在图层选择窗口下方的一个窗口。该窗口中显示当前选择的图层所有可以设置的属性。每类资料显示时在设置窗口内选择一个图层后,该图层的属性设置会显示在该窗口内,且大部分属性(非只读属性,只读属性行显示为灰色)可以修改。输入合法值后,该图层的指定属性被修改并立即更新图像显示。在此窗口修改的属性一般都是临时的,不会保存到系统设置或模块设置中去,当系统重新启动或数据重新调入后就不起作用了,但大部分的属性设置窗口内有"保存设置"选项,点击该项就可保存修改的属性设置了。图层不同可修改的属性也有所差异(见表 2.9)。

表 2.9　不同的图层属性修改选项

| 图层类型 | 基础地理信息图层 | 地面填图图层 | 高空观测图层 | 云导风资料图层 | 交互编辑图层 |
|---|---|---|---|---|---|
| 可修改的主要项目 | A. 基本设置<br>B. 地图颜色<br>C. 方案<br>D. 高级配置 | A. 填图要素设置<br>B. 三线图<br>C. 统计<br>D. 保存当前修改设置<br>E. 变化场计算<br>F. 分级显示配置<br>G. 更多设置<br>H. 设置 | A. 变化显示<br>B. 基本属性<br>C. 显示设置<br>D. 颜色设置 | A. 基本设置<br>B. 显示设置<br>　低层风<br>　中层风<br>　高层风<br>C. 颜色设置 | A. 基本设置<br>B. 填色设置<br>C. 显示设置 |

另外,还可以通过属性窗口设置一些特殊的属性,如打开显示窗口,如地面三线图、地面要素显示设置,tlnp 图、剖面图等(这些特殊显示将在相应的章节中给出介绍)。

### 2.3.7　系统资料检索窗口和工具箱

通过系统工具条左下方的资料检索窗口和工具箱切换按钮可分别显示资料检索窗口（见图 2.23）和工具箱（见图 2.24）。

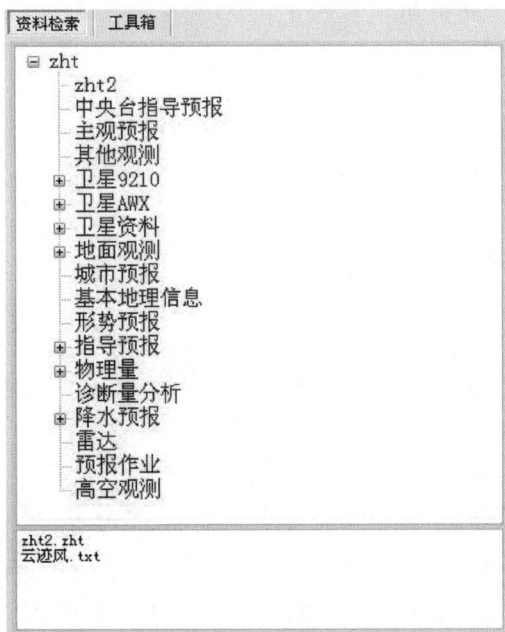

图 2.23　资料检索窗口

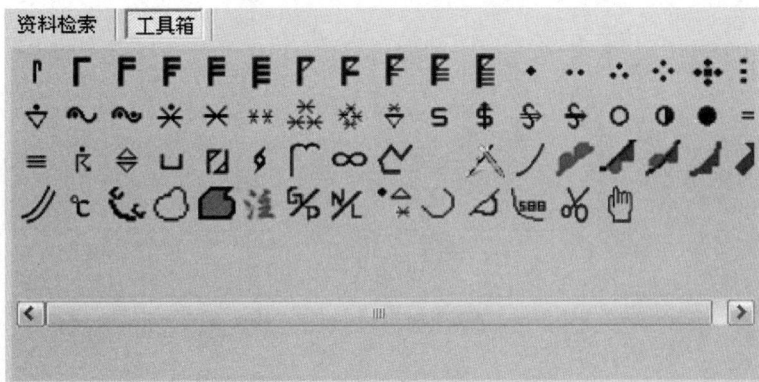

图 2.24　工具箱窗口

资料检索窗口包括综合图目录窗口和综合图文件窗口两部分，缺省显示安装在\MICAPS3\zht下预定义的综合图文件，可根据需要添加和修改。在窗口内点击综合图文件名可进行综合图数据检索，十分方便。

工具箱提供交互操作工具。不同种类的交互数据类型具有不同的工具箱，具体参考相关章节。

### 2.3.8 系统图形显示窗口

系统图形显示窗口中的显示内容主要包括地图及地理信息显示、各种气象数据图形图像显示以及对这些图形图像的交互操作编辑内容显示。其中前两部分内容在图像显示章节详细介绍,交互编辑内容显示在相应章节给出介绍。

# 第3章　系统本地化

系统安装后就可以正常启动运行,如果需要与本地数据环境连接并方便用户使用,就需要将系统与本地实际情况相匹配,即系统本地化。

系统本地化首先需要修改部分模块和综合图中路径设置,也可根据本地业务需要,调整系统菜单和综合图文件,对系统进行重新配置。本节主要介绍主系统配置、系统配置程序配置这两种配置方式,使系统与本地实际情况相配合。另外,系统菜单、综合图文件本地化将在相应的章节中给出介绍。

## 3.1　系统配置本地化

修改系统配置的方式有两种:直接修改(主系统配置)和使用系统配置程序完成。

### 3.1.1　主系统配置

系统启动默认使用的系统配置文件为 set.ini,默认安装在\MICAPS3 目录下,可以通过参数启动方式指定不同的启动配置文件,用于不同用途的系统启动。

主系统配置文件为 set.ini,该文件设置系统启动参数。文件前面有";"标注的表示该内容为解释行,并以";"结束。主配置文件的主要内容及重要设置项目如下。

1.[Main]

- 日志保存天数=1

;日志保存天数设置,保存系统记录日志的时间长度,如果该数字为 0,则启动清空日志目录,小于 0 则不清除任何文件,一般建议保存一定天数;

- 无提示=false

;出现一般错误信息时不出现提示;

- 全屏幕=true

;启动后默认最大化窗口;

- 启动窗口大小=1600,1000

;启动窗口大小只有全屏幕为 false 时才起作用,大小为窗口大小,不是显示区域大小,如果显示终端支持 1280×1024 分辨率,则可修改为该值;

- 启动窗口位置=0,0

;启动位置为−999 时,为自动屏幕中心位置;

- 显示图层控制＝true

；图层控制窗口启动时是否自动启动。设为 true 则自动启动，否则需在视图菜单中启动；

- 显示时间轴＝false

；时间轴启动时是否自动启动，设为 true 则自动启动，否则需在视图菜单中启动；

- 资料检索显示＝true
- 读入行政边界信息＝false

；默认启动时是否读入行政边界信息，如果不读入该信息，则移动鼠标不会显示所在行政区的名称，与状态栏中的信息显示内容相关，启动后可以选择菜单"地图"→"行政区边界"读入该信息，使用第三类数据行政区填图和启动预警信号功能模块也会读入该信息；

- 自动文件列表＝false
- 自动文件列表目录文件＝autolistdir. txt

；自动文件列表指定系统启动时是否读取自动列表指定目录中列出的文件名。启动自动文件列表可以加快文件动画、前后翻页的文件移动速度，但系统启动速度会变慢。如果服务器性能不高，获取文件列表需要时间较长，造成动画速度缓慢，则可以使用该功能，即将自动文件列表设为 True，并修改 autolistdir. txt 文件中文件的路径与本地数据路径一致。这样系统就会直接从内存中读取数据，而不是从硬盘中读取，速度自然加快；

- 监视目录盘符是否替换＝true
- 监视目录盘符替换＝ZHXX

；该项设置主要用于网络盘符不同造成预先写的文件无法适应多种情况，可以通过该设置替换，第一个字符为 Z，是目前配置文件中使用的盘符（autolistdir. txt 文件中的盘符），第二个字母 H 为实际映射到本机的盘符，也就是说用 H 这个盘符替换 autolistdir. txt 文件中的 Z 盘符，如果相同，则不替换；

- 显示启动界面＝true

；设置是否显示启动窗口，设置为 false 时，启动后直接弹出主窗口；

- 显示设置窗口＝true
- 网络资料进度＝true

；使用自动文件列表时，显示文件列表进度；

- 四分屏启动＝false

；设置启动后直接四分屏显示，可做相应调整；

- 弹出窗口独立显示＝true

；设置弹出窗口显示的显示方式，主要包括地面三线图、TlogP 图、剖面图等弹出窗口的显示设置，弹出窗口独立于图层显示；

- 弹出窗口另外屏幕显示＝true

；如果使用双屏时，弹出窗口是否显示到另外一个屏幕上，如果显示在另外屏幕，则默认最大化弹出窗口；

- 属性和检索窗口位置＝0

；0—靠左，1—靠右；

- 清除文件级别＝0

VerticalToolBarDisplay＝true

；系统图组窗口和字体控制工具条是否显示选项；

- displayPropertyWindow＝true

；是否显示属性框；

- displayToolBar＝true

displayMenu＝true

displayDataDiscreption＝false

2.〔平滑〕

- smoothMood＝None
- smoothMood1＝AntiAlias,Default,HighQuality,HighSpeed,Invalid,None
- SmoothClosure＝false

；有的机器在画虚线（线宽＞3）时，需关闭平滑处理，此时 SmoothClosure＝true；

3.〔VideoCard〕

- IndividualViewCard＝true

；注意，此处设置系统显卡类型。如果计算机带有独立显卡，设置此处值为 true,否则设置为 false,不然，可能会影响显示的正确性；

4.〔预设地图〕

- 地图个数＝4

；具有 4 个图组窗口；

- 经纬度显示＝false

；是否显示经纬度；

5.〔Map1〕

- project＝兰伯托投影
- isize＝3000
- jsize＝3000
- ltLon＝－75
- ltLat＝80
- rbLon＝285
- rbLat＝－80
- centerLon＝110
- centerLat＝36
- displaycenterLon＝105
- displaycenterLat＝36
- HomeZoom＝8
- lockMapBorder＝false
- configfile＝basemap.ini

- 经纬度显示＝true

6. [Map2]

- project＝等经纬度投影

……

；以第一个图层[Map1]为例说明参数设置。

[Map1]表示对第一个图组的地图进行参数位置。

project＝兰伯托投影，表示采用兰伯托投影方式。centerLon＝110,centerLat＝36 定义恢复到最初状态时显示窗口中的中心位置，只能在主文件中修改，并且将所有 map 中的该参数统一设置。displaycenterLon＝110,displaycenterLat＝36 定义地图在窗口中的显示中心经度、纬度的位置，本地化时使这两项的数值基本是本省的中心地理位置。

HomeZoom＝8 为地图放大系数，用户使用时使关注的区域可以放大到窗口合适的显示大小。

configfile＝basemap. ini 地图设置配置文件。经纬度显示＝true,显示经纬度线。需要注意的是基本地图设置只能修改基本的地图设置配置文件 basemap. ini,如果只有一个 basemap. ini 配置文件时，启动四个窗口使用同样的设置（但地图投影可以不一致），如果需要以不同的设置启动不同窗口，如打开不同的地图数据文件、使用不同颜色方案等，则可以设置 basemap1. ini、basemap2. ini、basemap3. ini,分别用于第 2、3、4 个窗口设置，可以使用图形界面配置程序设置后，复制文件并更改文件名，或者在系统主窗口中设置地图参数后保存配置文件；

7. [MapScope]

- changeProjectCenter＝false
- mapMenuNum＝2
- mapMenu1＝自定义区域 1,116,40,20
- mapMenu2＝自定义区域 2,110,26,12

；当然也可以设置自定义区域显示。changeProjectCenter 设置采用用户自定义区域后是否重新改变底图的投影中心，true 表示变更显示中心位置的同时将该位置设置为底图投影中心，如果在窗口中已经有云图或其他类型的图像显示，则这些数据可能无法显示，false 表示只变更显示中心，不修改投影参数。mapMenuNum＝2 设置用户自定义区域的个数，即在"地图"菜单中显示的自定义区域菜单项数。mapMenu1、mapMenu2 自定义区域参数项，第一字段为"地图"菜单中显示的菜单项名称，后面三个数字分别为设置显示的中心经度、纬度以及地图放大倍数，注意自定义区域参数项不能少于 mapMenuNum 设置的数值；

8. [动画设置]

- 时间间隔＝2000
；每两帧图形/图像之间更换的时间，单位为毫秒，1s 为 1000ms；
- 动画方案＝2
；1 文件顺序动画,2 时间一致动画；

- 数据间隔＝60

;如果动画方式是"时间一致动画",则该参数定义参与动画中两个相邻文件之间的时间间隔,数据间隔单位为分钟,但是如果实际的数据文件的相邻间隔时间大于此参数定义的值,则按实际文件的间隔做动画。此参数设置的目的是避免在多种数据同时动画时,某种数据间隔过大、而另一种数据间隔过短时,出现前者与后者动画后两者间的时间间隔越来越大,如雷达 PUP 产品和地面填图一起动画时,可以间隔多幅雷达产品,每小时一张动画,否则按照最小间隔,雷达的图像产品仍在某个小时内,而地面图早已换成几天前的资料;

- 动画返回天数＝3

;如果动画方式是"时间一致动画",则参数定义循环动画返回到最新资料之前的第 3 天开始重新动画;

- 动画返回文件数＝24

;设置动画返回文件数。如果动画方式是"文件顺序动画",则该参数定义循环动画返回到最新资料之前的第 24 个文件开始重新动画;

9.［综合图检索］

- 综合图根目录＝c:\micaps3\zht

;综合图根目录,定义 MICAPS 系统各综合图检索文件所在的目录。系统缺省安装的综合图存放路径为\MICAPS3\zht;

10.［图片保存］

- 图片保存目录＝c:\micaps3\savePic

;定义 MICAPS 系统自动保存图片时的路径,系统缺省安装的图片保存路径为\MICAPS3\savePic;

- 自动保存文件＝false

;设置 MICAPS 系统是否启动自动保存图片的功能。该逻辑值取为 true 时系统在保存图片时自动生成文件名并保存在\MICAPS3\savePic 目录下,否则弹出保存文件对话框,提示输入文件名进行保存;

- 图层信息＝true
- 显示边框＝true
- 边框类型＝2

;边框类型设置为 1 是单线;2 是双线,外面粗线,内侧单线;

- 边框颜色＝black
- 图片宽度＝15

;这里设置的图片宽度的单位为厘米,设定图片宽度,高度按照比例自动计算;

- saveToClipBoard＝true

;设置保存图片时是否自动保存到剪贴板,若为 true,则保存,这样这张图片还可以粘贴到文档中(PPT)使用;

- FontSize＝12
- 图层信息透明＝true

11.[监视模式]

- 监视运行＝false
- 监视文件＝c:\micaps3\monitorlist.txt

;设置是否启动监视模式,若取为 true,则 MICAPS 系统可以根据一个监视列表文件 monitorlist.txt 自动循环显示指定的数据,并可自动更新显示最新数据,否则不启动;

12.[菜单]

- 菜单文件＝micapsDataMenu.txt

;系统启动时按照 micapsDataMenu.txt 菜单文件对菜单项进行加载,具体内容参考相关章节;

set.ini 系统配置文件包括叠加气象要素图像图层前地图底图的各项参数(投影方式、投影中心、观察中心等)。因为我国东西向跨度很大,因此 MICAPS 系统按照缺省安装的地图显示位置不一定满足用户的具体需要,故需要重新设置适合本地的地图显示,即为每个图组设置合适的显示中心。另外,因为使用的目的、本地数据种类以及存放路径等有所差异,所以对主配置文件进行一定修改。

MICAPS 每次启动会生成一个运行日志文件,存放在安装目录的子目录 LOG 下,系统启动时可以检查生成的系统日志文件。为了避免占用过多的系统硬盘存储空间,可以保留指定最近时段的日志文件,使用系统配置文件中的"日志保存天数"设置项目可以设定保留时间长度,如果长度为 0,则删除已经存在的所有 Log 文件。

通过设置"四分屏启动"项目的值为"true"可以在启动时显示四分屏,注意下面的地图个数需要设置为 4。为了加快网络盘数据检索速度,系统启动后可以监视指定的文件目录,监视的文件目录列表保存在文件 autolistdir.txt 中,缺省安装后该文件中的目录均指向 Z 盘。如果本机虚拟数据盘为其他盘符,则可以修改"监视目录盘符替换"项目,该项目的字符为盘符,第 1、3、5 等列表文件中的盘符,2、4、6 等为本机数据目录,可以指定多个替换盘符。

地图个数缺省为 4,如果系统内存较小,可以减少缺省地图个数,以减少内存使用,加快系统运行速度。

另外,可以设置保存图片时是否要输入文件名,如果自动保存为"true",则保存图片时自动生成文件名并保存在指定目录下,否则,弹出保存文件对话框,可选择保存目录和输入文件名。另外一个重要的设置是显卡设置。这里为了加快系统运行速度,没有使用自动判断,而是通过设置文件指定。如果显卡类型指定错误,可能影响显示正确性和系统运行的稳定性。

### 3.1.2 系统配置程序配置

系统配置程序只能修改部分设置,并不能修改所有可设置的配置。

选择系统菜单"设置"→"系统配置"菜单项,运行系统配置,弹出窗口界面(见图 3.1)。该功能对应的是\MICAPS3\micaps3_config.exe 程序。

系统配置窗口包含两部分,左侧为树状选择目录,右侧为当前选择可以配置的选项,最下方为三个功能按钮"保存""确定""取消",分别对应保存当前设置、确定保存并退出、退出设置程序但不保存修改结果。

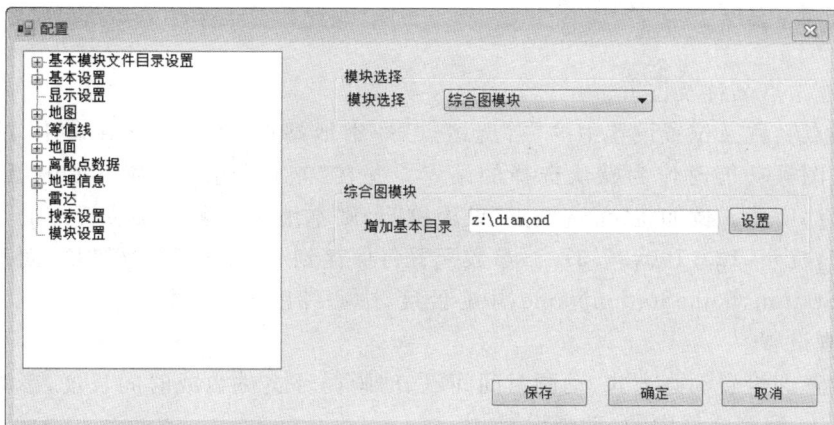

图 3.1　系统配置主界面

系统基本设置包括两部分：常规和监视及路径。选择"常规"，主界面右侧出现相应的可修改配置参数项：本地站点名及位置以及动画设置（见图 3.2）；选择"监视及路径"，主界面右侧出现路径和监视运行设置选项（见图 3.3）。

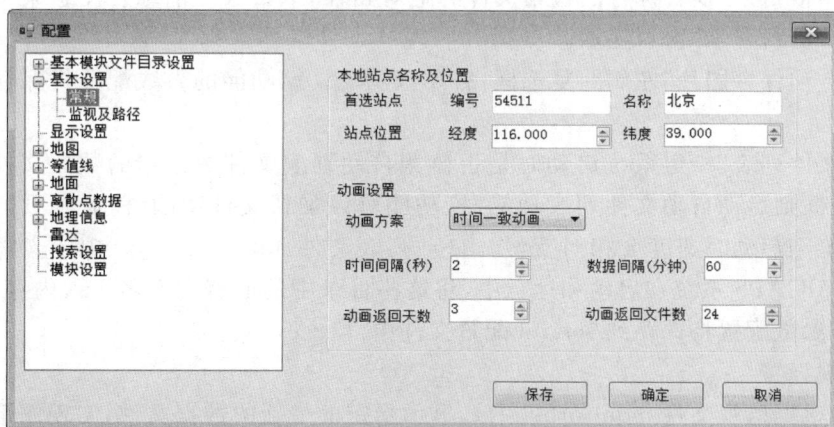

图 3.2　基本设置中常规设置选项

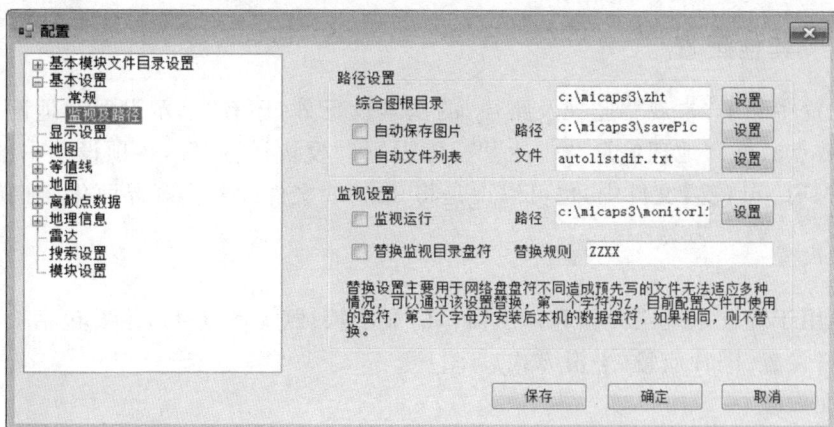

图 3.3　基本设置中监视及路径设置选项

1."常规"选项参数设置

(1)本地站点名称及位置

本地站点名称及位置设置中的"首选站点"即本地站点,用于定义在调用 TlogP 图、显示地面三线图等功能时作为默认选择的站点。并在"站点位置"参数设置中填写"首选站点"的经度、纬度值。例如将"首选站点"设为杭州,则本地站点名称及位置中的 4 个参数依次为:58457,杭州,120.100,30.310。参数配置将保存到 set.ini 配置文件中,对应于该文件中的 homeStation、homeStationName、中心经度、中心纬度 4 个参数。

(2)动画设置

动画设置即设置动画方式、动画时间间隔、动画循环文件数或时间长度,参数配置后将保存到 set.ini 配置文件中的[动画设置]中。

2."监视及路径"选项参数设置

(1)路径设置

路径设置中包括综合图根目录、自动保存图片和自动文件列表。

"综合图根目录"设置综合图检索文件的绝对路径,该目录下的综合图检索文件将在主窗口左侧的"资料检索"窗口显示。

选中"自动保存图片"左侧的复选框,启动该功能。该功能的参数配置将保存到 set.ini 配置文件中。

"自动文件列表"指定系统启动时是否监测自动列表文件中指定的数据文件目录。选中左侧复选框则启动自动文件列表功能,该功能可以加快文件动画、前后翻页的文件检索速度,但系统刚启动时速度会相对变慢。自动列表文件 autolistdir.txt 中定义需要监视的数据目录,MICAPS 系统在启动和运行中,将这些目录中的所有文件名读入内存,便于加快资料检索。参数配置将保存到 set.ini 配置文件中。

(2)监视设置

该功能根据监视文件 monitorlist.txt,显示指定的最新的数据文件,实现图形图像显示更新的无人值守。该文件需根据当地实际数据目录结构手工编辑。实现 MICAPS 系统本地化。参数配置将保存到 set.ini 配置文件中。

### 3.1.3　其他配置

系统配置中除了"常规""监视及路径"的基本设置外,还有"显示设置""地图""等值线""地面""离散点数据""地理信息""雷达""搜索设置""模块设置"等,各项设置中的参数将保存到主系统 set.ini 配置文件中,也可以说是将 set.ini 文件设置实现界面化、细节化。

1.显示设置

该设置用于设置系统主界面和弹出窗口的显示特征(见图 3.4),主要包括 3 个部分:界面设置、窗口设置、图片质量(平滑方式)。

(1)界面设置

界面设置包括启动时是否最大化窗口、工具条图标大小、是否显示图层控制窗口、是否

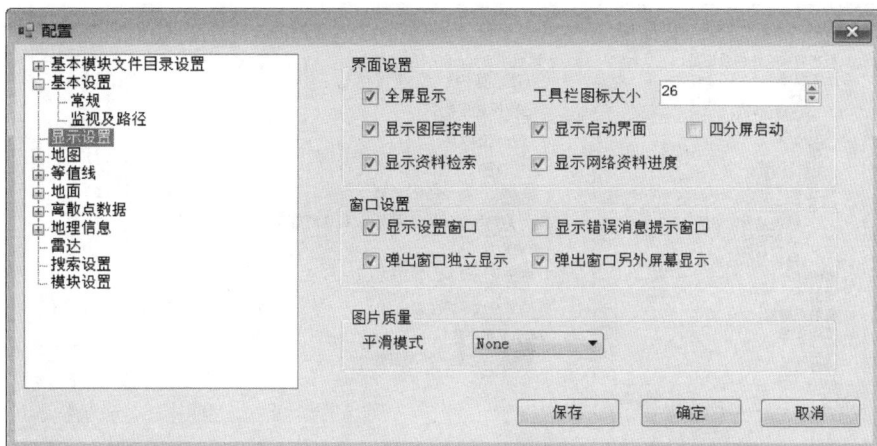

图 3.4　显示设置

显示资料检索窗口、系统启动时的界面是否显示、是否四分屏显示、是否显示网络资料进度（若"监视及路径"中选择不自动列表文件，则不会出现网络资料进度窗口）。

（2）窗口设置

窗口设置包括启动时是否显示"显示设置窗口"、是否显示错误信息提示窗口、弹出窗口是否独立与主界面显示、如果有双显示屏则弹出窗口是否在另一屏幕显示，这些与主配置文件中定义一致。

（3）图片质量

图片质量设置中的图片质量由平滑方式决定，平滑模式主要有：

smoothMood1 = AntiAlias,Default,HighQuality,HighSpeed,Invalid,None

AntiAlias：指定消除锯齿的呈现；Default：指定默认模式；HighQuality：指定高质量、低速度呈现；HighSpeed 则相反；Invalid：制定一个无效模式；None：指定不消除锯齿。

2.地图设置

地图设置中包括 3 个部分：参数设置、投影设置、显示设置，用于设置地图相关的参数以及显示属性。

（1）参数设置

参数设置主要用于系统基本地图的显示设置，点击"参数设置"出现界面（见图 3.5），包括预设地图、网格设置、单省设置和辅助设置，除预设地图参数外，此项设置的参数保存到 \modual\basemap\basemap.ini 文件中。

可以通过该界面预设地图个数（默认为 4，最小为 1，即系统启动后图层显示窗口内显示的地图个数），默认打开显示的地图文件（可以有多个）。地图文件实际是 MICAPS 系统的第 9 类扩展数据，即边界、河流、海路等的线条数据。所有的地图文件都在缺省目录 \modual\basemap\basemapdata 下，如果需要重新定义图形显示区显示内容，点击"清空"按钮，然后在"添加地图文件"的下拉式列表框中添加若干个地图文件信息，如添加中国国界、海上国界、省界、地区界、海岸线、一级河流等 6 个文件。

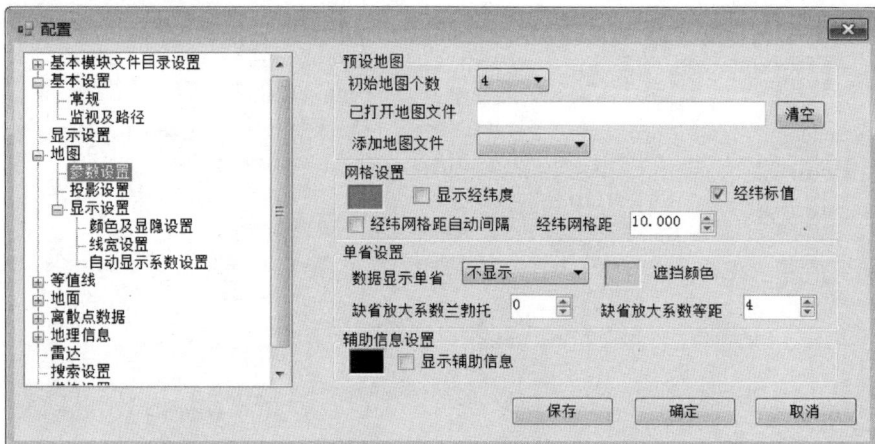

图 3.5 地图参数设置界面

网格设置中包括图像显示区中是否显示经纬度、经纬度间隔。

单省设置用于是否单省显示、遮挡颜色、缺省地县线条显示时最小地图放大系数（兰勃托和等经纬度投影分别设置）。比如用户关注一周天气形势，则需要查看大的天气背景。但如果是针对短期内的天气变化，则可能只显示某一省即可。这些参数的修改将会保存在basemap.ini 中。点击"遮挡颜色"前的颜色框，弹出颜色选择对话框，选择颜色后，点击"确定"，则设置当前选择的颜色作为除单省以为的遮挡颜色。

辅助信息设置用于显示地名、线条名称以及信息显示的颜色等辅助信息，如果需要时再启动，一般情况建议不使用。

值得注意的是，这里的参数针对的是所有预设的地图，如果要对某个地图做个性化设置，则将 basemap.ini 另存为 basemap1.ini 或者 basemap2.ini 等，然后手工去修改对应的basemap1.ini 或者 basemap2.ini 文件。

（2）投影设置

投影设置默认 4 个显示窗口地图设置投影方式、范围等信息（见图 3.6）。由于每种

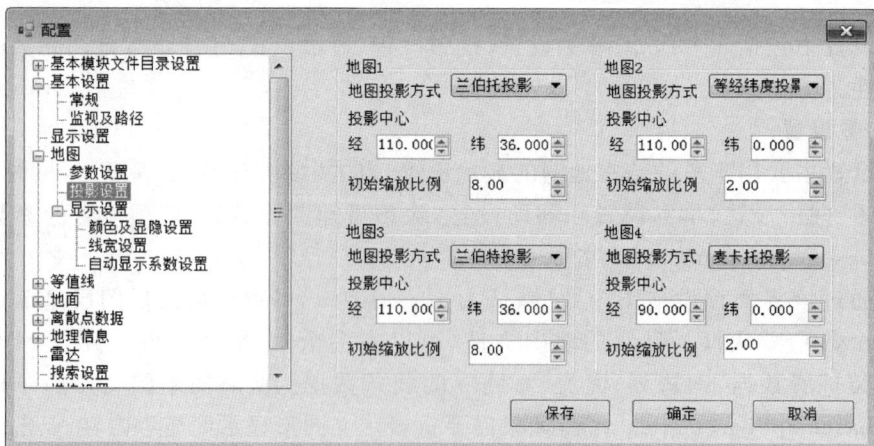

图 3.6 地图投影设置界面

投影方式在显示窗口中的放大系数不同,因而初始缩放比例的设置参数值不一样,且可设置为小数。这个需要不断地调整。此项参数的设置也保存到系统配置文件 set.ini 中。在实际应用中,中纬地区使用兰伯托投影,如果是两广、福建、海南等地则使用麦卡托投影。

经、纬参数对应配置文件中的 centerLon、centerLat。

(3)显示设置

显示设置用来设置地图显示的属性,包括地图的颜色及显隐设置、线宽设置以及自动分级显示设置,此项设置的参数将保存到\modual\basemap\basemap.ini 文件中。

图 3.7 表示地图颜色及显隐设置,点击颜色框右侧复选框则表示应用;图 3.8 表示设置地图线宽;图 3.9 表示设置不同投影方式下省级、地级、县级地图信息显示。显示设置中建议不做修改。

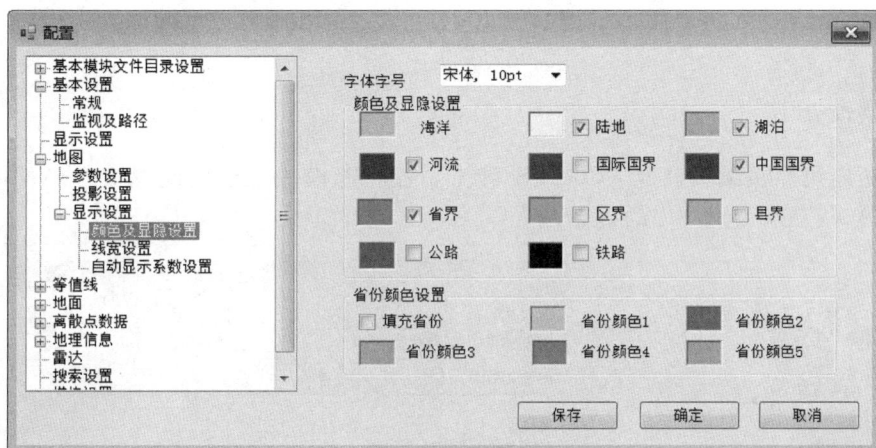

图 3.7　地图颜色及显隐设置界面

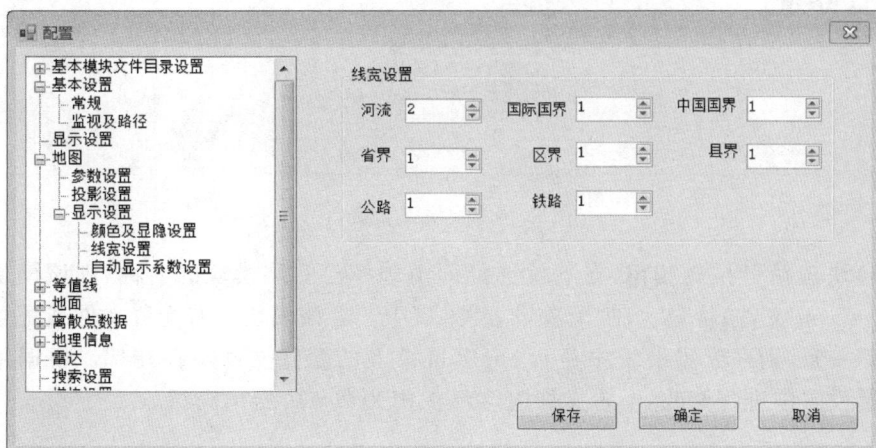

图 3.8　地图线宽设置界面

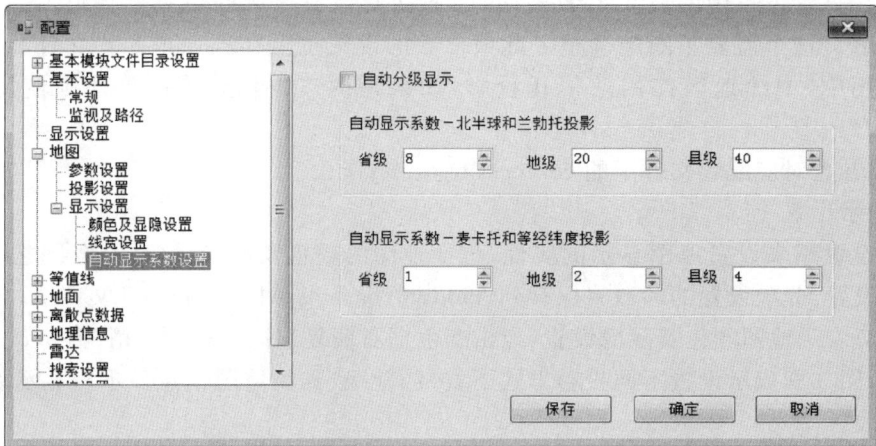

图 3.9　地图自动显示系统设置界面

### 3.模块设置

此项功能可直接编辑修改 MICAPS 系统下各功能模块自己的配置文件(\MICAPS3\modual\＊\＊.ini)(见图 3.10)。

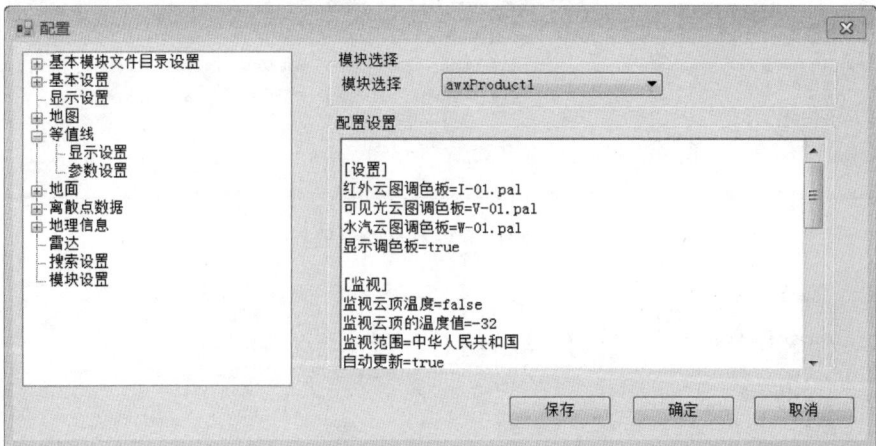

图 3.10　模块设置窗口

点击模块选择下拉式按钮,在下拉选择框中选择已安装模块的名称,则该模块配置文件的内容(＊.ini 文件)将显示在"配置设置"窗口中。若该模块没有配置文件或配置文件名与模块名不一致,则在配置设置中显示"指定目录下的配置文件不存在!"。根据用户个人需求在配置设置中进行修改,配置文件内容将在相关章节中给出介绍。

### 4.搜索设置

搜索设置—资料检索设置(见图 3.11)用于设置参数检索窗口中各资料检索项名称以及与之对应的参数检索配置文件。

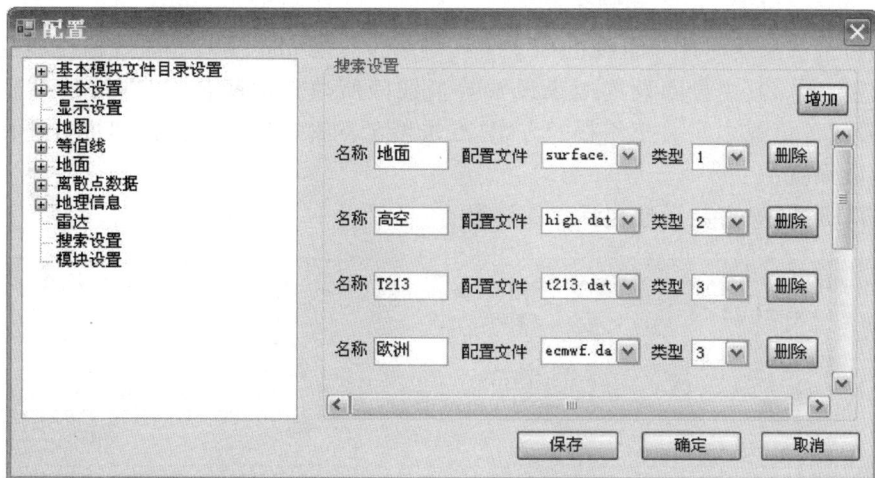

图 3.11    搜索设置窗口

点击"增加"按钮,即可新增一个参数检索项,在"名称"对话框中直接输入相应的字符串;点击"配置文件"框右侧的下拉按钮,在下拉选择框中选择对应的参数配置文件;在"类型"对话框中选择被检索资料在参数检索功能模块中所属的类型:1—地面资料;2—高空资料;3—数值预报产品资料;4—卫星资料;5—雷达资料;6—其他类型的资料。点击"删除"按钮,即删除相应的参数检索项。这里只能设置出现在参数检索界面的项目。

5.等值线设置

等值线显示分析的功能模块为\MICAPS3\modual\diamond14。此项设置主要作为MICAPS系统第 4 和 14 类数据的初始显示时的缺省特征,主要包括等值线显示设置、参数设置。配置设定完毕后,参数值将写入等值线配置文件\MICAPS3\modual\diamond14\isoline.ini 中。

(1)显示设置

等值线显示设置窗口见图 3.12。

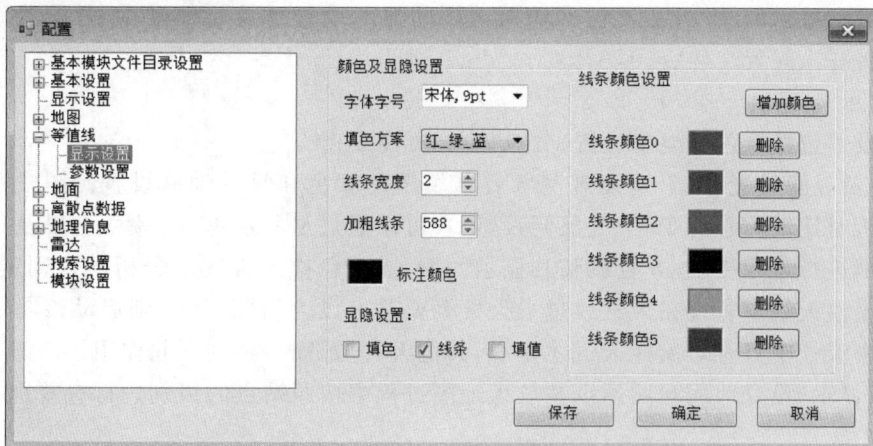

图 3.12    等值线显示设置窗口

"颜色及显隐设置"主要用于设置等值线数值的字体与大小、线条宽度、需要加粗的等值线(如分析天气尺度时比较重视的西太平洋副高位置的588线)、等值线标注颜色、显隐设置以及填色方案。其中显隐设置用来设置等值线间所填充的颜色、填图等是否显示;填色方案用来设置等值线之间填充色彩的方案,点击填色方案右侧下拉式按钮进行选择。

(2)参数设置

如图 3.13 所示,参数设置包括 3 个参数。

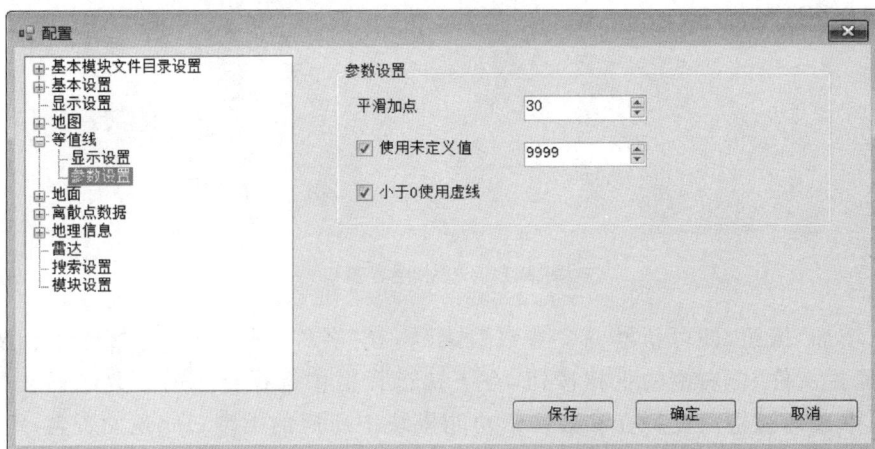

图 3.13　等值线参数设置窗口

"平滑加点"用于等值线平滑的点数,缺省用 30 点进行平滑。

如果在"显示设置"中选择填图,则若选择"使用未定义值"参数,格点值于此处设定的未定义数值相同的格点不会填写,且等值线也将在此中断显示。可直接输入数字,或者点击上/下按钮改变数值。

选中"小于 0 使用虚线"则数值小于 0 的等值线用虚线方式显示。

6.地面

地面显示、分析的功能模块为\MICAPS3\modual\surface。该设置用于设置地面观测综合填图启动显示的属性,主要包括地面填图的显示设置以及监视设置,且配置设定完毕后参数值将写入配置文件\MICAPS3\modual\surface\surface.ini 中。

(1)显示设置

显示设置包括颜色及显隐设置、分级显示(见图 3.14)。

"颜色及显隐设置"用于地面观测各要素填图的颜色和显示隐藏设置。图中逐一列出天气图分析时比较关心的 19 个气象要素,用户可以通过显示所有、隐藏所有以及每个要素前的复选框进行显隐控制,并且调整其显示的颜色(颜色按照天气图分析的规则定义)。强天气即对流性天气。若现在天气或过去天气等要素未设为填图显示,则启动该功能时现在天气或过去天气中只有对流性天气才显示,其他天气均隐藏,否则不起作用。

"分级显示"设置地面观测站点在放大地图过程中按照站点的级别进行有差别显示。

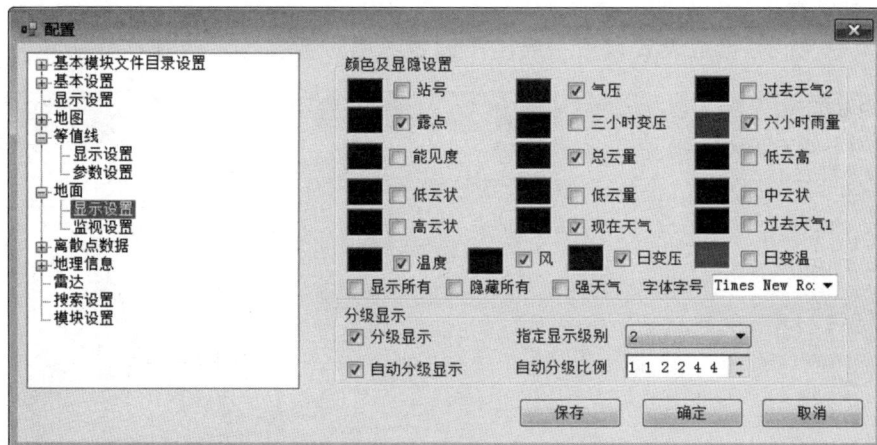

图 3.14　地面显示设置窗口

（2）监视设置

如图 3.15 所示，监视设置功能用来提醒用户在值班过程中如果强天气过程正在发生，提示加强监测和临近预报。该窗口可设置监视闪烁显示符号的大小、高/低温监测阈值、降水监测值、大风监测值（风力 6 级及以上）、是否自动监视即自动显示最新的数据文件以及更新的时间间隔。当然以上参数可以起到作用则必须在"监视显隐设置"中对相应要素进行选择，该要素在到达阈值后闪烁显示，否则不闪烁显示。

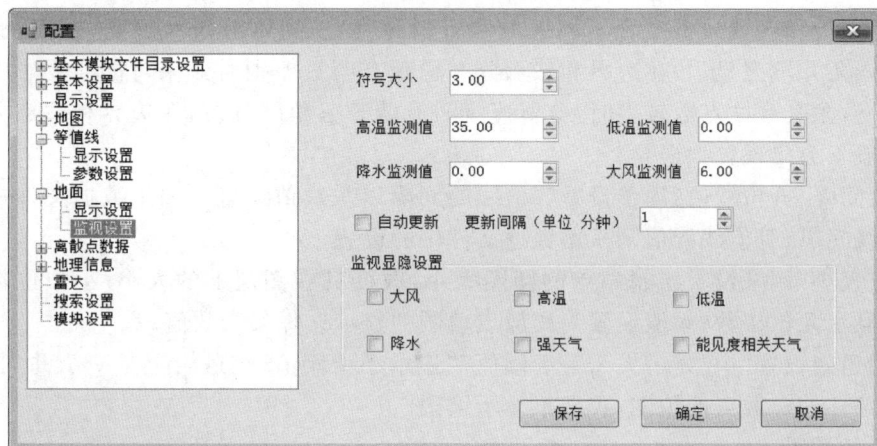

图 3.15　地面显示监视设置窗口

## 7. 离散点数据

离散点数据显示、分析功能模块为\MICAPS3\modual\discrete。该设置主要作为 MICAPS 系统第 3 类数据格式（离散点等值线）显示时的属性，该模块的配置文件为 \MICAPS3\modual\discrete\discrete.ini。对于离散点的数据配置模块中包括参数设置、路径设置、显示设置、分级设置 4 个部分。

（1）参数设置

如图 3.16 所示，参数设置该项主要用于设置离散点数据显示的基本特征。

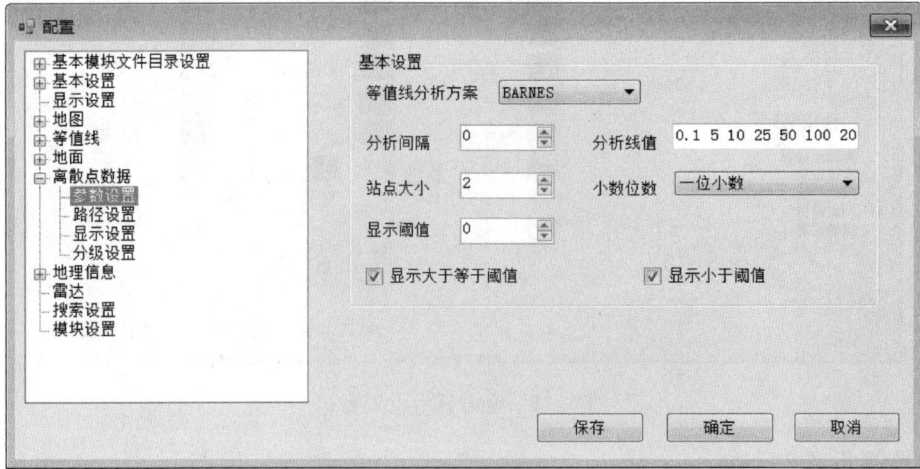

图 3.16　离散点数据参数设置窗口

"等值线分析方案"在 MICAPS 系统中有 3 种：BARNES、CRESSMAN、三角网格，其中 BARNES、CRESSMAN 两种方案首先将离散点数据进行客观分析，得到格点数据后再按照等值线设置显示等值线。可以绘制填充或线条。若选择三角网格分析方案，则不经过格点数据这一步而直接使用离散点组成三角网格进行等值线分析，只能显示线条，不能显示填充；三角网分析和客观分析适合不同区域和资料种类，三角网分析精度高、速度快，但不能分析闭合线条并填充显示，在边界和站点分布稀疏有明显差别时效果可能会受影响。客观分析速度慢，尤其是站点数较多时，分析速度明显低于三角网分析，在边界和站点分布明显不均时一般不会出现较大误差。

"分析间隔、分析线值"用于设置等值线的间隔以及线值设置。如果数据文件中已经定义了等值线间隔、等值线线值则采用数据文件中的设置。

"站点大小"用来设置绘制站点的圆圈大小，改变其在图层上的大小；小数位数用来设置填图时显示几位小数；阈值设置为离散点填图的显示选择某个数值。

"填图显隐设置"中"显示大于等于阈值""显示小于阈值"在逻辑上是一个并列的关系，表示满足条件的离散点的填图，否则不显示填图。

（2）路径设置

如图 3.17 所示，路径设置主要用于实现离散点累加功能，即实际用来实现雨量累加功能而设置的雨量资料的路径。在系统缺省安装下设置了 1、6、24 小时雨量以及 1、6、24 小时加密雨量等 6 组雨量累加设置项，在每个设置项中包括需要分析的雨量目录，即路径、显示信息、数据时间间隔。用户也可以根据本地现有的数据情况通过"增加""删除"按钮来改变雨量累加设置项，并根据需要修改需要显示雨量数据的路径、显示的信息以及通过"上/下"按钮改变时间间隔。

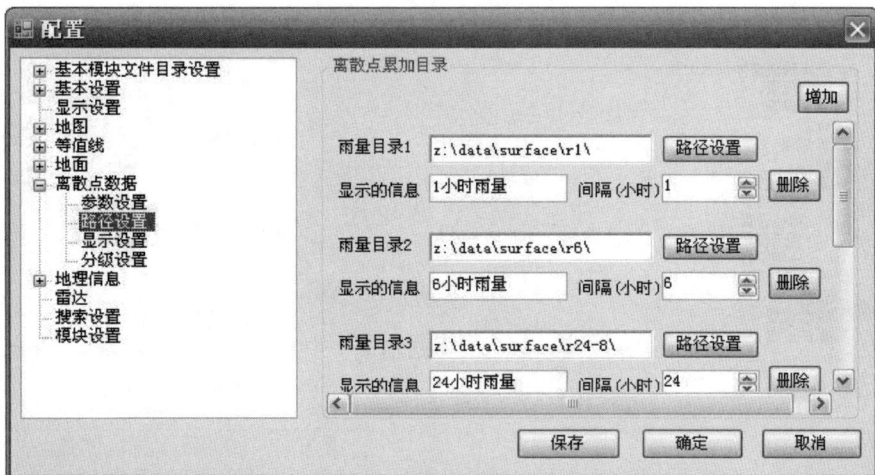

图 3.17   离散点数据路径设置窗口

（3）显示设置

如图 3.18 所示，显示设置主要用来设置等值线填色、等值线线条、站点信息显隐控制以及填色序列的设置。

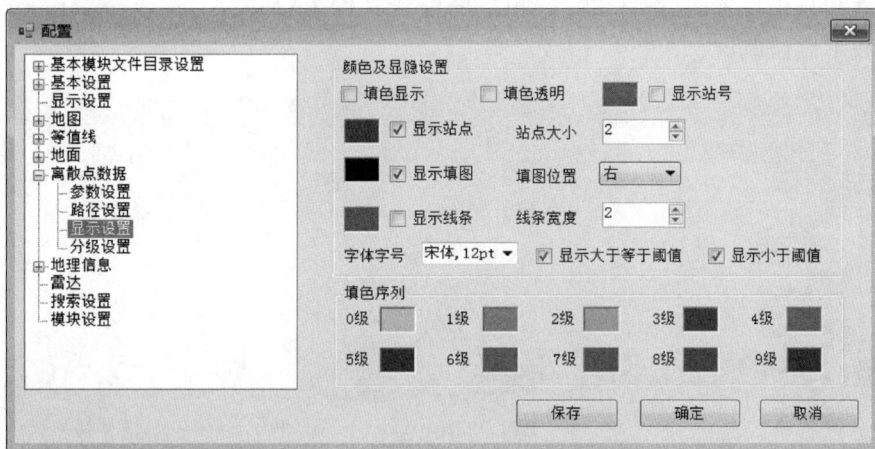

图 3.18   离散点数据显示设置窗口

填色显示指按照参数设置中设置的等值线分析方案将离散点数据进行客观分析，得到格点数据，按照等值线设置的属性显示等值线，并按照颜色设置进行填充。填图位置用来设置站点填图时数据显示在该站点的相对位置，包括 6 个位置参数，可通过下拉列表框进行选择。

（4）分级设置

如图 3.19 所示，分级设置主要用于降水资料的填图，设置不同强度降水填图时的字体字号、颜色，分级参数，也可以通过"增加""删除"按钮修改，其中"分级间隔"的数值表示某个数据区间的下限。

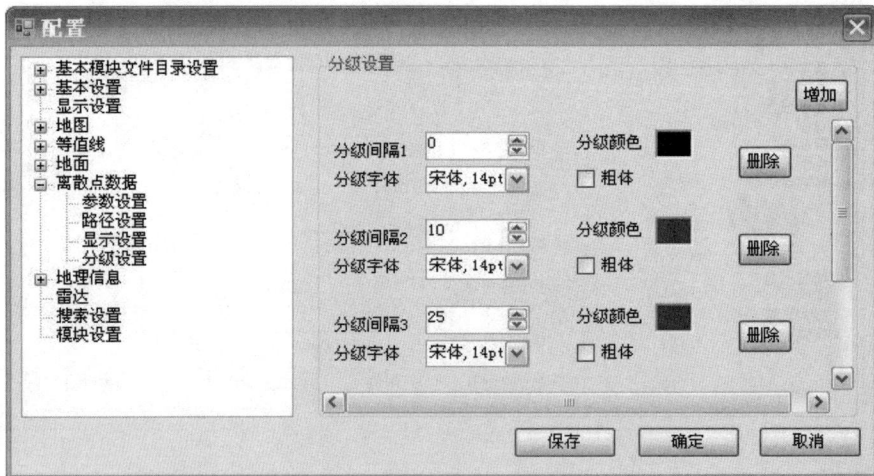

图 3.19　离散点数据分级设置窗口

8.地理信息

地理信息设置用于设置地图线条数据初始显示时的特征,即各省、市、县各级行政边界线显示属性和显隐设置(见图 3.20)。相应的配置文件为\MICAPS3\geomap.ini。建议这一部分参数不做修改。

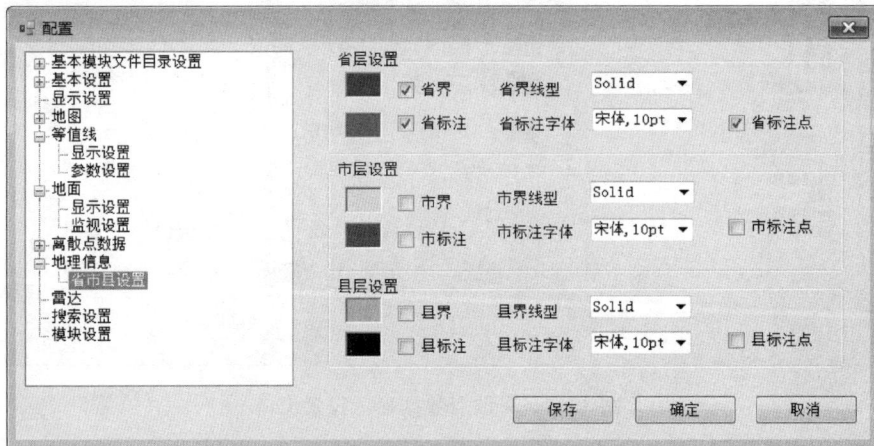

图 3.20　省市县界线设置

另外,"系统配置"菜单项(见图 3.1)中的基本模块文件目录设置实际上相当于配置文件的编辑器,用户可以在编辑对话框中对配置文件进行修改,一般采用手工直接修改配置文件;"搜索设置"将会在参数检索中详细介绍,雷达选项的设置将在雷达资料显示章节给出相应介绍。

## 3.2　地理信息数据及站点信息本地化

地理信息数据及站点信息本地化主要包括第 9 类数据格式的本地区域边界、第 17 类数据格式的本地站点信息，第 16 类数据格式的本地预报站点信息；这部分内容在图像显示部分中作简单说明。

## 3.3　系统综合图本地化

系统安装后默认提供一部分综合图文件和一个缺省的菜单文件。同样，在本地化过程中可以根据本地接收到的数据情况和业务预报工作流程对菜单文件进行修改，并增加适合本地使用的综合图文件（保存自己的综合图文件）。综合图文件格式遵循 MICAPS 第 10 类数据格式，用来单独定义综合图文件的格式。

# 第4章 数据检索简介

MICAPS 系统安装、启动,文件类型介绍,主系统、基本参数配置等本地化后,要完成气象要素的调阅、显示、分析,必须熟悉数据的检索方式。

MICAPS 系统资料检索方法主要有以下几种:文件名检索,菜单检索,参数检索,综合图检索,Internet 和 FTP 服务器资料检索,翻页、动画检索等。另外,部分气象数据文件可以直接拖放于主窗口中显示。当然,同一类型数据可以有多种检索方法,选择哪种检索方式才能达到事半功倍的效果就需要根据数据文件属性以及每种检索方法的特点进行选择。

## 4.1 文件名检索

文件名检索即在文件检索窗口中直接选取所需要的数据文件,系统将根据该文件中的信息在图形显示区内显示相应的图形或图像。弹出文件检索窗口的方式有两种:选择菜单中的"文件"→"打开"→"数据文件"或者选择常用工具条中的"打开文件"图标 🖿。文件名检索窗口见图 4.1。

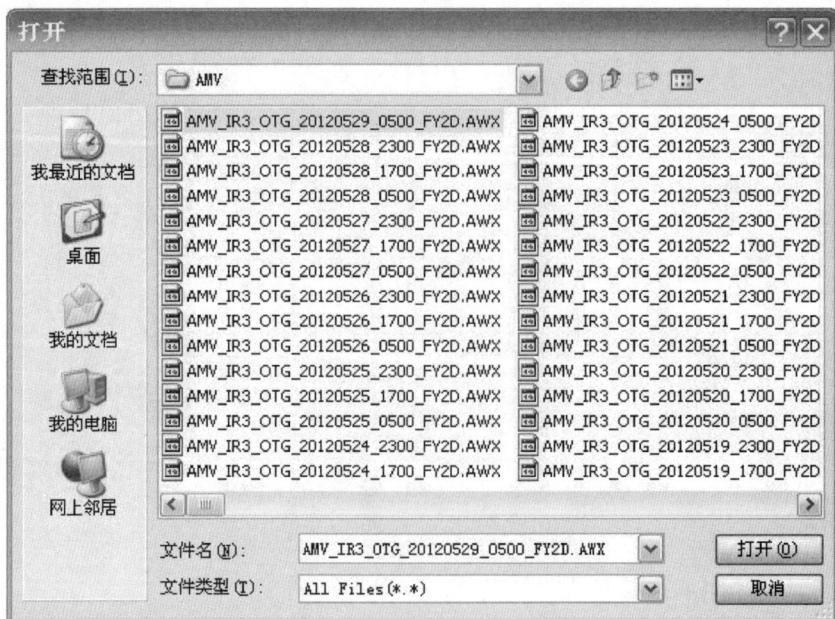

图 4.1　文件名检索对话框窗口

文件名检索方法直接、简单,对于一个数据文件而言可用性强。但是,如果要批量打开一种类型的数据或者是不同类型的数据,则需要逐一打开,采用这种方法就显得非常烦琐,而且要求用户对气象数据结构非常了解。所以文件名检索在气象预报等业务预报中是一种辅助检索方式。

# 4.2　综合图检索

综合图检索是 MICAPS 系统气象数据调用中使用得最多的检索方式,用于显示某一组或某一类数据的最新资料。MICAPS 系统有专门的综合图检索模块\MICAPS3\modual\combine,实现综合图检索功能。虽有模块支撑,也需要有具体的综合图文件。MICAPS 系统有独立的一个文件夹\MICAPS3\zht 用于存放综合图文件,只有在模块参数设置合适、综合图文件定义正确的前提下才能按照综合图文件中定义的内容实现综合图检索。

## 4.2.1　综合图检索模块

MICAPS 系统综合图检索功能模块为\MICAPS3\modual\combine,配置文件combine.ini。其中包括 4 个设置选项。

- 改变综合图指向文件盘符=true

定义是否改变综合图文件中已定义的数据盘符。如果设置"改变综合图指向文件目录"为 true,则使用"改变盘符"中的设置自动修改综合图中文件指向的逻辑盘,若为 false 则相反。此处设置主要用于不同终端映射网络盘符不同的情况,一般不需要设置改变盘符。

- 改变盘符=ZZGG

与上一参数匹配使用,即上条参数逻辑值为 true,则该参数设置起作用。用于定义综合图指向被检索数据文件所在的新的盘符。设置中后面的字母数字每两个为一组,每组的第一个是出现在综合图文件中的盘符,第二个为需要使用的实际盘符。如综合图文件中盘符为 Z,而实际使用的数据存放目录为 G,则数据检索时将数据源直接指向 G 盘符,当然,此处可以指定多个替换盘符。

- 增加基本目录=G:\micapsdata

定义本地实际数据源的盘符和父目录。如果使用系统缺省自带的综合图检索文件就需设置此参数,因为这些综合图文件中使用的是相对路径。当利用这些缺省自带综合图检索数据文件时,系统会自动加上 G:\micapsdata 进行检索。在本地数据源是多个的情况下,则必须在综合图文件中定义数据源的绝对路径。"增加基本目录"参数可以通过主系统配置文件 set.ini,也可以通过"设置"菜单中的"综合图资料路径"子选项设定(见相关章节)。

- 自动删除已打开文件=false

用综合图检索方式显示数据时是否删除显示窗口中已有的图形图像,true 表示需删除,false 则表示不需要。在对图像分析的情况下建议逻辑值设为 true,以免叠加显示过多不便于分析。

### 4.2.2 定义综合图

系统安装完毕后会在安装目录\MICAPS3\下自动生成综合图目录 zht,该目录及子目录下为系统自带的综合图文件。这些缺省的综合图文件中的检索数据路径为相对路径。

综合图的文件也是 MICAPS 定义的第 10 类数据格式,综合图的文件格式如下。

文件头:

diamond 10 综合图中所包含的数据文件数(整数)

数据:

数据文件路径 数据后缀 数据类型代码(均为字符串)

如:

```
diamond 10 2
\t213\height\700 *.030 4
\t213\height\500 *.030 4
```

标志字符串"diamond 10"表示 MICAPS 第 10 类数据格式,即综合图文件格式数据,该综合图文件定义的需要检索的数据文件个数为 2,如果按照综合图检索模块的配置文件中定义的基本路径 G:\micapsdata,则将检索 G:\micapsdata\t213\height\700 和 G:\micapsdata\t213\height\500 目录下后缀为".030"且为最新时次(最晚的时次)的第 4 类数据格式的数据文件,即格点数据。

也就是说,综合图是能够作为一个整体被检索的一组 MICAPS 数据。这一组数据的信息被储存在一个由预报员命名的综合图文件中,当用户选择这个文件时,MICAPS 系统根据该文件中的内容,把相应数据的最新时次的图形、图像自动叠加显示在图形显示区中。

需要说明的是该格式需要各功能模块支持,目前可能有部分模块没有完全支持该格式的综合图,但使用该格式时系统可能无法使用指定的配置文件,不过不会出现错误。另外,路径中可以使用斜杠或者反斜杠。

如果要将当前窗口打开的所有文件作为一个整体同时被检索显示,则需将它们定义为一个综合图。综合图定义除了按照上面讲到的按照第 10 类数据格式使用记事本等直接编辑建立综合图文件,也可以通过 MICAPS 系统提供的菜单实现综合图定义。

选择菜单"文件"→"保存综合图"。综合图保存缺省路径为\MMICAPS3\zht,当然可以根据用户的需求修改路径及名称,定义的综合图文件为文本格式,后缀名可以是 .zht,.txt,.dat,.xml,一般建议使用.zht 作为后缀。

### 4.2.3 综合图检索

当模块设置、综合图定义适合本地实际情况时,即可对数据实现综合图检索。实际中有 4 种方法可以打开综合图。

(1)选择菜单"文件"→"打开"或单击工具条的打开文件按钮,出现打开文件对话框,找到综合图所在的路径,选取综合图并打开。

(2)单击菜单条预先定义的综合图文件所对应的子菜单,打开综合图(即菜单检索)。

(3)利用主界面左侧的资料检索窗口(见图 4.2)内显示的综合图目录及文件名(或数据

文件名),打开预先定义的综合图或数据文件。该窗口显示的综合图为通过系统配置文件指定的目录及第一级子目录下的文件,也可以是其他格式的数据文件,系统安装缺省默认的综合图目录为\MICAPS3\zht。

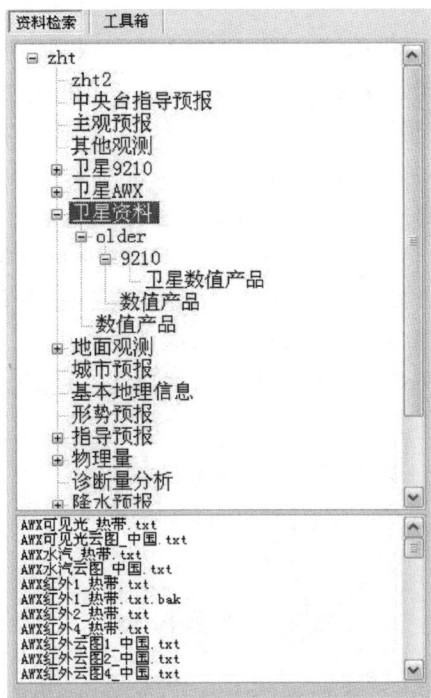

图 4.2    资料检索窗口

(4)直接指定综合图文件启动 MICAPS,启动后自动打开指定综合图文件数据(参考 MICAPS 系统启动章节)。

# 4.3    菜单检索

菜单检索即利用 MICAPS 主窗口界面"菜单"栏中的资料检索菜单,直接选取所需数据菜单项,系统打开对应的综合图,在图形显示区内显示相应的最新图形或图像,相当于是一种快捷的综合图检索方式。

## 4.3.1    菜单检索设置

菜单检索功能模块为\MICAPS3\Modual\amenu,配置文件为 MICAPSDataMenu. txt,为文本格式,通过修改此文件可以实现系统本地化。

### 1.配置文件的格式

除开始第一个非空格字符为"♯"的注释行外,每个菜单说明行包含至少 3 个字段:
第一个字段为菜单名称,显示为可选菜单的名称,如果为"—",则该菜单项显示为一个分隔菜单；

第二个字段为一个整数，说明该菜单项的级别，最多支持 4 级菜单，对应整数为 0～3；

第三个字段也是一个整数，为 0 则后面不再有其他字段，如果为 1，则后面还有第四个字段。

第四个字段为该菜单项对应的综合图、资料文件名或执行程序。如果是一个执行程序名称（可以是可执行程序或批处理文件），则选择该菜单项时将执行该程序。如果需要参数，则可以写在该字段后面，以空格隔开。可以有多个参数，否则，选择该菜单项，则打开对应的综合图或资料文件。如果是扩展名为 chm 的 Windows 帮助文件，则直接打开该帮助文件。

所有综合图、资料文件或执行程序可以使用相对或绝对目录。如果以盘符开始，则使用绝对目录，否则，使用相对目录。菜单配置文件可以说明相对路径的起始位置。在配置文件中，第一个非注释行说明相对路径的起始位置，缺省时用模块安装目录作为相对目录的起始位置。如果需要自行指定，则可以修改基本目录的内容。

下面以 MICAPSDataMenu.txt 部分内容为例说明，并标记其中每条记录行：

① ＃ 菜单定义文件
② ＃ 本文件定义可从菜单上直接打开的文件资料
③ ＃ 最多支持四重菜单 0,1,2,3
④基本目录 模块安装目录
⑤高空观测　0　1
⑥　　500hPa 天气图　1　1　\…\…\zht\高空观测\500hPa 天气图.txt
⑦　　填图　1　1
⑧　　　　500　2　1　\…\…\zht\高空观测\填图 500 百帕.txt
⑨　　TlogP　1　1　\…\…\zht\高空观测\tlogp.txt
⑩地面观测　0　1
⑪　最低温度　1　1　\…\…\zht\地面观测\最低温度.txt
⑫ - 1　1
⑬雷达　0　1
⑭　　PUP 产品检索　1　1　\…\…\zht\雷达\radpupSearch.txt
⑮三维显示　0　0
⑯三维显示 1 1 \…\…\MICAPS_G3D\MICAPS_G3D.exe

按照序号对 MICAPSDataMenu.txt 做相应解释：

①注释行，说明文件用途；

②注释行，说明本文件定义可从菜单上直接打开的文件资料；

③注释行，最多支持四重菜单 0,1,2,3；分别定义 0、1、2、3 共四级菜单目录；

④用于定义 MICAPS 系统的安装目录，如果缺省安装则此处不做修改，若将 MICAPS 安装在自定义的盘符则将"模块安装目录"修改为 MICAPS 系统实际安装目录；

⑤ 第一字段"高空观测"定义菜单项名称，可做修改，第二字段"0"表示该菜单项为 1 级菜单，第三字段"1"表示"高空观测"菜单下还有 2 级菜单项；

⑥"500hPa 天气图　1"表示"500hPa 天气图"是 2 级菜单项，第三字段"1"表示后面还有第四字段，即 C:\MICAPS3\zht\高空观测\500hPa 天气图.txt 综合图文件；

⑦"填图　1　1"与第 6 条记录类似；

⑧表示"填图"二级菜单下还有三级目录"500"并且指向 C:\MICAPS3\zht\高空观测\填图 500 百帕. txt 综合图；

⑨"TlogP　1　1　\…\…zht\高空观测\tlogp. txt"与第 6 条记录类似；

⑩"地面观测　0　1"与第 5 条记录类似，表示与"高空观测"菜单同一级别的"地面观测"菜单选项；

⑪与第 6 条相似；

⑫"－　1　1"表示在第二级菜单中定义一条分割线；

⑬雷达　0　1"表示"雷达"为一级菜单项，并且下面还有子菜单；

⑭"PUP 产品检索"为二级菜单项，并且后面指向 C：\ MICAPS3 \ zht \ 雷达 \ radpupSearch. txt 文件，这里 radpupSearch. txt 实际为启动文件，类似的还有"单站雷达显示"的 radarIdentify. txt；

⑮表示一级菜单项"三维显示"；

⑯"三维显示"作为二级菜单项且指向 C:\MICAPS3\MICAPS_G3D\MICAPS_G3D. exe 可执行文件，点击启动。

菜单检索能够正常进行，除了保证 MICAPSDataMenu. txt 语法书写规范、检索路径正确外，还要确保所指向的第四字段中定义的文件存在，并且名称、内容正确。另外还要保证\MICAPS3\modual\combine 模块完整。使用过程中若本地没有某一类资料如 GPS 则可将 GPS 相关的记录在配置文件中删掉，不过最好用"♯"注释掉，方便以后使用。

2. 菜单配置窗口

菜单检索配置文件可以用记事本编辑器修改，也可利用菜单配置窗口修改。选择"菜单"→"设置"→"菜单配置"项，弹出菜单配置窗口（见图 4.3）。

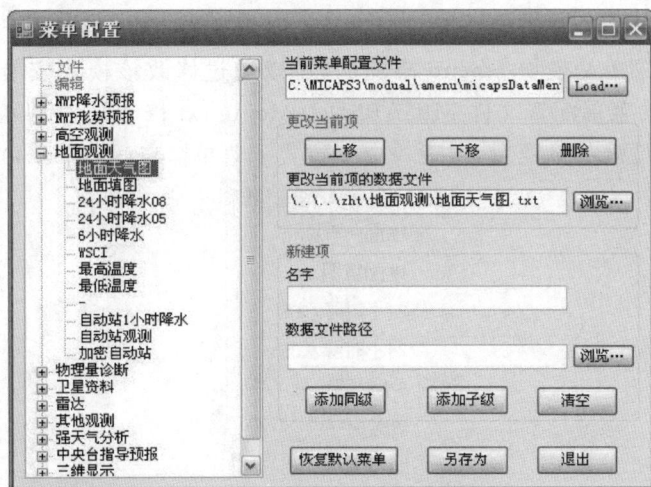

图 4.3　菜单配置窗口

菜单配置窗口主要项的介绍如下。

（1）列表窗口

在左边列表窗口中选中某个菜单名，在窗口右侧点击"上移"或"下移"按钮，调整该菜单前后位置或上下位置。对于第一级菜单,调整的是在主菜单栏中的前后位置;对于其他级的菜单,则是在子菜单中调节上下位置。

(2)更改当前项的数据文件

实质改变原有的菜单名与某个综合图检索文件的关联,重新建立菜单名与"新"综合图检索文件的关联。"新"综合图检索文件是指与原综合图检索文件不同的综合图检索文件或新建的综合图检索文件。在左边列表窗口中选中某个菜单名,点击"更改当前项的数据文件"对话框右侧的"浏览"按钮,弹出 Windows 标准的打开文件窗口,到综合图检索文件所在文件夹选择合适的综合图检索文件,点击"打开",即建立菜单名与"新"综合图检索文件的关联。

(3)新建项

这是指新建一个子菜单。在"名字"对话框中输入文字即为新的菜单名,点击"数据文件路径"的"浏览"按钮,弹出 Windows 标准打开文件窗口,到综合图检索文件所在文件夹选择合适的综合图检索文件,点击"打开"建立新菜单名与综合图检索文件的关联;若"数据文件路径"对话框为空,则表示建立的只是某一级菜单。点击"清空"取消新建菜单操作。"添加同级"或"添加子级"分别表示新建的菜单与左侧列表窗口中某个菜单同级或是该菜单项的子级。

(4)恢复默认菜单

取消所有修改、新建操作。

(5)另存为

将所做的修改、新建操作保存为新的菜单检索配置文件。

### 4.3.2 菜单检索

系统安装后默认一个缺省的菜单文件,在本地化过程中,可以根据本地接收和处理的数据情况、使用工作的流程以及工作重心对菜单文件进行修改。缺省安装的资料检索菜单包含 NWP 降水预报、NWP 形势预报、高空观测、地面观测、物理量诊断、卫星资料、雷达、其他观测等项。这些菜单是模块 amenu 添加的,可以通过修改该模块安装目录\MICAPS3\Modual\amenu 下的菜单配置文件 MICAPSDataMenu.txt 修改缺省的菜单项。

选择某个资料检索菜单项后,出现一个下拉式子菜单窗口(见图 4.4),再选择其中相应

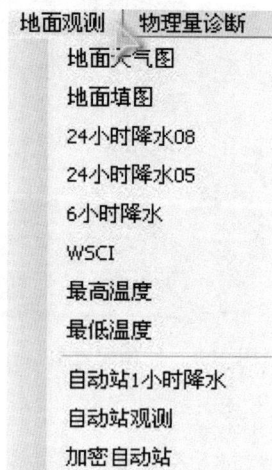

图 4.4 地面观测菜单项

的子菜单项,如选择检索"地面天气图",则在图像显示区内显示相应的图像。

# 4.4　参数检索

用户点击工具栏上的参数检索按钮,弹出窗口(见图 4.5)即启动参数检索功能。此功能非常适用于数值预报模式产品的检索。可在参数检索窗口选择所需数据的各种参数,如时次、层次、要素等,系统将根据这些参数自动检索有关数据并显示图形。缺省安装的参数检索项包含地面观测、高空观测、欧洲中心中期数值预报模式产品、T213 数值产品、GRAPES 数值产品、MM5 数值产品、卫星资料、雷达拼图资料、传真图资料。

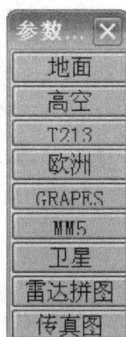

图 4.5　参数检索窗口

## 4.4.1　参数检索设置

MICAPS 系统参数检索功能模块为\MICAPS3\modual\datasearch,模块配置文件datasearch.ini,具体内容为:

〔设置〕
　　　　启动显示 = false
　　　　显示位置 X = 0
　　　　显示位置 Y = 0
　　　　　　按钮背景 = Cyan
　　　　　　按钮字体大小 = 12
　　　　　　按钮字体颜色 = Black

"启动显示"用于定义启动 MICAPS 系统时是否直接弹出参数检索窗口,true 为弹出,false 不弹出;"显示位置"用于定义该窗口显示于界面的确切位置;剩下部分用于设置检索窗口背景颜色、字体大小及颜色等。

参数检索窗口显示内容即检索项由配置文件 searchdata.data 定义,格式为:

参数检索项(按钮)个数
检索项对应的配置文件 参数检索类型

search.dat 文件的具体内容为:

9

| 地面 | surface.dat | 1 |
| 高空 | high.dat | 2 |
| T213 | t213.dat | 3 |
| 欧洲 | ecmwf.dat | 3 |
| GRAPES | grapes.dat | 3 |
| MM5 | mm5.dat | 3 |
| 卫星 | awxProducts.cfg | 4 |
| 雷达拼图 | radar.dat | 5 |
| 传真图 | fax.dat | 6 |

其中的参数检索类型含义为:1—地面观测;2—高空观测;3—数值预报产品;4—卫星资料;5—雷达资料;6—其他资料。

目前应用于 MICAPS 系统的数值预报产品主要是来自于我国 GRAPES 模式、欧洲的中期预报模式(ECMWF)等。

当然,参数检索窗口的检索项及相关的检索配置文件可通过"系统配置"进行设置(见图 3.11),也可以直接到 datasearch 模块下相应的配置文件中进行手工设置。

### 4.4.2　参数检索

在各项参数检索窗口界面中,如果选取参数项对应的数据文件不存在或者路径设置有问题,则窗口左侧显示为红色竖条,若设置正确,检索到相应文件则显示为绿色。下面具体介绍参数检索窗口中的各检索项。

1.地面资料检索

地面资料检索配置文件为 surface.dat 文本文件,格式为:
被检索气象要素总数
要素检索名 该要素所在绝对路径
观测时次总次数
具体观测时次
如:

8

| 地面填图 | G:\micapsdata\surface\plot |
| 等压线 | G:\micapsdata\surface\p0 |
| 等温线 | G:\micapsdata\surface\t0 |
| 等露点线 | G:\micapsdata\surface\td |
| 6 小时降水量线 | G:\micapsdata\surface\r6 |
| 5 点 24 小时降水量线 | G:\micapsdata\surface\r24 − 5 |
| 8 点 24 小时降水量线 | G:\micapsdata\surface\r24 − 8 |
| 应急传输自动站 1 小时降水量填图 | G:\micapsdata\surfaceJM\ra − P |

24
00 01 02 03 04 05 06 07 08　09 10 11 12 13 14 15 16 17 18 19 20 21 22 23

该 surface.dat 配置文件总共检索 8 个要素,列出它们各自的检索名称以及所在的绝对路径,地面观测一般每小时观测一次,所以总共为 24 个时次,具体时次为"24"下行记录。地面观测资料检索配置文件的内容可手工修改为适合本地的具体数据要求。

检索时点击参数检索窗口(见图 4.5)中的地面检索按钮,弹出地面数据检索窗口(见图 4.6),然后按照窗口中的提示选择具体日期、要素以及时次。所有的参数选项都选定后,点击窗口左下角的"确定"按钮,系统将根据所选参数检索并显示相应的数据,同时自动关闭地面数据检索窗口。若放弃上述选择,点击"取消"按钮即可。

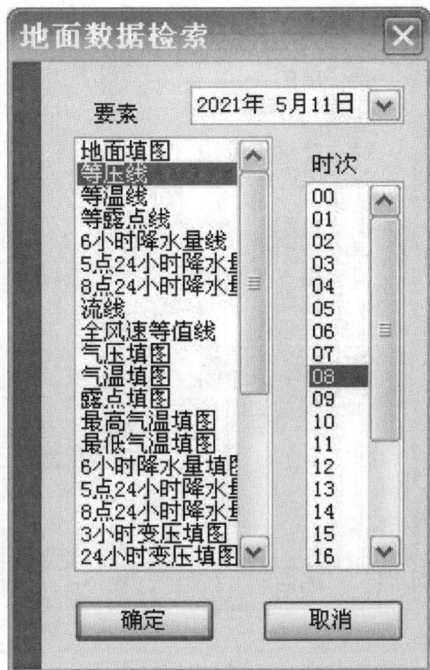

图 4.6　地面数据检索(见书后彩色插页)

### 2.高空资料检索

高空资料检索配置文件为文本文件 high.dat,格式与地面资料检索配置文件格式相同,如:

```
7
高空填图          G:\micapsdata\high\plot
等高线            G:\micapsdata\high\height
等全风速线        G:\micapsdata\high\vv
流线             G:\micapsdata\high\uv
高度填图          G:\micapsdata\high\height－p
温度填图          G:\micapsdata\high\temper－p
探空和剖面        G:\micapsdata\high\tlogp
2
8  20
```

该配置文件共检索 7 个要素,并定义它们的要素名称以及各要素在用户电脑中的绝对路径。高空观测一般一天观测两次,分别为北京时 08 时、20 时。

检索时点击参数检索窗口(见图 4.5)中的高空检索按钮,弹出高空数据检索窗口(见图 4.7),然后按照窗口中的提示选择具体日期、要素、时次、层次。其中,窗口中层次参数由被检索数据源文件中提供。

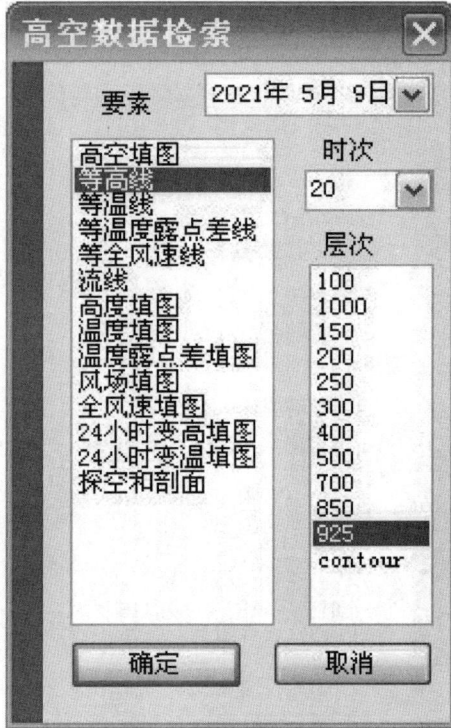

图 4.7  高空数据检索

### 3.数值预报产品资料检索

缺省安装下被检索数值预报产品来自于 4 个模式,我国的 T213 模式和 GRAPES 模式、欧洲的中期预报模式(ECMWF)以及美国的 MM5 模式。

用于检索的配置文件格式基本一致,格式为:

被检索气象要素总数

要素检索名 该要素所在绝对路径

模式运行时次总次数

具体运行时次

预报时效数

具体预报时效

如以 T213.dat 为例:

10

高度等值线　　　　　　G:\micapsdata\t213\height

| 温度等值线 | G:\micapsdata\t213\temper |
|---|---|
| 垂直速度 | G:\micapsdata\t213\wp |
| 涡度 | G:\micapsdata\t213\vor |
| 散度 | G:\micapsdata\t213\div |
| 温度平流 | G:\micapsdata\t213\tc |
| 高度填图 | G:\micapsdata\t213\height－p |
| 12 小时降水量填图 | G:\micapsdata\t213\rain3－p |
| 24 小时降水量填图 | G:\micapsdata\t213\rain－p |
| 探空图 | G:\micapsdata\t213\tlogp |

2

8　20

15

0 6 12 18 24 30 36 42 48 60 72 96 120 144 168

该配置文件共检索 10 个要素,同样定义它们的要素名称以及各要素在用户电脑中的绝对路径,模式预报起报时间有两个,分别为北京时 08 时、20 时,总共 15 个预报时次,总预报时效 168 小时。

检索时点击参数检索窗口(图 4.5)中的模式检索按钮,弹出数值预报资料产品数据检索窗口(见图 4.8 至图 4.11),然后按照窗口中的提示选择具体日期、要素、时次、层次以及预报时效。

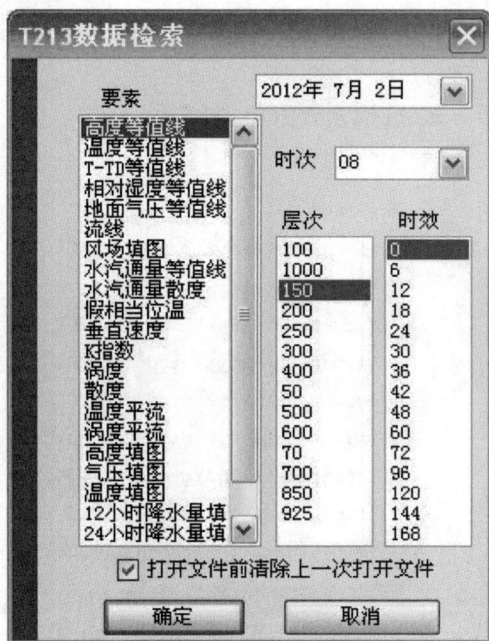

图 4.8　模式产品 T213

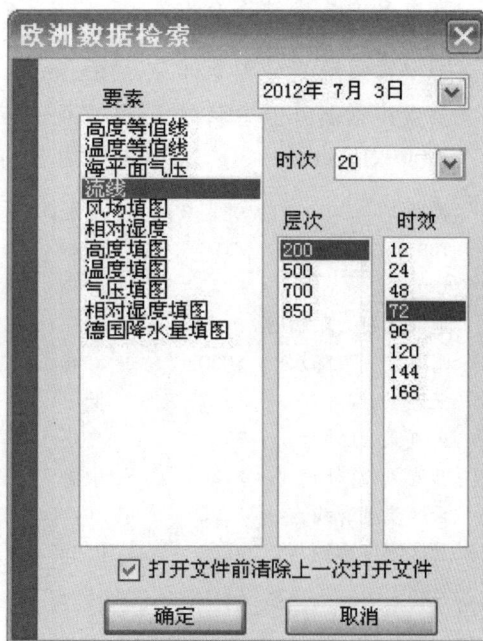

图 4.9　模式产品 ECMWF

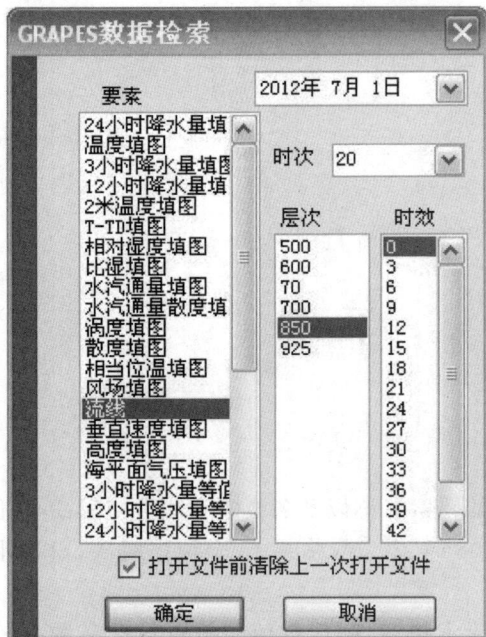

图 4.10　模式产品 GRAPES

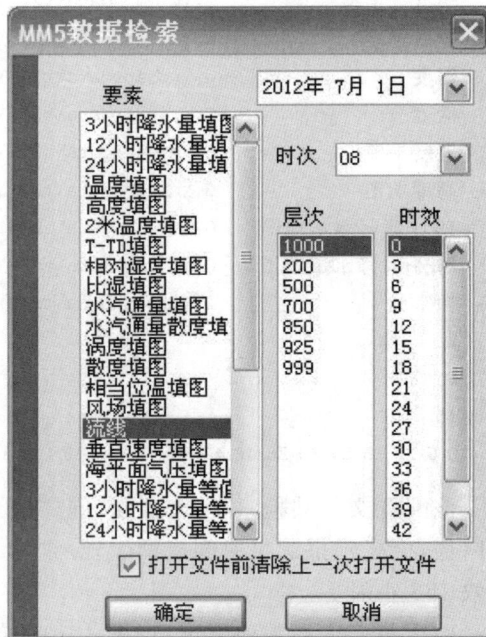

图 4.11　模式产品 MM5

### 4.卫星产品资料检索

卫星资料检索配置文件 awxProducts.cfg,格式为:

要素检索名　卫星名称 层次或通道 云图投影方式 被检索要素绝对路径

如 awxProducts.cfg 文件(部分内容):

| 类别1 | 类别2 | 类别3 | 类别4 | 产品路径 |
|---|---|---|---|---|
| TBB | FY2C | NONE | NONE | G:\micapsdata\fy2\product\TMG\ |
| TBB | FY2D | NONE | NONE | G:\micapsdata\fy2d\TBB\HOUR\ |
| 地面入射太阳辐射 | FY2C | NONE | NONE | G:\micapsdata\fy2\product\TIG\ |
| 晴空大气可降水 | FY2C | NONE | NONE | G:\micapsdata\fy2\product\TZP\ |
| 云迹风(红外) | FY2E | 低层 | NONE | G:\micapsdata\fy2\product\TWD\l\ |
| 云迹风(红外) | FY2E | 高层 | NONE | G:\micapsdata\fy2\product\TWD\h\ |
| 云迹风(红外) | FY2E | 中层 | NONE | G:\micapsdata\fy2\product\TWD\m\ |
| 云区湿度廓线 | FY2C | 700hPa | NONE | G:\micapsdata\fy2\product\TZC\700\ |
| 云区湿度廓线 | FY2C | 850hPa | NONE | G:\micapsdata\fy2\product\TZC\850\ |
| 云图 | FY2C | IR1 | 兰勃托 | G:\micapsdata\fy2\IR1\L\ |
| 云图 | FY2C | IR1 | 麦卡托 | G:\micapsdata\fy2\IR1\N\ |
| 云图 | FYMT&MTSAT | WV | 等经纬度 | G:\micapsdata\FYMT\IR3\ |
| 云总量 | FY2D | NONE | NONE | G:\micapsdata\fy2d\CTA\HOUR\ |

默认安装后生成的检索文件包含 80 多个要素,来自多个卫星(FY-2 卫星系列以及日本MTSAT 卫星等)的不同通道(红外、水汽、可见光等)的卫星遥感反演而来的产品,产品类型包括云图和数值化产品。

同样,检索时点击参数检索窗口(图 4.5),弹出卫星数据检索窗口(见图 4.12),然后按照窗口中的提示选择要素、卫星、通道或层次、投影方式层次以及文件。

图 4.12　卫星数据检索

5. 雷达产品资料检索

雷达产品资料包括通过 9210 下发的雷达拼图和各雷达站的 PUP 产品文件。默认雷达产品参数检索中设定的只有雷达拼图。可以通过修改配置文件增加 PUP 雷达产品检索,当然也可以在 searchdata. dat 文件中重新定义参数检索窗口(图 4.5)中的雷达资料检索名称。

雷达资料检索配置文件 radar. dat,具体格式:

检索要素个数

检索要素名　　该要素文件的绝对路径　　　　文件名通配符或某个具体文件

如 radar. dat 文件:

2

基本反射率　　　　　　G:\radar\Products\杭州\CR\37　　　　　　　*.*

组合反射率　　　　　　G:\micapsdata\radar\mosaic_micaps13\XPL　　*.*

同样的,检索时点击参数检索窗口(图 4.5)中的雷达选项,弹出雷达数据检索窗口(见图 4.13),然后按照窗口中的提示选择要素和文件。

图 4.13　雷达数据检索

6. 传真图产品资料检索

检索配置文件为 fax.data,格式为:
被检索要素总数
要素检索名　该要素所在绝对路径
如 fax.data 文件:

31
上午传真用图　　　　　　　G:\micapsdata\fax\
20 点日本 503　　　　　　　G:\micapsdata\fax\jfufe503.bi2
20 点日本 519　　　　　　　G:\micapsdata\fax\jfeas519.bi2
20 点日本 E19　　　　　　　G:\micapsdata\fax\JFEFE19.bi2
……　　　　　　　　　　　……
下午传真用图　　　　　　　G:\micapsdata\fax\
08 点日本 502　　　　　　　G:\micapsdata\fax\jfufe502.bi0
08 点日本 s04　　　　　　　G:\micapsdata\fax\jfsas04.bi0
08 点日本 507　　　　　　　G:\micapsdata\fax\jfxas507.bi0
08 点日本 s07　　　　　　　G:\micapsdata\fax\jfsas07.bi0
08 点中国台风警报　　　　　G:\micapsdata\fax\bjwtpq20.bi0
14 点中国台风警报　　　　　G:\micapsdata\fax\bjwtpq20.bi6
test　　　　　　　　　　　G:\micapsdata\fax\j0038.bin

　　传真图分为上午传真图、下午传真图,同样,检索时点击参数检索窗口(图 4.5),弹出传真图检索窗口(见图 4.14),选择所需的传真图名,在主窗口显示相应的图形。

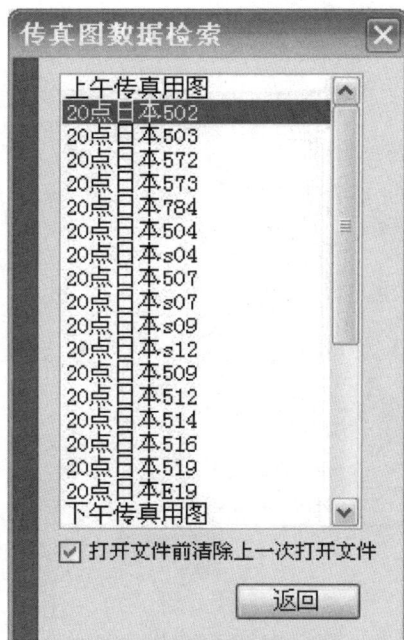

图 4.14　传真图数据检索

# 4.5　Internet 和 FTP 服务器资料检索

MICAPS 系统提供 Internet 数据的下载、处理、显示功能，功能模块为 \MICAPS3\ modual\internetdata，即"网络资料"菜单选项。该菜单包含"最新 SST""历史 SST""FTP 数据""网络资料菜单编辑"和自定义菜单项（见图 4.15）。

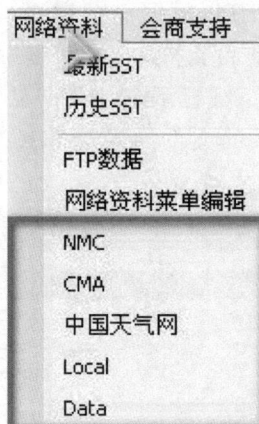

图 4.15　互联网资料菜单（注：框中为自定义菜单项内容）

点击"最新 SST"将在指定地址下载 grib 格式的海温数据。如果正确下载，则自动处理生成文本文件并显示（见图 4.16）。系统默认将下载的 grib 数据存放在 \internetdata\data

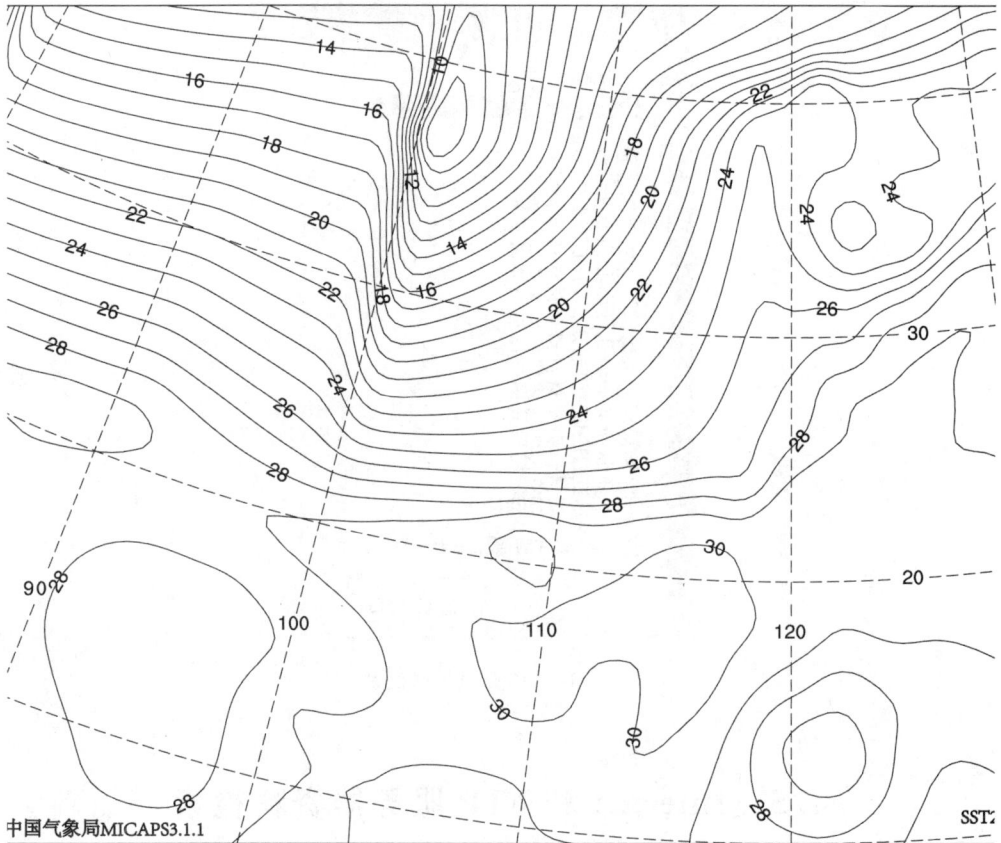

图 4.16　最新 SST 数据显示

目录下，并利用该目录下的 wgrib.exe 将该二进制数据处理为文本文件。

点击"历史 SST"下载指定日期的海温资料并处理显示，格式同上。

点击"FTP 数据"弹出 FTP/HTTP 数据显示窗口（见图 4.17），该窗口列出配置文件（该模块下为 ftplist.txt）中指定地址和文件，点击列表中某一记录，将下载定义的内容，处理并打开显示。在这一检索方式可下载显示本地化产品，如闪电定位、区域加密雨量、精细化预报等资料。值得注意的是，下载的文件如果是 MICAPS 无法显示的格式，则会当作传真图显示。

| FTP/HTTP 服务器 | 用户 | 口令 | 文件名 | 方式 | 时间替换 |
| --- | --- | --- | --- | --- | --- |
| ftp://10.28.17.60/data | diamond | diamond1 | yyMMddhhmm.000 | bin | yes |
| ftp://10.28.17.60 | diamond | diamond1 | 07090720.000 | asc | no |
| http://img2.31ian.com/img2007... | diamond | diamond | 002.jpg | bin | no |
| http://10.28.21.73/mic/getDat... | aa | aa | 09081620.000 | asc | no |

图 4.17　FTP 文件下载列表

列表文件 ftplist.txt，可手工编辑文件，格式如下：

文件中的记录数

地址用户……进行时间替换

地址、用户、口令、文件名、传输方式以及文件名根据需要进行时间替换。

所有信息不可在显示窗口中修改。

文件名的时间替换规则为 yy 替换为 2 位年份，yyyy 替换为 4 位年份，MM（大写）替换为当前月份，dd 替换为当前日期，hh 替换为当前小时，mm（小写）替换为当前分钟。文件名自动替换完成后，系统将弹出对话框要求确认。如果不修改，则可按 Esc 键退出，如果修改，则修改后按回车键确认。下载文件名使用手工修改后的文件名。

点击"网络资料菜单编辑"菜单将弹出文本编辑对话框（见图 4.18），可以编辑菜单项，指定显示的网页，选择自定义的菜单项。将在新的浏览器窗口中显示指定的网页或文件。如果有互联网环境，可以设置显示中国天气在线、本省气象信息等，如果有内网环境，可设置显示上级指导产品、本地产品等。该窗口由 datamenulist.txt 配置文件管理，修改时可直接编辑该文件。

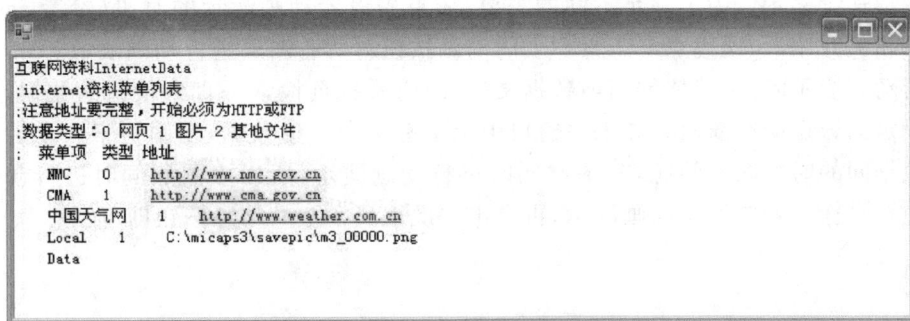

图 4.18　网络资料菜单编辑对话框

当"网络资料菜单编辑"中的网址编辑完成后，编辑的网址变为自定义的网页检索项（NMC、CMA、中国天气网、Local、Data），如点击"中国天气网"则弹出一个网站主页显示窗口（见图 4.19）。

图 4.19　自定义网址检索

## 4.6　翻页检索

当已经有若干数据显示在图形显示区后,还可通过翻页功能检索其他时次的同一种数据或其他层次的同一要素同时次(时效)数据。翻页检索包括两种形式:前后翻页和层次翻页。翻页检索在基本工具条章节已做介绍,这里不再赘述。

## 4.7　动画检索

动画检索实质上是连续对不同时次(时效)同一种数据进行向前翻页检索,实现对不同时次的图形连续显示。为了满足不同的需要,应首先设置动画演示的时段(参考 set. ini 主配置文件相关介绍)。通过点击工具栏上的动画按钮对所有图层进行动画演示。

进行动画演示时,系统依据当前数据文件,向前做翻页检索一直到最新的数据,然后再返回所设定的数据继续演示。如果主窗口中显示有多个气象数据,动画检索启动后系统不考虑各数据间的时次匹配问题,各图层同时进行动画演示,所以多图层同时进行动画演示时需要注意时次。若要停止动画演示,再点击一次工具栏上的动画按钮即可。

# 第5章 图像显示

MICAPS 系统通过资料检索得到所需要的数据后,交给核心程序,由核心程序启动相应模块显示出相应的图形、图像,用户可以对这些图形、图像作进一步的编辑修改操作。不同类型的数据格式文件各有其显示配置文件,当用户在 MICAPS 系统主窗口显示某类数据文件时,核心程序根据数据文件中文件头的数据类型定义字符串,启动模块,调用相关的显示配置文件,才能正确显示。这些数据文件显示配置文件存放在 MICAPS 系统工具目录\MICAPS3 和模块目录\MICAPS3\modual 下,配置文件指定了各种图形的显示特征。这些配置文件一般不直接编辑,建议通过主窗口中的"系统配置"功能或属性控制窗口的"属性特征"设置功能来修改。

图像显示包括两大类:地图与地理信息显示;气象业务资料显示。前者用于提供气象数据分析时合适的背景底图并显示相应的地理信息。对于气象业务资料显示,本章将按照气象业务中资料的大致类型分类并逐一介绍,包括地面观测资料显示、高空观测资料显示、卫星资料显示、雷达资料显示、格点数据和模式产品显示、非常规观测资料显示以及其他数据显示和功能。

## 5.1 地图与地理信息显示

地图与地理信息显示包括地图显示、基础地理信息显示、地形高度显示、状态栏地理信息显示等。

### 5.1.1 地图显示

气象资料数据应该在合适的地图背景下显示。目前 MICAPS 系统提供两个地图显示模块:一个是系统地图模块\MICAPS3\modual\basemap,显示系统指定格式的地图数据,用于基本地图的显示和操作;另一个是用户地图模块\MICAPS3\modual\usermap,显示 MICAPS 第 9 类地图数据(无投影方式的地图线条数据)。

#### 1. 系统地图显示

基本地图模块安装在\MICAPS3\modual\basemap 目录下,缺省配置文件为 basemap.ini,提供基本地图的显示。基本地图所使用的数据格式为二进制数据,系统提供一个从扩展的 MICAPS 第 9 类格式转换为该二进制数据的程序(安装目录下 map2bin.exe)。

根据缺省配置文件,默认地图包括海岸线、中国国界、中国省界、中国地区行政边界、长江、黄河和中国主要湖泊边界。

　　基本地图的属性设置可通过属性窗口修改,该窗口可以设置各类数据颜色、线宽(见图 5.1、图 5.2)以及显示/隐藏属性(见图 5.3),也可以设置单省显示或使用指定多边形裁剪当前显示地图(见图 5.4),当然也可以保存个性化地图属性设置,通过"选择方案"点击下次使用(见图 5.5)。以下就地图图层部分常用属性做简单介绍。

| 日 B-地图颜色 | |
|---|---|
| 海洋颜色 | ▢ A=255, R=160, G=208, B=255 |
| 陆地颜色 | ▢ MintCream |
| 省界颜色 | ▢ Orchid |
| 中国国界颜色 | ▢ A=255, R=144, G=32, B=0 |

图 5.1　地图颜色设置

| 颜色线条设置 | |
|---|---|
| 公路宽度 | 1 |
| 公路颜色 | ▢ Red |
| 国际国界宽度 | 1 |
| 国际国界颜色 | ▢ A=255, R=144, G=32, B=144 |
| 河流宽度 | 2 |
| 河流颜色 | ▢ A=255, R=0, G=64, B=160 |
| 湖泊颜色 | ▢ A=255, R=150, G=188, B=235 |
| 区界宽度 | 1 |
| 区界颜色 | ▢ DeepSkyBlue |
| 铁路宽度 | 1 |
| 铁路颜色 | ▢ Black |
| 网格颜色 | ▢ A=255, R=144, G=144, B=144 |
| 县界宽度 | 1 |
| 县界颜色 | ▢ YellowGreen |
| 遮挡颜色选择 | ▢ A=255, R=204, G=236, B=255 |

图 5.2　颜色线条设置

　　在图 5.3 中,"顶层陆地"属性用于设置是否将地图图层置于最上层显示,适用于海温资料的显示,因海温等温线终止与陆地边,逻辑值为 true 时显示合适。"显示区县名称"属性可以在属性中选择显示地区和县名称显示,该数据使用的是安装目录下 stations. dat 的数据(第 17 类数据),该数据是有观测站点的县名称,部分县可能没有数据,无法显示,可以通过修改该文件默认显示的站点名称,如在输出预报服务图形时只保留与预报责任区有关的站点信息。其所显示的字体还可通过字体控制工具条上的按钮进行调整。"显示中国省会名称"属性用于设置在地图上标注省会名称,逻辑值为 true 时表示标注省会,所调用的文件为\MICAPS3\modual\basemap\basemapdata\provincecaptial. DAT。

　　在图 5.4 中,选择"单省数据显示",点击右侧出现的选择对话框,点击下拉式按钮,在下拉式列表框中选择某个省份,可以显示指定省份行政区域及其内的图形,而其他区域及其

| 显示配置 | |
|---|---|
| ☑ 长江黄河 | |
| ☐ 顶层陆地 | |
| ☑ 经纬度标值 | |
| ☐ 经纬自动间隔 | |
| ☐ 流域名称是否显示 | |
| ☐ 显示1级河流 | |
| ☐ 显示2级河流 | |
| ☐ 显示3级河流 | |
| ☐ 显示4级河流 | |
| ☐ 显示5级河流 | |
| ☐ 显示公路 | |
| ☐ 显示国际国界 | |
| ☑ 显示湖泊 | |
| ☐ 显示南海 | |
| ☐ 显示七大江河流域 | |
| ☐ 显示区界 | |
| ☐ 显示区县名称 | |
| ☐ 显示铁路 | |
| ☐ 显示县界 | |
| ☐ 显示中国省会名称 | |

图 5.3   显示设置

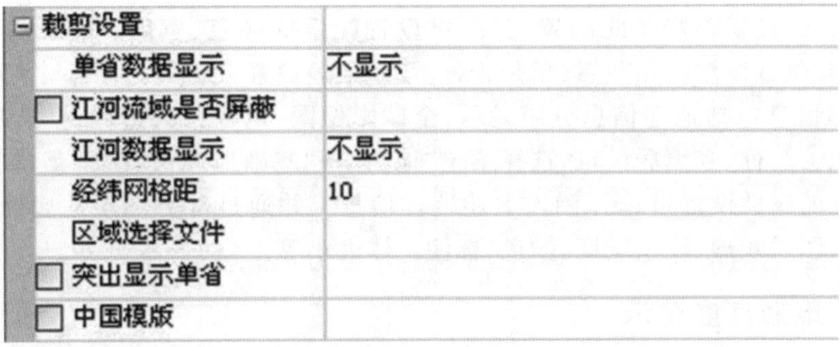

| 裁剪设置 | |
|---|---|
| 单省数据显示 | 不显示 |
| ☐ 江河流域是否屏蔽 | |
| 江河数据显示 | 不显示 |
| 经纬网格距 | 10 |
| 区域选择文件 | |
| ☐ 突出显示单省 | |
| ☐ 中国模版 | |

图 5.4   裁剪以及突出显示设置

| C-方案 | |
|---|---|
| ☐ 保存配置 | |
| ☐ 选择方案 | |

图 5.5   配置方案设置

内的图形则被覆盖;选择"不显示"则不使用裁剪功能,显示完整的地图及区域内的图形。点击"突出显示单省"按钮,则依然显示完整地区及区域内图形,只是按照"单省数据显示"设定的省份加粗该省份的行政边界线。在"江河数据显示"选择对话框内点击下拉式按钮,在下拉式列表框中选择某个流域后,再将"江河流域是否屏蔽"选择为 true,则只显示指定流域区域及其内的图形,而其他区域及其内的图形则被遮盖。"中国模板"主要用于中央台制作服务图形文件使用,逻辑值为 true 时表示只在我国陆地区域内显示图形,在制作中国区域的服务产品图片时需要单独在图片上再显示南海及诸岛行政区域。

在图 5.5 中,"保存配置"可将常用配置保存为一个该模块的基本配置文件(ini 文件),在属性中使用"选择方案"选择该文件,一次修改多个属性,用于满足个性化需求。

其他属性在用户实践中学习分析。另外需要值得注意的是系统提供的海岸线、中国国界、中国省界数据文件等请勿修改,否则可能会引起地图绘制异常。

### 2.用户自定义地图

系统可显示非投影的 MICAPS 第 9 类数据,因此用户可以自行定义该类数据用于显示用户地图数据,自定义区域在系统配置文件 set.ini 中设置。

## 5.1.2 基础地理信息显示

系统安装后,将会在安装目录下建立 basicGeoInfo 目录。除基本地图和 MICAPS 第 9 类(非投影)数据外,系统还可以显示 MIF 和 SHP 格式的标准地理信息数据。用户也可以使用上述两类数据,但不能通过修改基本地图显示配置文件默认打开,可以通过修改菜单或综合图等方式打开这些自定义的地理信息数据。

MIF 格式的地理信息数据显示模块为\MICAPS3\modual\mifmap,无显示配置文件。SHP 格式的地理信息数据显示模块为\MICAPS3\modual\geoLayer,缺省显示配置文件 geoLayer.ini。通过编辑修改此配置文件,可设置线条的颜色、宽度、线型、填图的字体字号、城镇等行政位置标注的颜色、线条是否显示/隐蔽等设置。

基础地理信息包括地理信息分级显示、全球影像图、地区行政边界、县行政边界、中国地形、市名称、县名称、乡镇居民点,选择菜单"地图"→"基础地理信息"子菜单项,或者通过基础地理信息的属性设置可选择调入上述地理信息。并通过部分图层的属性设置顶层显示、图层界线、图层线形、线条宽度、颜色、标注字体大小等。

## 5.1.3 地形高度显示

选择菜单"地图"→"地形",可以显示地形高度数据。目前系统中提供北半球 6 千米分辨率的地形高度显示,并支持东北半球的 2 千米、1 千米、500 米和 100 米多种分辨率的地形高度数据。系统根据显示放大比例自动设置显示,由于数据量太大,仅少数地区包含 100 米分辨率的地形高度数据。该模块安装在 modual\reliefmap 目录下,地形高度数据在 relief 子目录下,可以根据需要增加或删除该目录下的数据文件。

## 5.1.4 状态栏地名显示

选择菜单栏"地图"→"行政区边界"即可当在中国区移动鼠标时在状态栏显示当前鼠

标所在县的名称。该信息是安装在\MICAPS3\basicGeoInfo 目录下的文件 countyregion. txt 内的。可以通过修改该文件来修改显示的名称,也可使用本地数据替换该数据。该数据格式简单,包括文件头说明、每个闭合区域的数据点数和名称以及闭合区域各点的经纬度值。该文件也用于第 3 类数据的行政边界填充,在第 3 类数据显示属性设置中,可以设置行政边界填充,使用该文件提供的行政边界,当然也可以在 set. ini 文件中"读入行政边界信息=true"。设置后,将不必每次启动后都进行设置。

## 5.2　地面观测资料显示

地面观测资料显示包括常规地面观测资料显示、单要素地面观测资料显示、台风路径显示等。

### 5.2.1　常规地面观测资料显示

对于地面观测资料而言,几乎所有的检索方式都可以使用,相对而言综合图、菜单、参数检索比较简便。显示地面观测资料(MICAPS 第 1 类数据)的模块缺省安装目录为\MICAPS3\modual\surface,主要设置文件为 surface. ini,文件内容与系统配置中地面设置参数设置相一致。

如果以参数检索方式检索地面填图并确定,则该数据以图像形式在图形显示区显示(见图5.6)。点击"显示设置"中该图层则在"属性窗口"中出现若干选项,包括地面要素设置、三线图、统计、保存当前修改设置、变化场计算、分级显示配置、更多设置(包括监视设置、显示隐藏设置以及颜色调整)、设置(站点符号、大小以及显示精度)。下面将通过对属性窗口的说明介绍常规地面资料显示。另外还将增加介绍地面资料中针对降水要素的雨量累加功能。

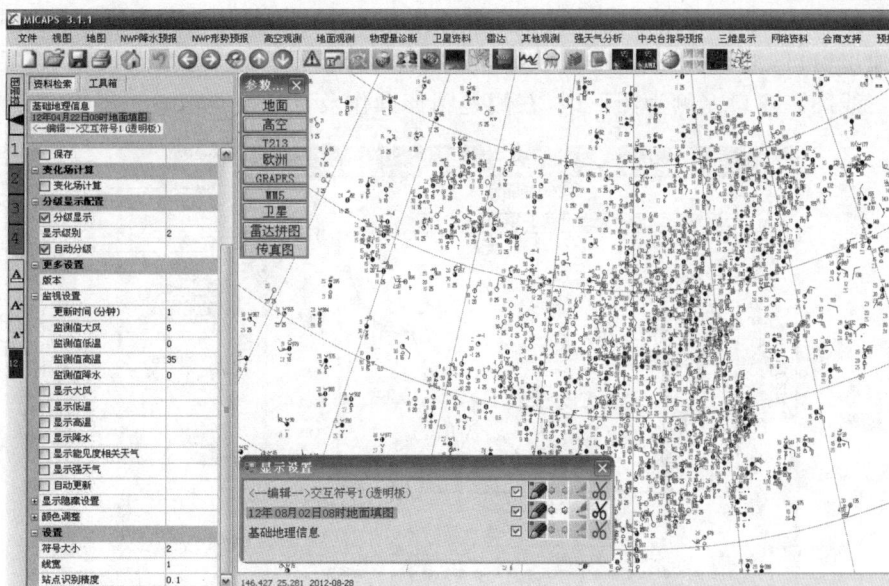

图 5.6　地面填图显示

1.地面要素设置

单击"地面要素设置"弹出窗口(见图5.7),窗口右侧的"确定""取消""全填""全隐""默认""应用"6个按钮分别对应确认选择并退出窗口、取消选择并退出窗口、全部要素显示、全部要素隐藏、使用缺省显示设置、应用修改不退出窗口。将光标放在要素选项中某个要素位置,单击右键改变要素的显隐设置。该要素框背景颜色为暗红色时表示该要素在图形显示时隐藏,不为暗红色则表示显示,依然对该要素进行操作。双击左键,弹出标准的颜色选择框,用来改变要素填图符号和数字的颜色。

图 5.7　地面要素填图设置

2.地面三线图显示

地面三线图即地面观测要素中气压、温度、露点、降水量随时间变化的曲线(降水量这一地面要素是系统新增的,但还是沿用之前版本的名称)。在属性设置中选择"地面三线图显示",则弹出窗口(见图5.8,以杭州为例),在主窗口移动鼠标,选择站点,窗口将显示该测站的地面三线图。窗口左侧为图形区,右侧是图形操作及背景设置窗口。

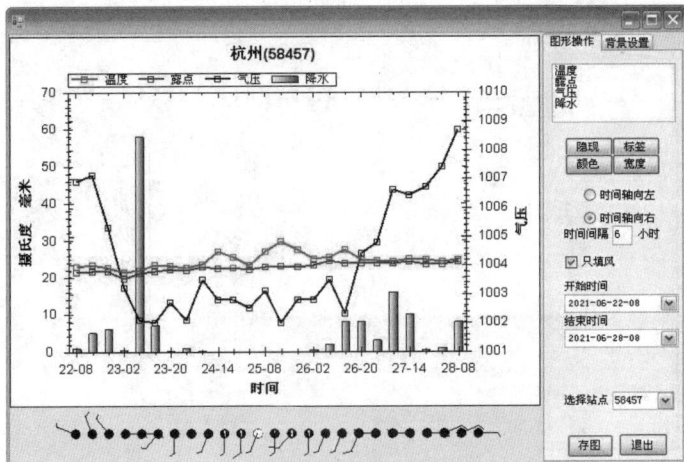

图 5.8　地面三线图显示(杭州)

（1）图形显示区

光标放于图形显示区，单击右键，出现功能对话框（见图 5.9），可对图形区进行复制、另存为、页面设置、打印、放大/缩小等操作。其中"显示节点数值"用来显示三线图中某点的时间和取值大小（见图 5.10）。

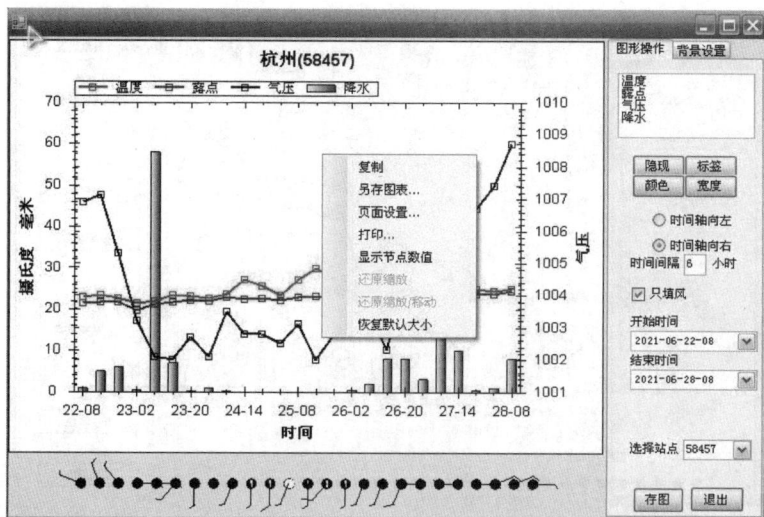

图 5.9　图形显示区功能对话框

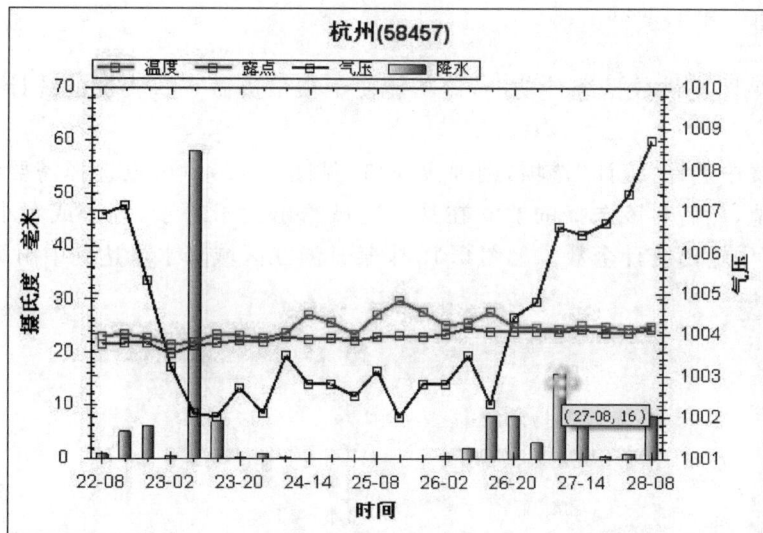

图 5.10　显示节点数值

（2）图形操作及背景设置

在"图形操作"（见图 5.9 右侧）中"隐现""标签""颜色""宽度"针对的是上面选择框中的参数，当点击某一参数，如温度，则 4 个按钮依次用于使温度曲线隐藏/显示、变量名称定义、颜色设置、宽度设置。图形操作窗口可以修改与时间有关的参数，选择要素的起始时间、结束时间，合理调节时间间隔，默认为 3 小时，同时可以更改时间轴方向（选择向前或向后，默认状态左侧为最新时间)。三线图下方的地面填图可以选择只填云量和风,也可以选择填全部信息。当然,用户也可以通过"选择站点"更改站点显示。

"背景设置"中"背景""墙纸"主要是对地面三线图显示窗口的背景(坐标轴以内区域)和墙纸(坐标轴以外区域)的颜色进行设置(见图5.11)。

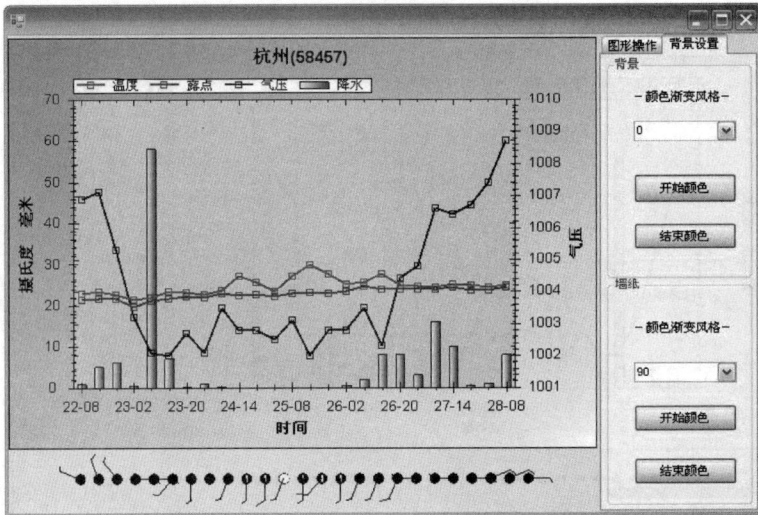

图 5.11　背景设置显示

3. 资料统计

地面观测填图提供数据统计功能,该功能便于预报员做一些实况的统计,具有一定的预警作用。

在属性设置中选择"统计"选项,则弹出窗口(见图5.12)。可以选择需要统计的要素,并给定统计阈值,然后对该选择的要素在某一区域给出大于等于、等于或者小于等于的统计,并在"结果"中输出统计个数。如图5.12中某日浙江区域降水量达到中雨等级的站点共5个。

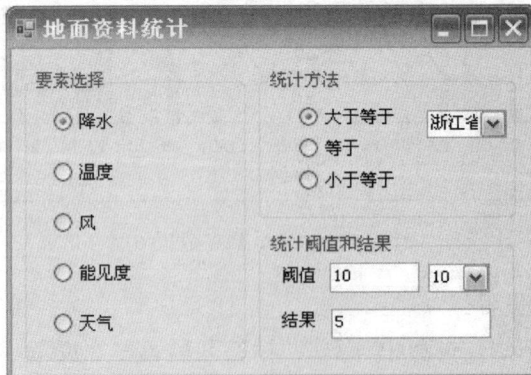

图 5.12　资料统计窗口

### 4.变化场显示

变化场的使用对于天气系统及冷空气的移动、锋面的位置确定等具有指示意义。

在属性设置中选择"变化场计算"选项,弹出变化场计算窗口(见图 5.13)。窗口分两部分,左侧选择需要计算的要素,包括降水、温度、气压、露点;右侧选择需要计算该要素的几小时(3/6/12/24 小时,根据分析确定)变化,两个参数确定之后点击"确定"按钮,则在主显示区叠加显示几小时之前到现在(主窗口之前显示的地面时次)某要素的变化(见图 5.14),此时在显示设置窗口自动增加变化场图层(此处为 24 小时温差),点击该图层"编辑文件"按钮,则跳出写字板窗口(见图 5.15),显示变化场数据文件(MICAPS 系统第 3 类数据格式),按照一般的文件操作对其查看、编辑、保存等。

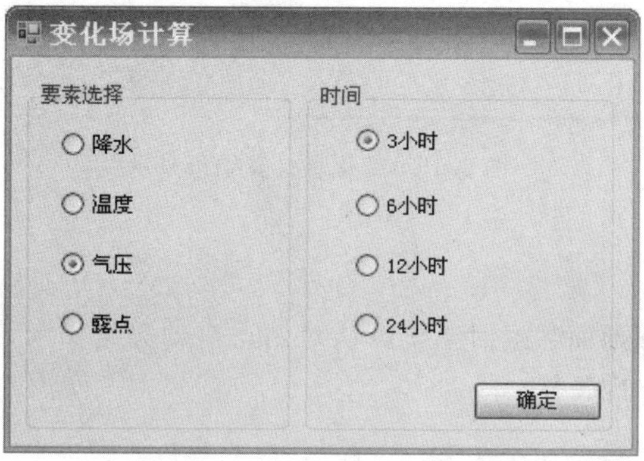

图 5.13    变化场计算窗口

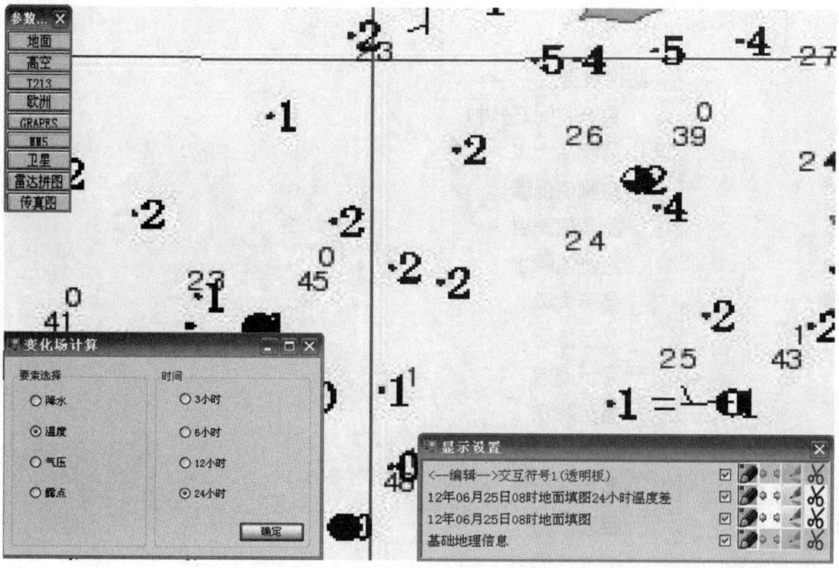

图 5.14    地面填图与变化场叠加显示

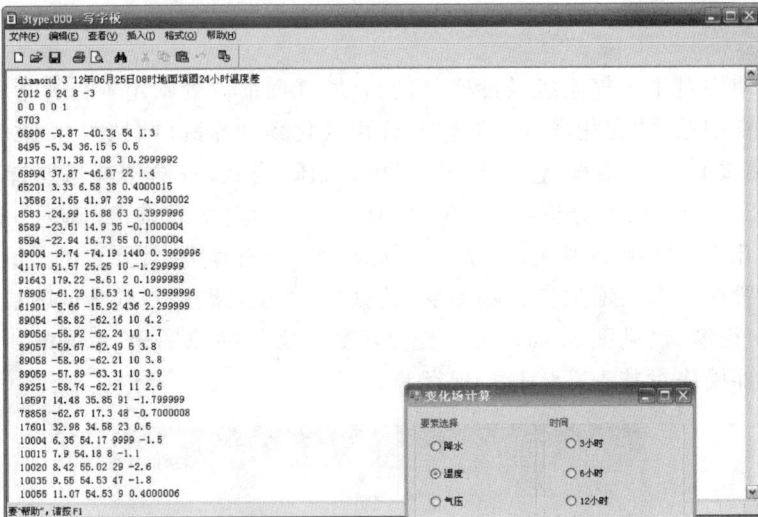

图 5.15　变化场计算结果显示

**5.分级显示**

MICAPS 系统调阅地面数据时系统默认对站点自动分级显示,可以通过该图层的属性窗口对站点显示级别进行调整。

**6.监视显示**

地面观测综合填图模块提供监视显示功能(见图 5.16),通过属性窗口启动该功能,并对指定要素进行监视。

图 5.16　监视属性设置

监视显示功能会自动检查是否有新资料到达。如果有新资料且指定要素达到或超过阈值,将自动显示并使用当前所有设置。可以通过设置"自动更新"为 true,也可以在配置文件\MICAPS3\modual\surface\surface. ini 中修改"自动更新"为 true,则启动该功能。

通过属性设置窗口设置地面观测综合填图监视条件,包括大风、低温、高温、降水等的监视条件即阈值,并设置显示任何一项为 true,则进入监视显示状态,系统将不断以不同颜色闪烁显示符合指定条件的要素。类似的,能见度、强天气显示中也可以设置监视状态。

另外,在显示过程中完成的各项设置参数可选择属性设置窗口中的"保存当前修改设置"为 true,则弹出"另存为"窗口,可将这些修改保存到配置文件或者其他某个特定配置文件中,以便以后使用。

### 7. 雨量叠加

根据地面雨量资料计算一定时段的累积雨量,即统计过程降水,便于做降水服务。用于做降水累积的资料目录和时间间隔可以在配置文件中预先设定,也可以在雨量累加窗口中直接选择资料目录。雨量累加管理模块为\MICAPS3\modual\discrete,配置文件为discrete. ini 中[雨量累加]的内容:

```
[雨量累加]
        个数 = 6
    雨量目录 6 = z:\data\surface\r6 - jm\,6 小时雨量加密,6
    雨量目录 2 = z:\data\surface\r6\,6 小时雨量,6
    雨量目录 1 = z:\data\surface\r1\,1 小时雨量,1
    雨量目录 3 = z:\data\surface\r24 - 8\,24 小时雨量,24
    雨量目录 4 = z:\data\surface\r1 - jm\,1 小时加密雨量,1
    雨量目录 5 = z:\data\surface\r24 - 8 - jm\,24 小时加密雨量,24
    分析裁剪框文件个数 = 2
    分析裁剪框文件 1 = rainadd_clip_china.txt
    分析裁剪框文件 2 = rainadd_clip_beijing.txt
    默认分析裁剪框文件 = 1
```

单击工具栏中雨量累加按钮 ,出现雨量累加窗口(见图 5.17),对照窗口说明配置文件内容。

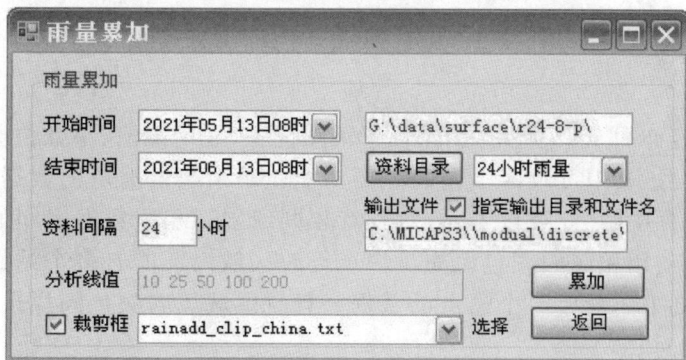

图 5.17　雨量累加窗口

首先确定需要累积多长时间的雨量。在"资料目录"右侧的下拉式菜单中选择该参数，可选参数个数为 6，与配置文件设置一致，则上方的资料路径文件以及"时间间隔"会随之改变，然后正确选择资料目录，点击"资料目录"设置地面降水资料目录。也可以在配置文件中设置实况降雨观测的绝对路径，并且选择雨量累积的开始和结束日期，然后指定输出文件目录和文件名。"分析线值"参数设置只能在配置文件中设置，因为实况资料一般为全国范围内的，若只是关注某区域降水则勾选"裁剪框"复选框（定义裁剪区域文件存放于该模块目录下），最后点击"累加"按钮则雨量累加完成并自动退出该对话框，文件按照对话框中定义的路径保存为 MICAPS 第 3 类数据格式。若未指定则缺省保存在\modual\discrete 目录下。为统计的降雨量选择合适的图例设置并显示图例，制作服务产品。

### 5.2.2　单要素地面观测资料显示

分析和显示离散点数据（MICAPS 第 3 类数据），如 6 小时降水量、3 小时变压等以及处理为第 3 类数据格式的闪电定位、加密站雨量资料等，就需要利用 MICAPS 系统提供的离散点数据（第 3 类数据）显示功能。同时，网格点数据作为规则分布的站点数据也可以使用离散点数据显示功能进行显示。离散点要素数据分析和显示模块为\MICAPS3\modual\discrete。

**1. 模块设置**

模块设置文件为离散点显示模块下的 discrete.ini，可通过修改该文件达到用户本地使用，也可以通过启动系统配置程序中"离散点数据"参数配置进行修改。当然，也可以在离散点数据显示属性设置窗口进行修改（见图 5.18）。此处修改只适用于进行中的图层。离散点数据显示属性设置包括"设置""基本设置""高级设置"选项。

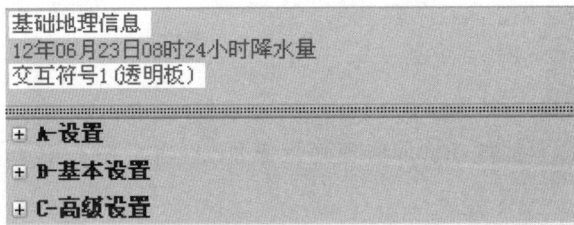

基础地理信息
12年06月23日08时24小时降水量
交互符号1(透明板)

＋ A-设置
＋ B-基本设置
＋ C-高级设置

图 5.18　离散点数据显示属性设置窗口

（1）设置

设置选项内容如图 5.19 所示，用来设置填图位置、显示阈值、小数位数、字体大小以及行政区填充等属性。其中行政区填充的主要功能就是系统根据填图数据和配置文件中的分级标准（配置文件中的"分级设置"），对具有相同级别即相同数据区间的数据的站点（格点）所在行政区域使用相同的颜色填充。一个行政区域内不能有多个站点，如果一个行政区内有多个站点则采用最后一个站点的数据。行政区域填图颜色同样也是按照配置文件中给定的"填色序列"。

| A-设置 | |
|---|---|
| 填图位置 | 右 |
| ☑ 显示大于等于阈值 | |
| ☑ 显示小于阈值 | |
| 显示阈值 | 0 |
| 小数位数 | 1 |
| ☐ 行政区填充 | |
| 站点大小 | 2 |
| 站点识别精度 | 0.1 |
| 字体大小 | 12 |

图 5.19　设置内容

(2)基本设置

基本设置选项如图 5.20 所示，用来显示某要素的 6/12/24 小时等变化、时间变化、统计和选择方案。其中“选择方案”即更换显示配置文件。由于第 3 类数据格式涉及多种不同类型的数据，如降水、3h 变压等，系统安装后缺省提供多个针对降水、变压、变温等要素的显示配置文件。用户可点击该属性，根据要素显示选择适当的显示配置文件。

| B-基本设置 | |
|---|---|
| ☐ 显示12小时变化 | |
| ☐ 显示1小时变化 | |
| ☐ 显示24小时变化 | |
| ☐ 显示2小时变化 | |
| ☐ 显示3小时变化 | |
| ☐ 显示6小时变化 | |
| ☐ 显示时间变化 | |
| ☐ 显示统计 | |
| ☐ 选择方案 | |

图 5.20　基本设置内容

(3)高级设置

高级设置选项如图 5.21 所示，内容包括“填值分级设置”“分析设置”“监视设置”“显示设置”“颜色设置”等分选项。

“填值分级设置”用于设置填图的显示特征。双击“填值分级设置”属性，弹出填值分级设置窗口(见图 5.22)，默认显示的是降水的分级显示属性。用户可以点击“温度”“通用”按钮，在各自相应的窗口中修改分级间隔值(共分为 5 个)并为每个区间内的填图设置字体、字号和颜色。

“分析设置”用于分析显示数据等值线，包括插值方法、分析半径、分析范围、分析间隔、分析线值、是否显示填色、是否显示等值线并设定线条宽度。

“监视设置”参数与地面资料填图中有所差异但基本功能一致。

“显示设置”用于设定要素填图、站点位置、站号等的显/隐状态。

“颜色设置”用于设定要素等值线分析线条和填图、站点、站号的颜色。

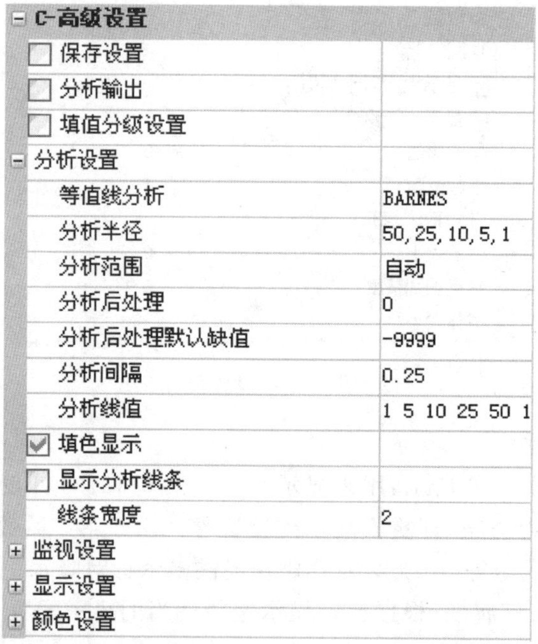

图 5.21　高级设置内容

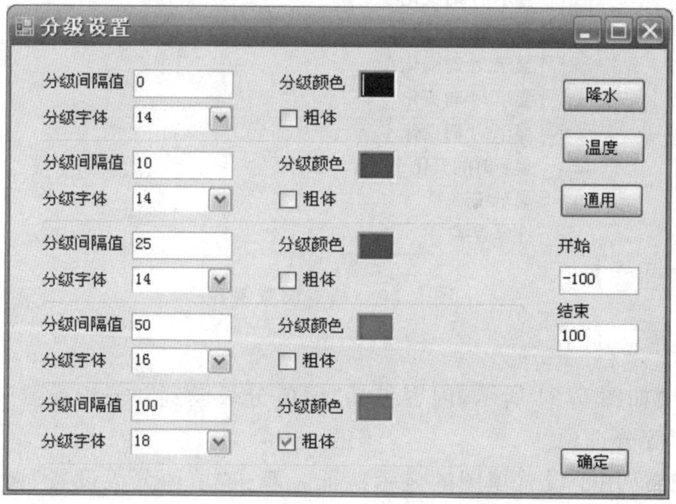

图 5.22　分级设置窗口

　　部分常用属性可以通过"显示设置"窗口中的快速设置属性按钮![按钮]完成,点击之后弹出属性设置窗口(见图 5.23),与分析设置中定义的参数基本一致。

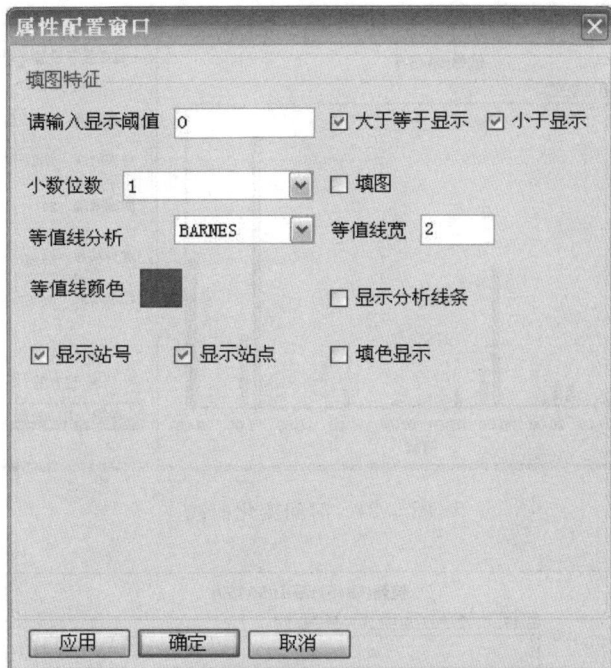

图 5.23   第 3 类数据显示部分属性快速设置窗口

2.单要素显示

根据模块的基本设置,单要素显示包括时间变化曲线显示、统计显示以及单要素观测资料分析图形制作设置。

(1)时间变化曲线显示

在属性设置窗口中的"基本设置"中单击"显示时间变化"即可弹出单要素随时间变化显示窗口。弹出窗口后在主显示窗口移动光标选择显示曲线的观测站点,则在时间变化显示窗口中显示该站点的某要素随时间变化曲线(默认为直方图显示)。图形界面分布及属性与三线图类似,左侧为图形显示区,右侧为参数设置区(见图 5.24)。时间变化曲线还可以对若干个站点的同一要素进行比较。通过点击"增加"复选框可增加需要对比的站点(见图 5.25,以 24h 降雨量为例)

右键单击图形显示区域,弹出与三线图类似的对话框,功能与三线图显示完全一致。点击"显示节点数值"同样显示散点数值。右侧参数设置区"一维图显示设置"中的用户用于修改开始和结束时间、时间间隔、站点、显示图形方式,同时可以通过"增加"按钮多次选择站点,对某些关键站点进行对比分析。对以上参数修改后可以点击"更新数据"对操作进行更新,也可以存图或者退出该窗口。"图形设置"中目前只有对线条宽度的设置。

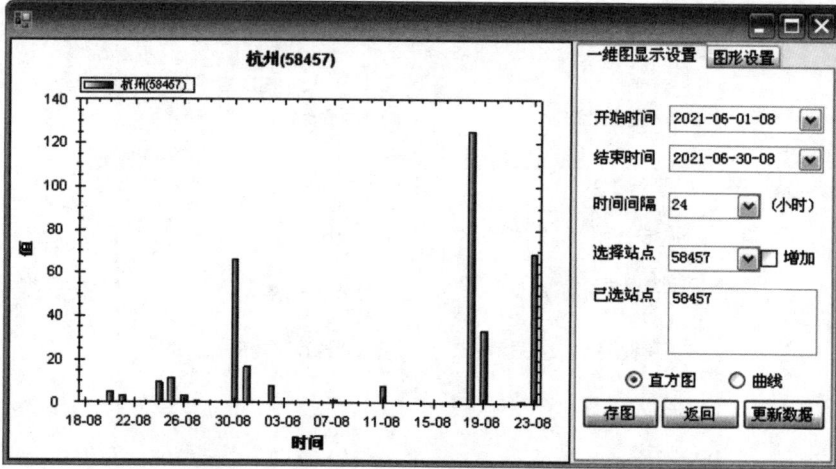

图 5.24　时间变化曲线

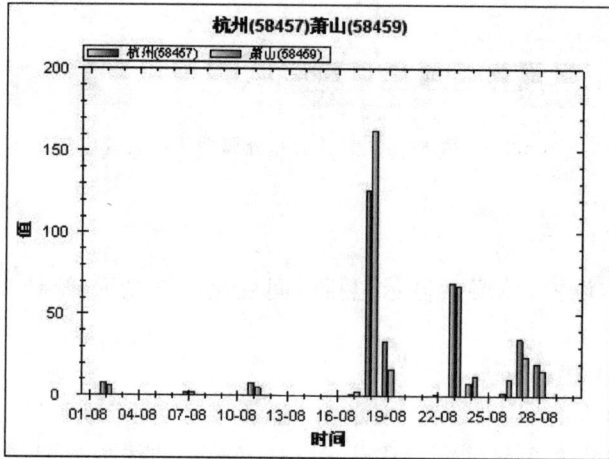

图 5.25　时间变化曲线(多站点)

(2)统计显示

统计显示与地面观测资料显示功能一致。

(3)单要素观测资料分析图形制作设置

使用该模块的属性设置和基本地图共同设置,可以制作中国区域、分省或自定义区域的填图、分析等图形制作,可以定义输出图形文件中标题、副标题、图例等的显示等。

该功能模块的配置文件 discrete.ini 中有"出图设置"部分,用于图例设置。该部分可设置的属性如下:

[出图设置]

主标题 = 北京市雨量累加

副标题 = default

副标题 2 = 中央气象台

图例单位 = 毫米

　　　图例标题 = 图例

　　　图例位置 X = 720

　　　图例位置 Y = 160

　　　图例分级名称 = 无降水 0.0～2.9 3.0～10.0 10.1～20.0 20.1～30.0 30.1～50.0 50.1～80.0 ＞
= 80.1

　　　主标题位置 X = 200

　　　主标题位置 Y = 972

　　　副标题位置 X = 124

　　　副标题位置 Y = 942

　　　副标题位置 2X = 234

　　　副标题位置 2Y = 902

　　　图例边框 = true

　　主标题的指定可以使用三种方式,如果指定为 default,则为文件中的描述,如果指定为 null,则不显示主标题,设置为其他内容则使用该内容作为主标题。

　　副标题的指定与主标题类似,使用 null 不显示,使用 default 系统自动产生副标题,使用生成该图的资料日期标题,如果为其他内容,则设置该内容为标题。

　　单位设置中如果使用"(摄氏度)",自动转换为符号℃。

　　图例中的颜色使用该配置文件中的"[填色序列]"中的设置,注意颜色序列、分析线值和图例分级名称的一致。图例分级名称的个数比分析线值要多一个,颜色序列中的第一个颜色是指低于第一个分析线值的区域,一般不使用。

　　图例的设置和显示也可在图形窗口中显示第 3 类数据时选菜单"视图"→"显示图例"、"图例设置"子菜单进行操作。

　　另外,图例和标题位置是指在屏幕上的位置,坐标是 X 为从左到右,Y 为从下到上,单位为像素。

### 5.2.3　台风路径显示

　　台风路径数据是 MICAPS 系统的第 7 类数据类型。该数据可用文件名检索方式打开,或直接拖放到主界面即可显示。台风路径显示模块为\MICAPS3\modual\tctrack,配置文件为 trtrack.ini。可手工编辑修改部分内容来设置缺省的显示特征,内容包括路径线条宽度、显示符号、7 级风圈半径和 10 级风圈半径属性及显隐控制。MICAPS 系统可以显示台风过去的监测移动路径和未来的预报路径。图 5.26 给出的是一个表示主观预报的例子。

　　当然用户也可以通过属性显示窗口对主窗口显示做相应的修改。如:

　　"风圈设置"用于设置 7 级、10 级以上大风区的显示/隐藏,并更换大风区外围线条颜色;

　　"动画路径"用于按时间先后动态显示对台风的监测追踪;

　　"符号大小""路径宽度""路径颜色""显示符号"等分别用于设置热带气旋符号的大小显示、路径线条宽度、颜色及显/隐控制。

　　"全部预报"用于设置每个发布时次的各时段(24、48、72h)热带气旋预报位置的显隐控制,并用虚线表示预报的移动方向。具体可以查看第 7 类数据格式说明。

　　"时间标注"用于设置显/隐该气旋位置每个监测定位时次。

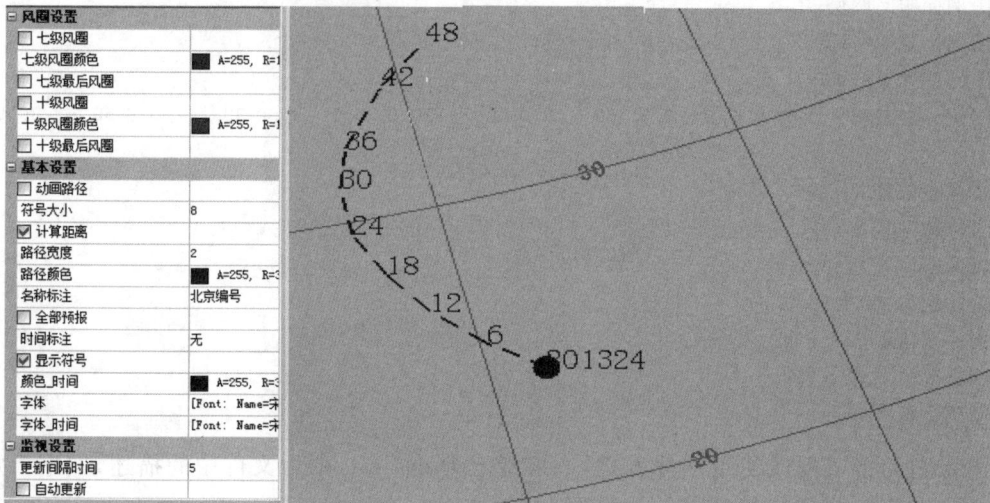

图 5.26　台风路径及属性显示

"监视设置"用于设置系统自动更新热带气旋的监测和预报路径,时间间隔单位为小时。

"计算距离"用于显示热带气旋定位和移动距离、移向监测,点击该项弹出距离计算对话框,做相应设置。

# 5.3　高空观测资料显示

高空观测资料通常是由探空观测仪器监测得到的,一般为气压、温度、湿度、风场等基本要素再加上海拔高度,然后计算出露点、温度露点差等变量。高空观测资料显示有等压面上的要素填图显示、等压面上的高度场和温度场显示、等压面上的高空流场(风场)显示以及探空和剖面显示,它们分别对应 MICAPS 系统的第 2 类数据格式、第 4 类数据格式、第 11 类数据格式以及第 5 类数据格式。高度场和温度场(第 4 类格点数据)以及高空流场(第 11 类格点矢量数据)的分析显示参考格点数据显示章节,所以本节重点介绍全要素填图显示(第 2 类数据显示)以及探空和剖面显示(第 5 类数据显示)。

## 5.3.1　全要素填图显示

全要素填图显示也是等压面数据显示,可用文件名检索、菜单检索、参数检索、综合图检索、拖放数据文件检索等方式打开显示。相对而言使用综合图检索、菜单检索、参数检索方式较好。高空观测资料为 MICAPS 系统的第 2 类数据。显示模块缺省安装目录在\MICAPS3\modual\high,缺省配置文件为 high.ini,可修改要素为是否填图、风羽填图大小、站号是否填图等缺省显示特征设置。用参数检索方式显示的 850hPa 高空填图界面见图 5.27。

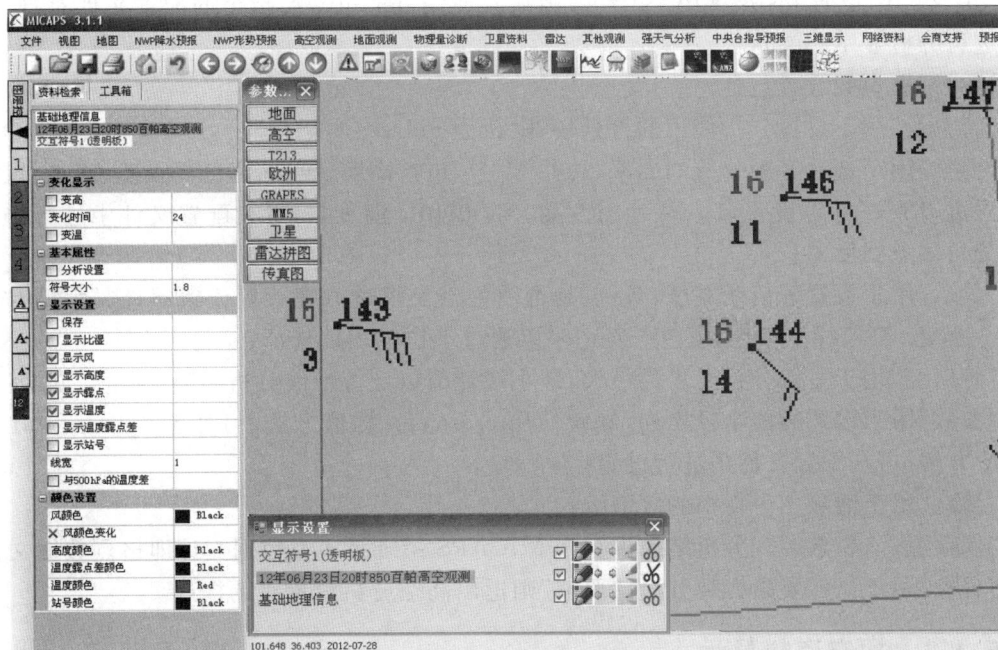

图 5.27　850hPa 高空填图界面

可以通过图 5.27 所示的属性设置窗口对高空观测资料的填图字体字号、颜色、显/隐等显示特征进行修改。

"显示设置"选项用于比湿、风场、站点高度、露点、温度、温度露点差、站号以及与 500hPa 的温度差等要素的显/隐设置。

"变化显示"选项用于在会话期内显示不同时间间隔变高、变温的填图,有利于判断天气系统的移动以及冷空气的移动。

"基本属性"主要用于高空观测的客观分析显示。点击"分析设置"选项,弹出对话框(见图 5.28)。该对话框参数的配置文件为 highOA.ini 文件,与 high.ini 在同一目录,若

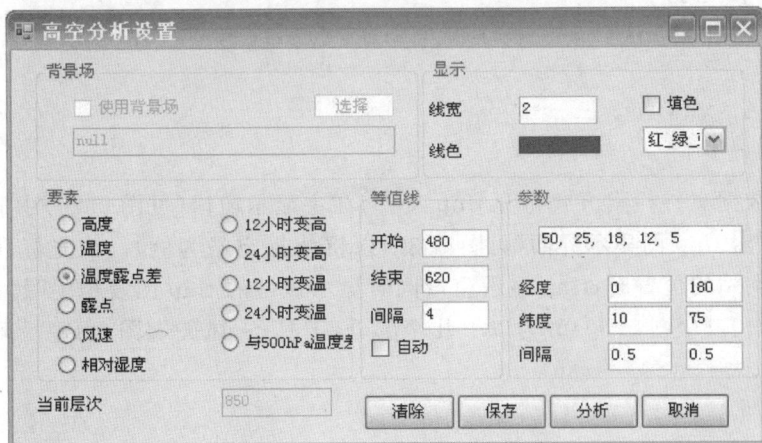

图 5.28　高空分析设置对话框

high.ini 文件中设置 displayOA 为 true,则缺省使用 defaultOA 指定的配置文件对打开的数据进行分析显示。

该对话框参数设置包括:

"背景场"用于设置分析使用的背景场,默认为 null;

"要素"用于选择客观分析的要素,总共 11 个,包括高度、温度、温度露点差、露点、风速、相对湿度、12/24 小时变温、12/24 小时变高、与 500hPa 温度差,可在配置文件中进行修改,缺省分析露点温度差;

"显示"用于设置等值线宽度、颜色、是否填色以及填色方案等等值线属性,缺省状态为线宽 2、蓝色、等值线不填色,填色方案还可以通过下拉列表框选择;

"等值线"用于显示分析要素的最大、最小统计值以及等值线分析间隔;

"参数"用于设置插值半径序列,缺省使用 cressman 插值方法,另外还有 barnes、IDW、IGDW 方案,可在配置文件中进行设置;

"清除"用于清除主窗口中的等值线;

"保存"将该要素客观分析结果保存为 MICAPS 系统第 4 类数据文件即格点数据文件;

"分析"用于显示要素客观分析;"取消"则退出高空分析设置对话框。

### 5.3.2　探空资料显示

探空资料也叫 tlnp 文件,为 MICAPS 系统的第 5 类数据。可用文件名检索、菜单检索、参数检索、综合图检索、拖放数据文件检索等方式打开显示。该数据文件显示模块在 \MICAPS3\modual\tlnp 下,主要显示配置文件为 tlnp.ini,具体内容为:

```
［设置］
    文件路径 = G:\micapsdata\high\tlnp
;该资料显示使用绝对路径
    显示 tlnp = true
    显示剖面 = false
    显示时间剖面 = false
    显示站号 = true
;打开 tlnp 文件自动显示 tlnp 图显示界面、自动显示探测站点号,不会自动显示空间、时间剖面图;
［字体设置］
    字体字号 = 宋体,9pt
;缺省使用 9 号宋体
```

如以拖放数据文件检索方式打开 tlnp 文件,在主显示窗口(见图 5.29)中显示探空站点位置,并直接弹出 tlnp 图显示界面(见图 5.30,以杭州探空站为例)。当光标在主显示窗口移动到某个探空站的位置时,tlnp 显示窗口同时显示该站的 tlnp 图及相关图。

tlnp 图界面窗口(图 5.30)分为以下几个部分:工具条、风矢端图、物理量列表、显示区、工作页。

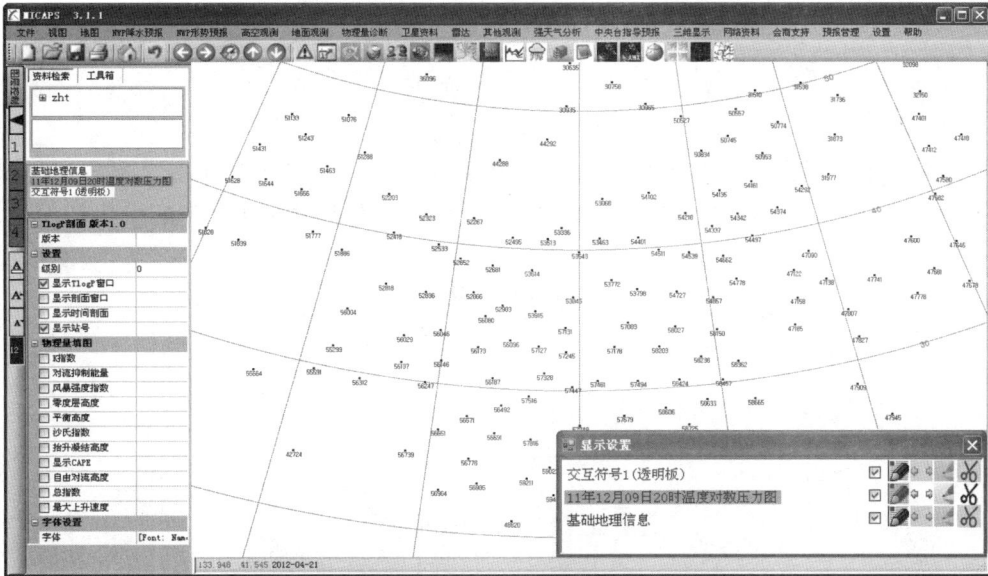

图 5.29　主显示窗口

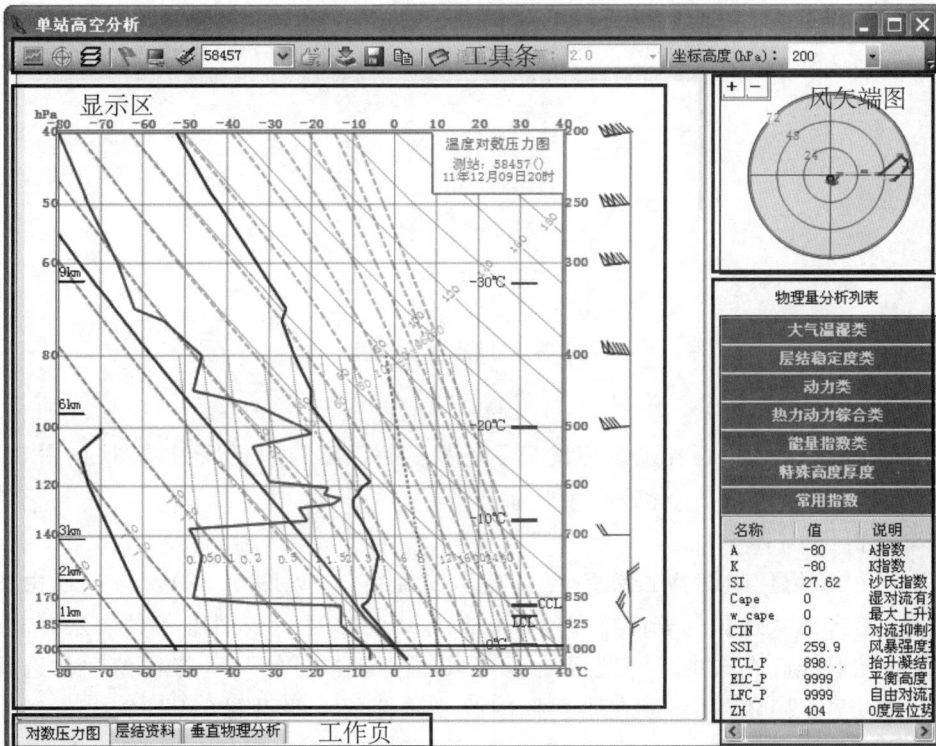

图 5.30　tlnp 图显示界面

### 1.工具条

工具条中有 13 个可设置参数,从左到右依次如下。

(1)风速垂直分析

在缺省状态下该属性不显示。单击按钮出现图 5.31 所示的风速垂直分析图,主要与风矢端图配合分析,线段颜色表示的意义相同,能清楚地显示全风速随高度的变化。

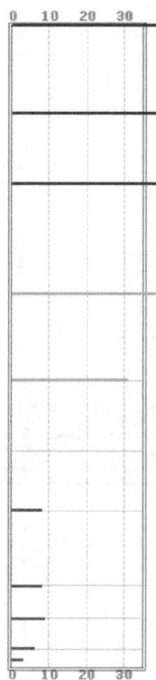

图 5.31　风速垂直分析

(2)辅助窗口显/隐

单击该按钮后可以进行辅助窗口的显示切换。辅助窗口包括风矢端图(见图 5.36)和物理量列表(见图 5.30 的右下侧)

(3)交互窗口显/隐

单击交互窗口显/隐切换按钮后可以显示交互窗口(见图 5.32)。该窗口由图层列表、属性框、抬升方式选择列表组成。在图层操作中可以显示或消隐各种图层,如显示或消隐等饱和比湿线。在选中任一图层后还可以改变该图层的一些特征值。如选择坐标网图层后可以显示隐藏图层,或在属性框中改变坐标的一些设置(见图 5.33),还可以选择不同的抬升方式或直接在"指定层"输入框中输入相应层次以进行比较分析,使得结果更有针对性。

(4)直斜转换

为了满足与国外的交流,可将我国常用的温度直角坐标变换为国外通用的温度斜坐标。一般国内使用缺省状态下的坐标即可。

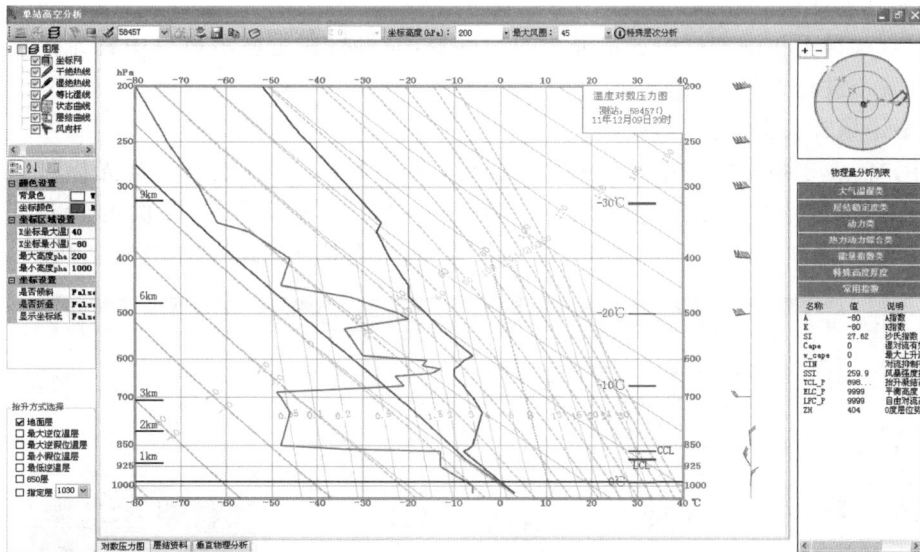

图 5.32　交互窗口显示

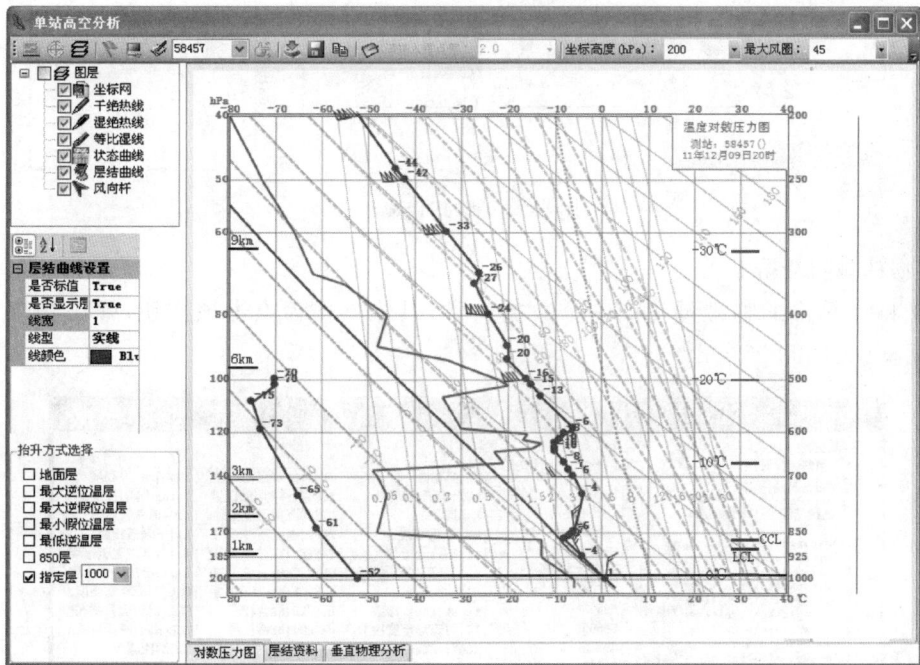

图 5.33　tlnp 图层结曲线更改属性显示

（5）背景模式切换

变换图形显示区内的背景颜色，缺省使用白色底，点击该按钮可转换为黑色底。

（6）坐标折叠显示切换

变换图形显示区左侧纵坐标值。

（7）探空站选择

在站点选择下拉列表框中选定分析的站点号，或直接在主显示窗口中将光标置于某个探空站位置上进行选择。

（8）显示鼠标位置属性窗口

当用户需要了解某探空站某层的物理量时，点击按钮启动该功能。当光标移动到显示区的任一位置后系统将弹出黑色显示框，动态显示光标点所在层次的物理量值（见图5.34），这些物理量包括气压、温度、位势高度、饱和比湿、位温、假相当位温。

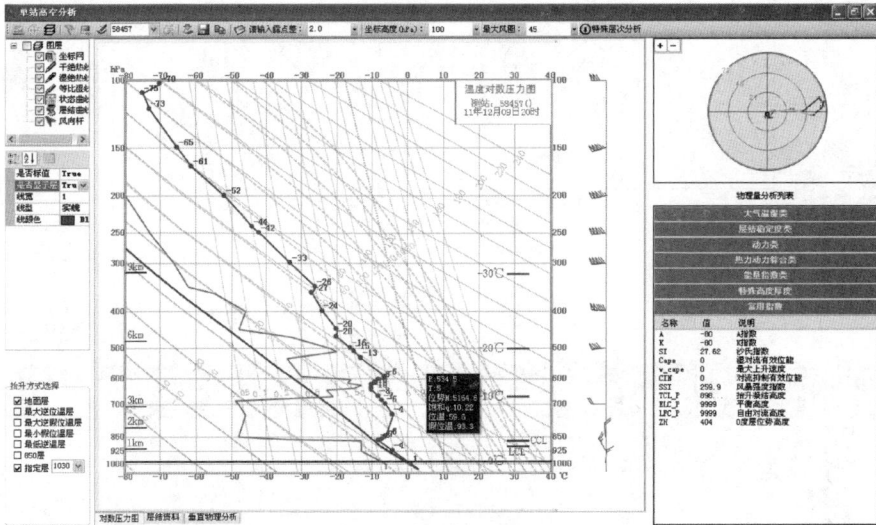

图 5.34　物理量显示

（9）物理量批量导出

用于将计算出的物理量生成一个数据文件，具体操作为点击该按钮，弹出物理量批量导出对话框（见图5.35）。

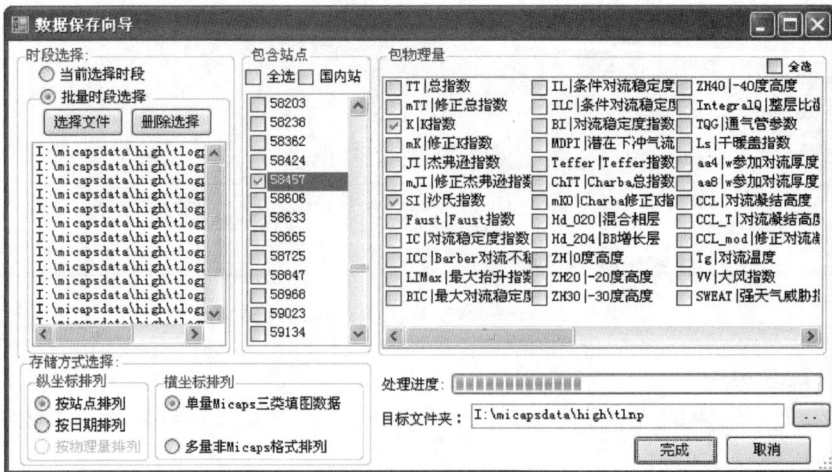

图 5.35　物理量批量导出

主要有以下五个方面的选择：

1)资料时段选择，包括当前选择时段、批量时段选择。当前时段即当前 tlnp 图的时段。如果选择"批量时段选择"，点击"选择文件"弹出打开文件对话框，选择多个时段文件，点击窗口中"打开"按钮，则这些文件在"选择文件"下面的文件列表框中显示，如果不需要其中某个时段的文件，可通过"删除选择"按钮删除。

2)选择保存文件的存储方式，包括纵坐标、横坐标排列两种。对于纵坐标排列，当前时段的保存文件按站点或物理量排列，对于批量时段的保存文件只能按照站点排列或日期排列。对于横坐标排列而言，两种时段选择都可以选择单量 MICAPS 第 3 类数据格式或者多量非 MICAPS 数据格式。

3)站点选择，通过复选框可选择全部站点、国内站点、某几个(一个)站点。

4)物理量选择，通过复选框选择需要导出的某个(些)物理量，物理量个数达到 78。

5)选择导出数据的目标文件夹。

选择步骤完毕后点击"完成"按钮，系统将进行计算并按要求输出数据。

(10)图片保存及复制

点击图片保存，可将显示区的 tlnp 图以图片形式保存。目前支持 WMF、JPG、BMP、GIF、PNG 等多种格式；点击复制按钮，则可将 tlnp 图以图片形式复制到其他编辑文本中。

(11)输入动态露点差按钮。

在缺省状态下，露点输入框是灰色的，不能输入。点击该按钮后，可在输入框中选择或输入露点值(非负整数)，同时激活抬升面动态抬升功能。在 tlnp 界面显示区将按照鼠标位置处的高度层、温度、温度与输入的露点之差值决定的抬升点进行动态分析，非常灵活方便。

(12)坐标高度、最大风圈

坐标高度的单位为 hPa，定义 tlnp 图纵坐标从低层到坐标高度显示。最大风圈用于定义风矢端图风圈的值。

(13)特殊层次分析

点击工具条上的特殊层次分析或在显示区域点击鼠标右键都可以显示特殊层次分析菜单(右键菜单上还包含更多功能菜单)，这里包含 6 个选项：显示湿层、显示不稳定层、显示下沉有效位能(600hPa 开始)、显示下沉有效位能(最小位温开始)、显示冰相层、显示逆温层。选择任何一项后，可以在当前显示区域显示该层次。不同层次使用不同颜色。

2. 风矢端图

风矢端图分为风向刻度、风矢端线、速度圈三部分(见图 5.36)。该图原点即为探空站位置。风向、风速按风向刻度和等风速圈定位。将此定位与原点相连即对应天气图上的风矢量。暖色(实线)表示风向随高度顺时针旋转为暖平流，冷色(虚线)表示风向随高度逆时针旋转为冷平流。当低层有暖平流，高层有冷平流时不稳定度增加；反之，稳定度增加。另外，每个点的高度都有标值，如 500hPa、700hPa 等。

3. 物理量分析列表

物理量分析列表分为大气温湿类、层结稳定度类、动力类、热力动气综合类、能量指数

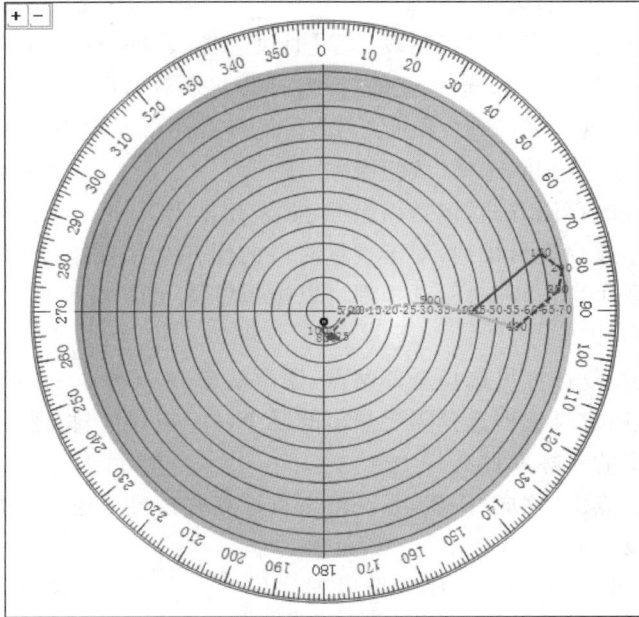

图 5.36　风矢端图

类、特殊高度厚度类以及常用指数。点击物理量分类名称可以打开显示该类物理量的显示列表。可以拖动物理量分析列表左边栏,将辅助窗口拉宽或将风矢端图拉大。单击物理量名可以在地图上显示多站物理量值(见图 5.37)。系统总共提供 87 个参数,用户可以通过逐一点开物理量分类名称查看物理量显示列表中的说明,对参数进行了解。

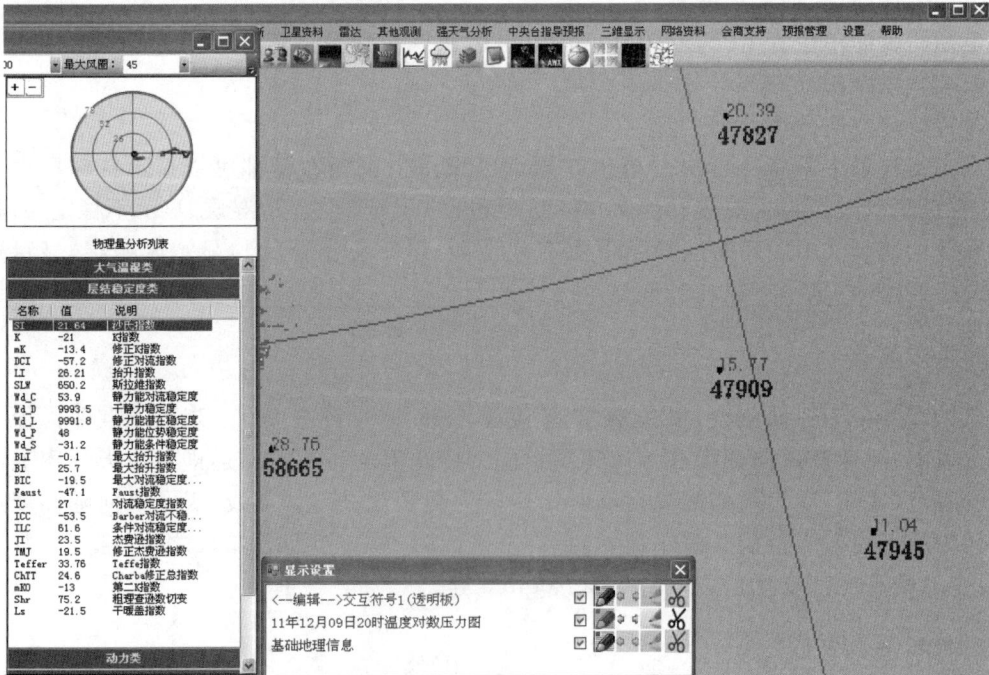

图 5.37　主窗口显示物理量(SI 沙氏指数)填图

4. 工作页

工作页包括对数压力图、层结资料、垂直物理分析（图 5.30）。显示区通过工作页的选择做相应变换，默认显示 tlnp 图。

（1）层结资料

探空层结资料列表如图 5.38 所示，用于查看当前站点层结资料报告。报告中不仅包括实况观测资料，还计算了各层的比湿、饱和比湿、相对湿度、水汽压、凝结函数、位温等 20 个物理量，还计算了一些特殊层的资料，如抬升凝结高度 LCL、自由对流高度 LFC、对流层凝结高度 CCL、平衡高度 ELC、云顶高度 YDC、0℃层高度 ZH、−10℃～−30℃层高度等。

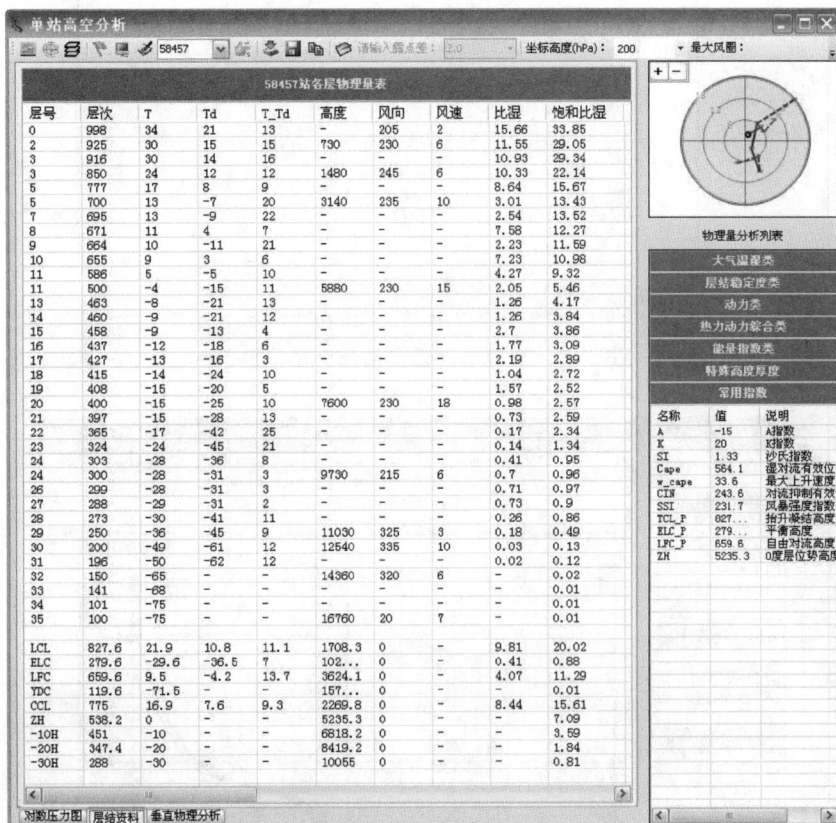

图 5.38　探空层结资料列表显示

（2）垂直物理分析

点击工作页选择"垂直物理分析"，显示区变换为垂直物理量分析显示窗口（见图 5.39），主要分析显示窗口左侧蓝色标记的物理量，共 6 类。

各物理量之间还可以进行比较分析。如当比湿和饱和比湿线接近时说明相对湿度大，远离时说明相对湿度小（见图 5.39）。又如对比位温、假相当位温、饱和假相当位温廓线特征分析水汽含量、相对湿度、热力稳定度等特征（见图 5.40）。

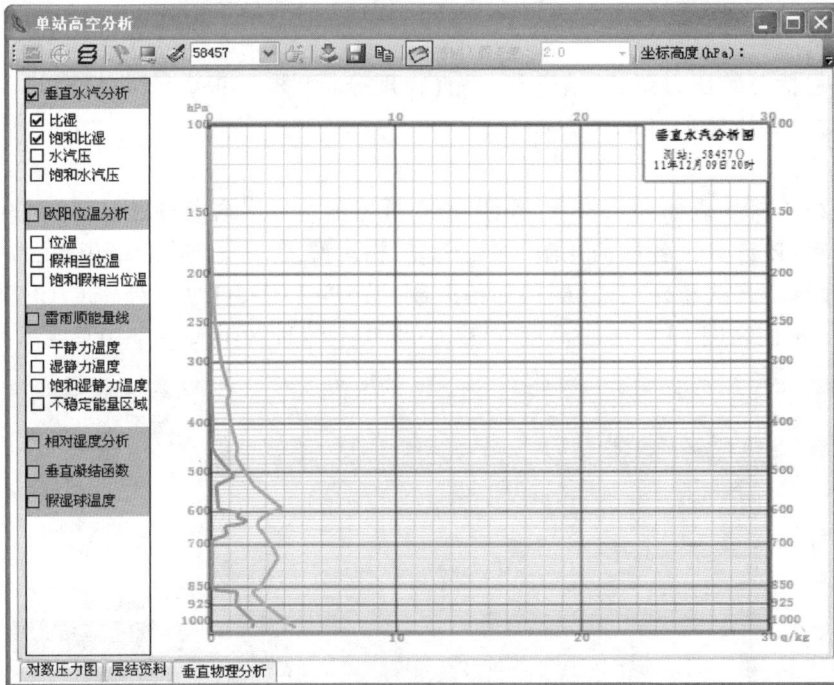

图 5.39 物理量垂直变化分析显示窗口

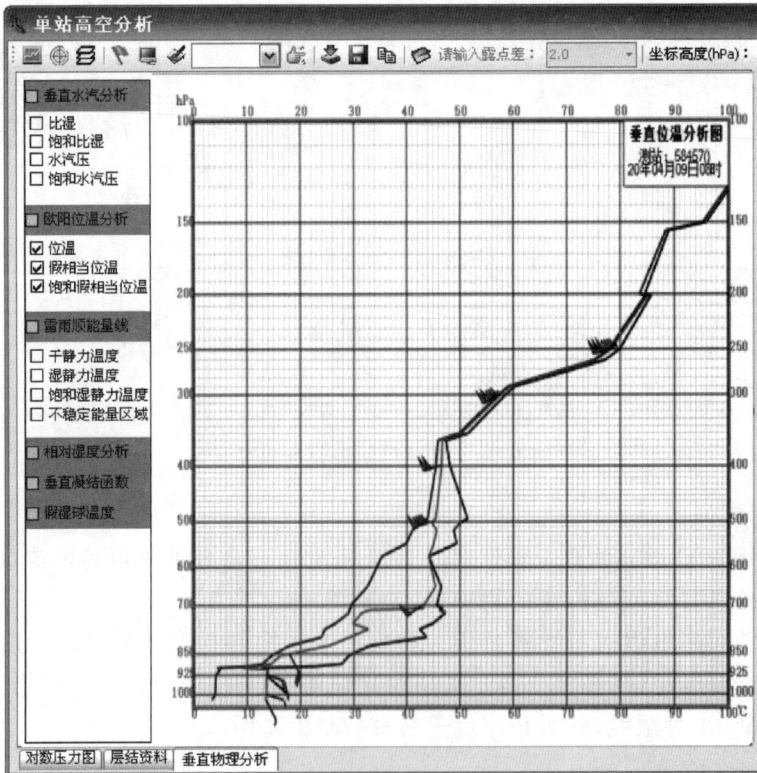

图 5.40 位湿廓线显示

### 5.3.3　探空资料空间剖面图

为了进一步了解天气系统的垂直结构特征,了解大气的三维空间结构,可利用探空资料制作垂直剖面图。探空资料空间剖面的配置文件为\MICAPS3\modual\tlnp 目录下的 spacesection. ini 文件。打开探空数据文件,在属性窗口中的设置选项中选择"显示剖面窗口",则弹出空白空间剖面显示窗口(见图 5.41)。制作空间剖面图时,需要在主显示窗口选定剖线。在主窗口中左键选择两点构成剖线,然后单击右键,则系统将剖线附近探空站的探空资料投影到垂直剖面上,分析显示沿所选剖线的大气垂直结构特征(见图 5.42),并在

图 5.41　空白空间剖面显示窗口

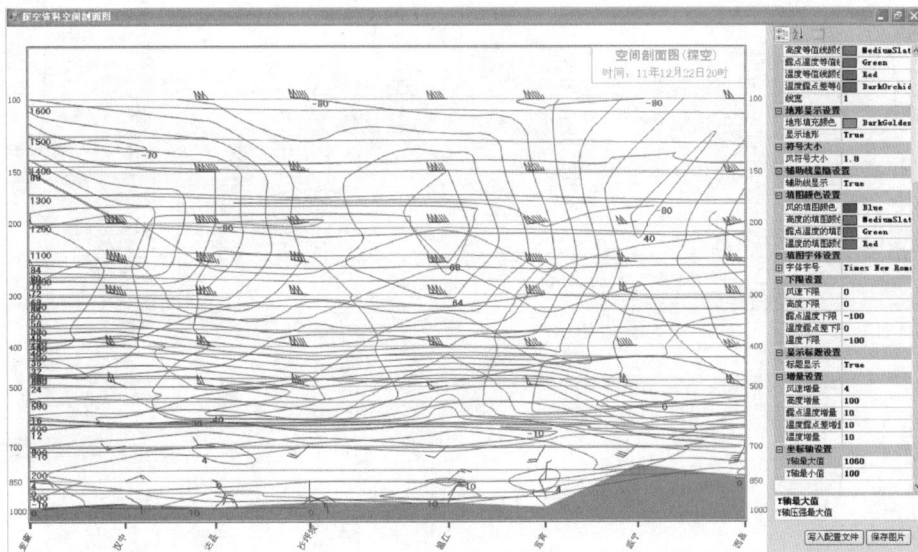

图 5.42　探空资料空间剖面图

窗口右侧属性设置栏中根据用户需要修改显示设置。可以选择填图要素（风、温度、高度、露点）、分析线条（等风速线、温度、高度、温度露点差）以及要素的分析间隔，也可以选择线条颜色。修改属性后，可以点击"写入配置文件"，保存选择的属性，修改配置文件参数。点击"保存图片"按钮可以保存绘制的剖面图为图像文件，系统支持保存 BMP、GIF、PNG、JPG和矢量 WMF 格式文件。

### 5.3.4　探空资料时间剖面图

为了分析本站在某一时间段内影响该地天气变化的天气系统演变特征，可制作本站的时间剖面图。探空资料时间剖面的配置文件与 spacesection.ini 在同一目录下，为 timesection.ini 文件。打开探空数据文件，在属性窗口中的设置选项里选择"显示时间剖面"，则弹出空白时间剖面显示窗口。在制作时间剖面图时，在主窗口中将光标移至需要制作剖面的站点，单击左键，在空白显示窗口的右下方出现时间起始、终止选择对话框，通过时间对话框设置显示资料的时间段，然后点击"绘制"按钮，则该站的时间剖面图绘制完成（见图 5.43），缺省时间段是最近 4 天。时间坐标轴是从右往左，因此，当风向呈气旋性变化时，表明在这个时段前后该站有高空槽过境，反之则有高压脊过境。在主窗口中选择其他站点，则在时间剖面中显示新选择站点的剖面图。在时间剖面图右侧的属性设置栏中用户可以根据需要进行修改。属性设置类别与空间剖面基本类似，不再赘述，修改完成后，也可点击"写入配置文件"按钮，改变配置文件的缺省设置。另外，图片保存格式与空间剖面的完全一致。

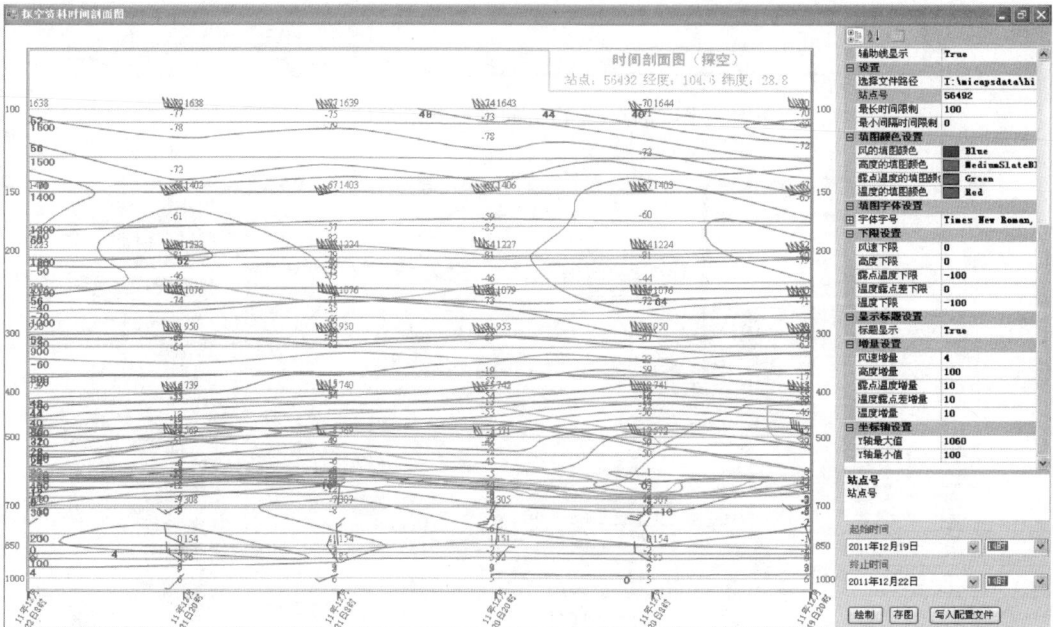

图 5.43　时间剖面图

# 5.4　卫星资料显示

卫星资料显示包括 9210（DVB-S）下发的第 13 类数据格式的云图及数值产品（含第 4 类格式产品）、AWX 格式云图及数值产品、当地中规模云图接收站处理的 GPF 格式云图及产品、HDF 格式标称图。以上数据文件可使用文件名检索、菜单检索、综合图检索、参数检索、动画检索、翻页检索、数据文件拖放检索等方式打开云图及产品文件显示。

## 5.4.1　MICAPS 图像数据显示

MICAPS 的第 13 类数据格式为图像数据，包括卫星云图、雷达拼图以及地形图。卫星图像数据的显示模块为\MICAPS3\modual\micaps13 目录，配置文件为 micaps13.ini，定义这类数据在不同投影下 X、Y 轴方向的放大比例以及缺省状态下使用的调色板等。调色板放在相应的子目录 pal 下。如通过文件检索方式打开第 13 类数据文件，属性设置窗口中显示该类数据可设置的属性项，主要包括调色板的选择以及放大比例的设定。

点击"选择调色板"选项，弹出调色板选择窗口（见图 5.44），缺省显示调色板文件是 I/V/W-01.pal 以及 R-37.pal（I 表示红外通道；V 表示可见光通道；W 表示水汽通道；R 表示雷达反射率）。用户可以根据云图种类，通过窗口的复选框以及相应的文件列表选择适合的调色板，改变云图的显示特征。放大比例调整用于云图显示位置不正确的时候，通过调整比例，可以正常显示云图图像。根据 9210 目前下发的云图和全国雷达拼图数据针对不同投影调整了放大比例，无须再次调整。另外，属性设置窗口中的"监视"用于更新数据以及监视显示，如红外云图的云顶亮温阈值一旦超过设定的监视阈值，则只显示大于该值的区域，达到警告的作用。

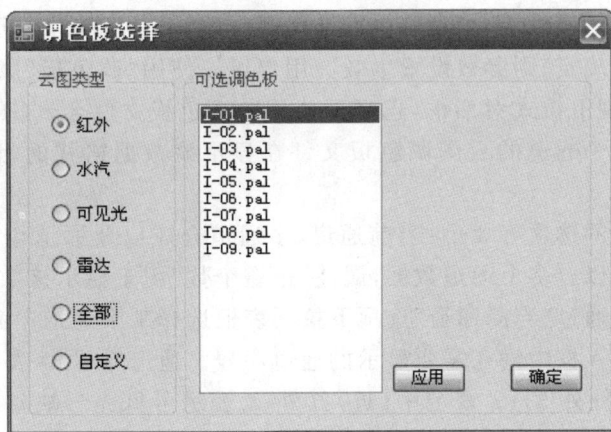

图 5.44　图像数据调色板选择

## 5.4.2　GPF 格式云图显示

GPF 格式云图是中规模云图接收站接收并处理后的云图，这种格式云图的显示模块位于\MICAPS3\modual\cloudgpf，配置文件为 cloud_gpf.ini，其中"显示通道"参数用于定义缺省显示哪个通道的云图。目前 MICAPS 系统对于 GPF 格式云图而言可以显示的投影方式包括等经纬度投影、麦卡托投影或者北半球极射赤面投影。如果需显示的 GPF 格式云图为等经纬度投影数据,则底图投影方式向等经纬度投影方式适应;若云图数据采用兰勃特或麦卡托投影,则云图数据向底图投影方式适应并显示为底图所具有的投影方式。

另外,等经纬度格式 GPF 云图数据可以在各种地图投影下显示。需要注意的是,中规模接收站投影后的数据存放在单一目录下。可以直接使用该目录,无须将不同投影放在不同目录下。如果不修改系统输出的文件名,翻页和动画时系统按照中规模站输出数据的命名规则,自动识别该类投影数据。

用户可通过文件检索、数据拖放或者翻页、动画等检索方式打开 GPF 格式云图数据。打开数据之后在主窗口中选择该图层,则在属性设置窗口中显示该类数据可选择的属性设置项,主要包括调色板和通道选择选项(见图 5.45)。

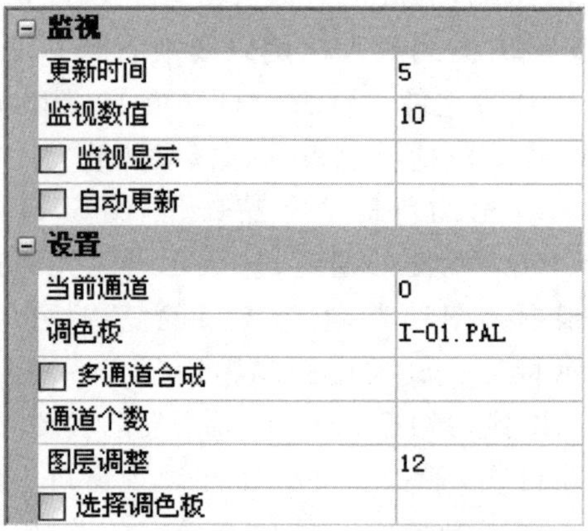

| □ 监视 | |
|---|---|
| 更新时间 | 5 |
| 监视数值 | 10 |
| □ 监视显示 | |
| □ 自动更新 | |
| □ 设置 | |
| 当前通道 | 0 |
| 调色板 | I-01.PAL |
| □ 多通道合成 | |
| 通道个数 | |
| 图层调整 | 12 |
| □ 选择调色板 | |

图 5.45　GPF 格式云图数据显示属性设置窗口

点击"选择调色板"属性项,出现调色板选择框(与图 5.44 类似)。可根据云图种类选择适合的调色板,点击"确定"则参数设置生效。用户可以使用"调色板"属性直接设置。点击"调色板"框右侧,出现下拉式对话框,选择要使用的调色板文件名。GPF 格式卫星云图红外、可见光、水汽这 3 个通道的云图调色板文件在显示该数据格式的目录下的 pal 子文件夹里。

与云图通道有关的选项有 3 个:当前通道、多通道合成以及通道个数。GPF 数据格式的单个云图文件中可以有多个通道数据,属性"通道个数"用于显示该数据文件包含几个通道的数据。所以可以通过"当前通道"选项下拉列表框选择某个通道单独显示,也可以直接在"当前通道"属性输入框中输入需要显示的通道序号。通道序号:0 表示红外;1 表示红外分裂窗;2 表示水汽(红外 3);3 表示中(近)红外;4 表示可见光。缺省状态显示 0 号通道数据。

"图层调整"用于调整图层显示顺序,云图显示为图像,一般显示在线条类数据图像的下层。在"图层调整"属性框中输入一个整数,可设置该图层的显示顺序。数字越小,显示(绘制)越早,即越靠上层,不会遮盖其他图层。

"多通道合成"用于设置是否启用多通道合成显示。选择该项,则同时启用水汽、红外和可见光这 3 个通道,分别设置为红、绿、蓝 3 种颜色,显示合成后的图像。如果该文件包含的通道数少于 5 个,则无法显示合成图像。

### 5.4.3　AWX 格式云图及产品显示

AWX(Advanced Weather-satellite eXchange format)作为 9210 下发的扩展文件名,用于表示由国家卫星气象中心所生成的产品。该类数据命名采用长文件名方式,文件名中包含卫星名称(FY-2E、FY-2D 等)、产品类型(AMV、CTA、SST 等)、仪器通道(IR1、IR3、VIS 等)、投影方式(OTG、MCT、LBT 等)、观测起始日期、观测起始时间、数据格式(AWX、HDF 等)。如 FY2C_AMV_IR3_OTG_20070919_1130. AWX 表示"FY2C 静止卫星_大气运动风矢量_水汽通道_等经纬度投影 2007 年 9 月 19 号_开始观测时间上午 11 点 30 产品",OLR_MLT_OTG_20110610_0800_FY2E. AWX 表示"射出长波辐射_用多通道资料_等经纬度投影_2011 年 6 月 10 号_08 点_FY－2E 静止卫星产品"。

MICAPS 系统可以显示 AWX 格式的云图图像数据和产品数据两大类型。打开 AWX 格式云图数据后,系统会将底图投影改变成云图的投影方式,如果打开的是等经纬度云图数据,则系统会先将底图投影适应为等经纬度投影。投影适应规则与 GPF 格式云图数据显示一致。AWX 格式产品数据主要指静止卫星数值化产品,包括云分类、云导风、向外长波辐射、云顶亮温、总云量、降水估计等。

MICAPS 系统用于显示 AWX 数据的系统功能模块有 awxProduct1、awxProduct3Clc、awxProduct4Amv、awxProduct3Common、awxAnimation,共 5 个,分别用于显示 AWX 格式云图产品、云分类产品、云导风产品、其他产品(包括云顶亮温(TBB)、总云量、降水估计、向外长波辐射等)以及 AWX 云图和产品叠加动画。其中 AWX 云图和产品叠加动画在云图动画中给出介绍。另外,awxProduct1 模块用于显示 AWX 格式云图数据,剩下的模块用于显示 AWX 格式数值化产品。

#### 1. awxProduct1

AWX 格式云图产品显示模块为 \ MICAPS3 \ modual \ awxProduct1,配置文件为 awxProduct1. ini。定义云图显示色板文件以及监视属性设置,可以在配置文件中直接修改,也可以检索显示后在该图层的属性设置窗口进行设置。AWX 云图包含定标信息,显示 AWX 云图后,在图像上移动鼠标,在状态栏会显示鼠标位置的定标信息(如红外通道显示亮温值、可见光通道显示反射率值)。

#### 2. awxProduct3Clc

利用卫星遥感技术,采用多通道卫星探测数据(主要使用红外、水汽两个通道)进行聚类分析,归纳出各种云的类别,分别代表地面、中低云、高层云、卷层云、密卷云、积雨云等。在完成云监测的基础上主要对高云部分进行分类(对于中低云,由于目前探测能力的限制很难做出准确分类),可以准确区分出积雨云、密卷云、高层云或雨层云等类别,为天气分析、数值预报提供重要的参考依据[6]。

云分类产品 Clc 的显示模块为 \ MICAPS3 \ modual \ awxProduct3Clc,配置文件为 awxProduct3Clc. ini,定义缺省的显示范围。该产品无调色板文件。云分类显示设置见图 5.46,具体云分类显示见图 5.47。

| | |
|---|---|
| **范围设置** | |
| 上边纬度 | 55 |
| 下边纬度 | 0 |
| 右边经度 | 140 |
| 左边经度 | 70 |
| **基本信息** | |
| 模块名称 | |
| 数据文件 | |
| **云类型颜色** | |
| 层积云或高积云 | A=255, R=199, G=178, B=154 |
| 高层云或雨层云 | A=255, R=129, G=129, B=129 |
| 混合像元 | A=255, R=251, G=175, B=93 |
| 积雨云 | A=255, R=255, G=242, B=0 |
| 卷层云 | A=255, R=193, G=193, B=193 |
| 密卷云 | A=255, R=255, G=255, B=255 |

图 5.46　云分类图例

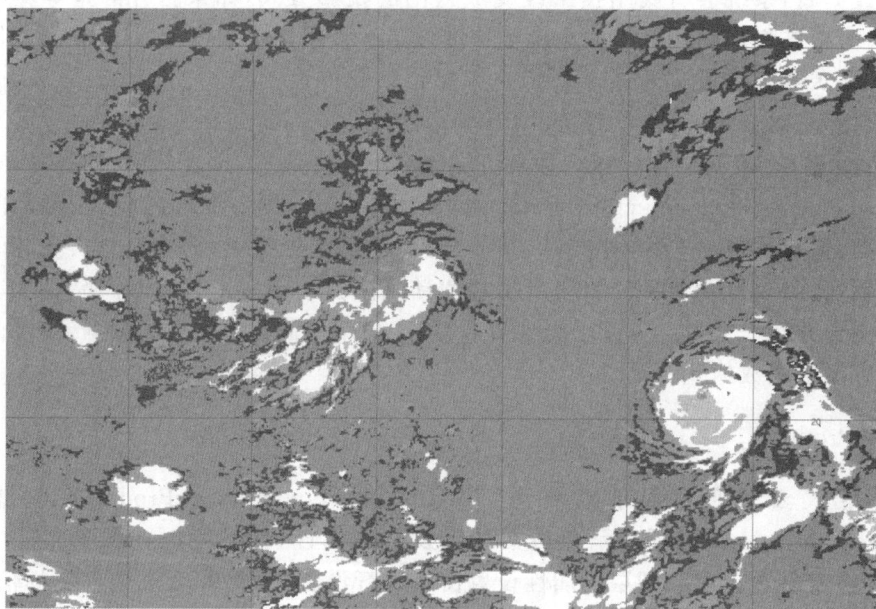

图 5.47　云分类显示(见书后彩色插页)

3. awxProduct4Amv

利用 FY 卫星探测的红外云图和水汽图像资料(连续 3 幅云图中同一图像块)估算出卫星云图中的云块的平均移动距离,使用球面三角公式计算出几何矢量,再使用卫星探测器的物理原理估算出用来推算移动距离的云块的环境温度,由此温度可推算出风矢量的等压面高度,该高度上的风场资料称为云导风,普遍意义上称为大气运动风矢量 AMV。[6]

所有云导风数据分为高、中、低三层,因此可设置云导风分层显示及各层填图的颜色。云导风产品的显示模块安装在\MICAPS3\modual\awxProduct4Amv 目录下,显示配置文件为 awxProduct4Amv. ini,定义缺省的各层风的填图颜色和风羽符号大小。具体如图 5.48所示。

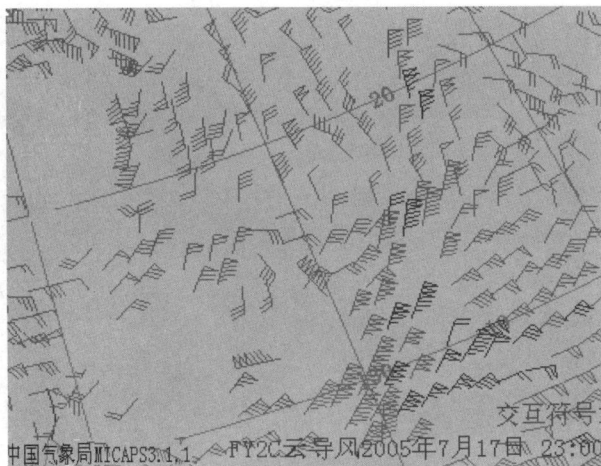

图 5.48　云导风显示

### 4. awxProduct3Common

AWX 格式产品数据主要指静止卫星数值化产品除了云导风显示为风场,其他产品一般提供等值线、图像、等值线和图像叠加显示三种方式。产品显示模块是\MICAPS3\modual\awxProduct3Common。每个产品都有各自对应的显示配置文件,主要可设置缺省的显示范围、等值线宽度、显示方式等。显示方式参数设置用代码表示:0 表示只填色;1 表示只显示等值线;2 表示两者叠加同时显示。这些产品的显示调色板文件在\pal 目录下。

当然,产品显示可以通过属性设置变换图像显示方式,等值线分析的开始和结束值,等值线线宽、颜色、线型,是否标注等值线数值及其字体、颜色,是否填图及字体、颜色,还可设置显示或分析数值的区域,突出显示某条等值线等(见图 5.49),如图 5.50 所示。

图 5.49　属性设置窗口

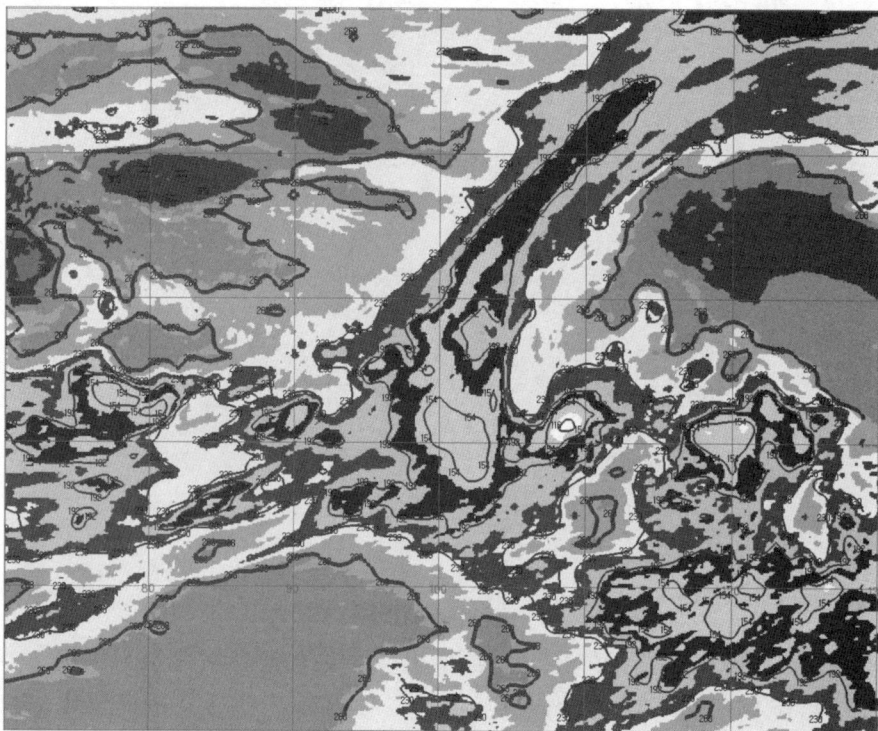

图 5.50　向外长波辐射显示（图像叠加等值线且突出显示 268 等值线）

当显示 AWX 格式的数字化产品时，将光标移至图像的显示边界位置。若边界显示且为蓝色加粗线，点击左键使边界线变为黄色，然后移动光标，再点击左键，此时图像的边界就扩展/缩小到光标所在的经纬线处，同时边界线隐/显，实现临时改变图像大小的功能。

### 5.4.4　HDF 格式标称图显示

若卫星在理想化的地球同步轨道上，星下点的坐标为（104.5°E，0°N），卫星自转轴与地球自转轴平行，卫星搭载的扫描辐射仪无失配，该仪器对地球作正常扫描，则所得到的影像称为标称图，这种投影称为标称投影。实际上卫星的轨道和姿态不可能完全是上述理想状态。为了方便使用，将实际的卫星影像图按标称投影进行投影，得到标称图，在这种投影之下，图像坐标与地理经纬度一一对应，这就方便了产品制作和应用[6]。MICAPS 系统显示 HDF 格式的标称图，标称图即标称投影图像。模块安装目录为\MICAPS3\modual\zawxNOM，配置文件为 awxNOM.ini，调色板放在相应子目录 pal 下。显示该格式云图时，移动鼠标将显示 5 个通道的信息（亮温和反射率）。同时可以设定显示范围（该格式的云图为圆盘图，可以在卫星覆盖的范围内任意设定显示范围）。可以通过属性窗口选择通道显示。但在实际应用中因 HDF 文件数据很大，检索显示不方便，且主要应用在卫星中心内部，所以比较少用。

### 5.5.5　云图动画

MICAPS 系统缺省安装两个云图动画模块，模块分别为多种格式动画模块\MICAPS3

\modual\xcloudAnimate 和 AWX 格式云图动画模块\MICAPS3\modual\awxAnimation。

**1. 多种格式动画模块**

该模块配置文件为 cloudani. ini,可修改需要做动画的云图资料的路径设置参数,为各种格式云图资料设置初始路径。注意:云图资料名称不能修改,只能修改对应的数据路径。此外,值得注意的是,路径设置时对应的要素名称带有"MICAPS"字样的是低分辨率云图,带有"AWX"字样的是高分辨率云图。

点击工具条上的云图动画按钮█,出现云图动画设置窗口(见图 5.51)。

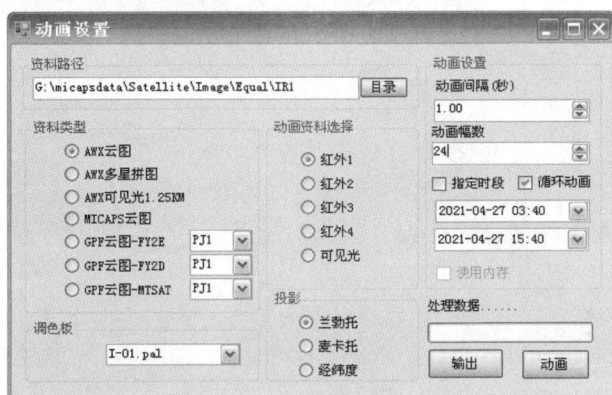

图 5.51　多种格式云图动画设置窗口

直接通过点击"目录"按钮,在弹出的浏览文件夹窗口选择需要动画的资料所在目录。
可在"资料类型"框中确定做动画的云图格式。
"调色板"用于选择动画中云图使用的调色板,默认依然为红外通道 I-01. pal。
可在"动画资料选择"框中确定云图通道。
"投影"框用于选择云图的投影方式,默认使用兰伯托投影。
在"动画设置"中"动画间隔"设置每帧云图停留显示的时间,单位为秒;"动画幅数"设置动画的云图数,以最新的云图为准,向后推算出起始云图;"指定时段"用于设置云图动画的起始、结束时间,也由此确定动画的云图文件与个数;"循环动画"设置云图动画演示方式,默认为循环动画。

点击"动画"按钮,系统开始处理云图资料,处理完毕自动弹出独立窗口开始演示动画。

点击"输出"按钮,可将云图做成 GIF 格式动画文件,并在弹出保存文件对话框中进行命名保存。

在云图动画中按照云图文件中的范围和投影显示。设置窗口中的投影方式和通道选择只是为了快速选择资料目录,相当于参数检索。如果该设置和云图文件实际的通道和投影方式不同,系统按照文件中的投影方式显示,不按照设置窗口中的投影方式重新投影。

生成云图动画时可以叠加地图。默认只叠加海岸线数据。如果需要增加其他信息,可以修改该模块下的地图数据文件"海岸线 1. dat"。另外,MICAPS 系统处理完毕云图资料后,动画演示时自动在该模块下建立 tmpImg 目录,保存动画中每一帧云图。

### 2. AWX 格式云图动画模块

该模块的配置文件为 awxAnimation. ini,可修改需做动画的 AWX 云图资料的顶级目录路径设置参数,为各类云图资料设置初始路径。

点击工具条上的 AWX 云图和产品动画 按钮,出现云图动画设置窗口(见图 5.52)。模块安装在\MICAPS3\modual\awxAnimation 下。配置文件为 awxAnimation. ini。配置文件中的路径只能设置到该目录以上的路径,缺省相对路径\Satellite 将自动添加在该路径设置后成为完整的卫星资料路径。

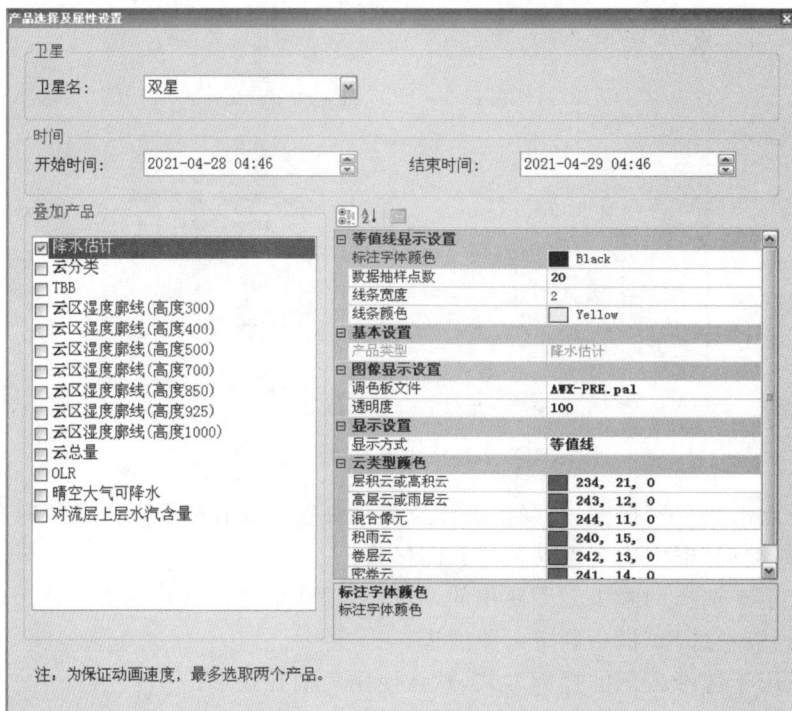

图 5.52　AWX 格式云图动画设置窗口

在窗口中进行卫星、时间段选择,并可以选择叠加在云图上的产品,点击确定即开始云图动画。为了保证动画速度和效果,每次最多叠加两个产品。在动画之前,可以设置选择产品的分析和显示属性。动画显示窗口可以调整动画间隔时间,停止和重新开始动画等。需要注意的是,由于动画需要读取和显示多个数据,动画间隔时间不能太小,如果选择时段没有相同时刻的产品,则无法叠加产品,云图仍可以正常动画。

## 5.5　雷达资料显示

气象雷达首先向空间发射无线电脉冲。无线电脉冲,即电磁波,在受到大气中的云滴、冰晶或者降水等粒子影响后,其向后辐射部分被雷达天线吸收。这种吸收的信号再通过雷达系统处理后形成雷达资料。总的说来,目前有 3 类雷达气象数据。第一类是原始数据即基数据,是回波信号经数字信号处理器处理并经过杂波抑制后的数据,包括强度、速度、速度谱宽 3 个基本要素值,并附有雷达的环境参数等。该数据以极坐标方式存储,其分辨率和数据精度是所有雷达反演数据中最高的。第二类是二次雷达数据产品,这种数据是在原始雷达数据的基础上,按照天气预报业务等实际需求,通过数据处理和计算等加工后得到的雷达数据产品,包括风廓线、组合反射率、回波顶、垂直累计降水、冰雹指数、中气旋等。其精度和分辨率不及第一类数据高。第三类是将原始雷达数据经过加工后生成的图形化数据产品,常见的有不同区域、类型的雷达强度回波、雷达速度回波等。

MICAPS 系统可以处理、显示这三类雷达资料,即雷达基数据、雷达 PUP 产品数据以及雷达拼图图像产品。在 MICAPS 系统中,雷达基数据需要使用雷达组件即雷达资料独立显示系统对数据进行分析、显示;雷达 PUP 产品数据可以在主窗口显示也可以使用雷达组件显示;雷达拼图图像产品与卫星影像显示类似。

### 5.5.1 雷达 PUP 产品主窗口显示

MICAPS 系统可以在二维主窗口中显示雷达 PUP 产品,显示模块为\modual\radarpup,配置文件为 radar.ini。PUP 产品的检索方式包括文件名检索方式以及菜单检索方式。文件名检索方式不需要修改配置文件即可直接打开 PUP 产品,但要求用户对于当地雷达数据存放的目录结构以及雷达 PUP 产品的命名规则非常了解,所以建议使用菜单检索方式对 PUP 产品进行检索。在数据检索之前对 radar.ini、radarstation.txt(雷达站列表文件)文件进行修改。radar.ini 文件主要修改两部分内容:"资料路径"参数、"报警"参数。通过选择主窗口的"雷达"资料检索菜单中的"PUP 产品检索"子项,弹出雷达 PUP 产品检索界面(见图 5.53)。

图 5.53 雷达 PUP 产品检索窗口

通过该检索窗口可确定检索哪（些）个雷达站的哪（些）个产品，PUP产品在主窗口中可叠加显示，但易造成图像的显示混乱。检索界面中的雷达站是缺省设置的，可以更换，但产品是固定的，不能修改。点击雷达站名，使其变为红色，完成雷达站选择，点击"首选及邻近"所对应的按钮，表示是否一次性全部选中预设的本地雷达（首选）及其附近的雷达（邻近）。点击"首选雷达"表示是否选中预设的本地雷达，点击"邻近"雷达列表中的相应按钮，在该项前的复选框中出现"√"，表示选中该预设的附近雷达，或在其他雷达站下拉式选择对话框中选定非预设的其他雷达站点。点击"基本反射率（R）"或"基本速度（V）"按钮，则在右侧列表中出现目前指定目录内所有的产品列表。点击带仰角参数的R或V按钮，直接在主窗口中显示相应雷达站的最新数据。在右侧参数检索列表中双击某个产品，在主窗口中显示该产品图像。

点击"设置"按钮，出现设置窗口（见图5.54），可以设置首选雷达、临近雷达、PUP资料库目录等。资料路径可以手工修改，可以包含日期通配符YYYYMMDD，在打开文件时将被更换为当前日期，％radarname％将被更换为雷达名称，雷达名称应该是路径字符串的一部分。

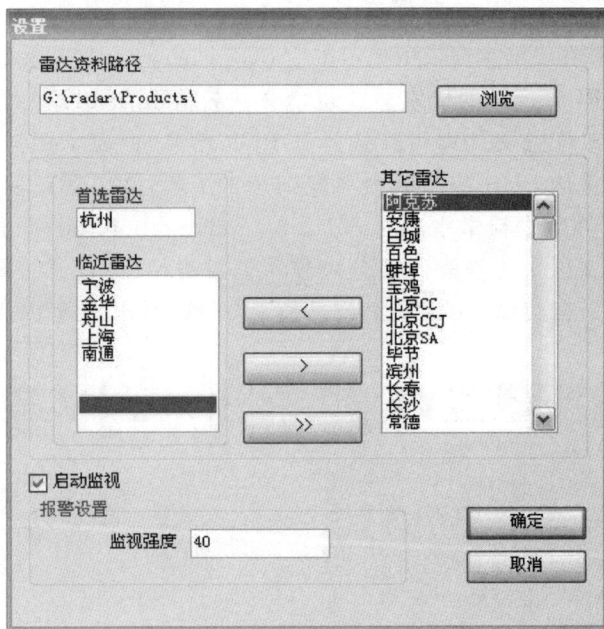

图5.54 雷达产品检索设置

如果资料路径中不包含％radarname％部分，则系统将自动添加雷达名字作为路径的最后部分。

首选雷达只有一部。点击"首选雷达"，该文字变为蓝色，可以从右侧列表中选择一个雷达替换。点击"临近雷达"，该文字变为蓝色，可以移除或增加临近雷达，最多为8部。如果"启动监视"选择框被选中，则雷达反射率资料打开时，可以自动监视强回波区。强回波区将以不同颜色的多边形闪烁。

设置完成后，按"确定"，重新打开产品检索窗口，则新设置生效。PUP产品雷达反射率显示如图5.55所示。

中国气象局MICAPS3.1.1

图 5.55　PUP 产品雷达反射率显示

另外,PUP 资料路径检索也可以通过系统配置图形化界面进行设置,点击"设置"菜单中的"系统配置",弹出系统配置主界面对话框,然后选择"雷达",出现雷达路径、站点设置窗口(见图 5.56),进行设置。

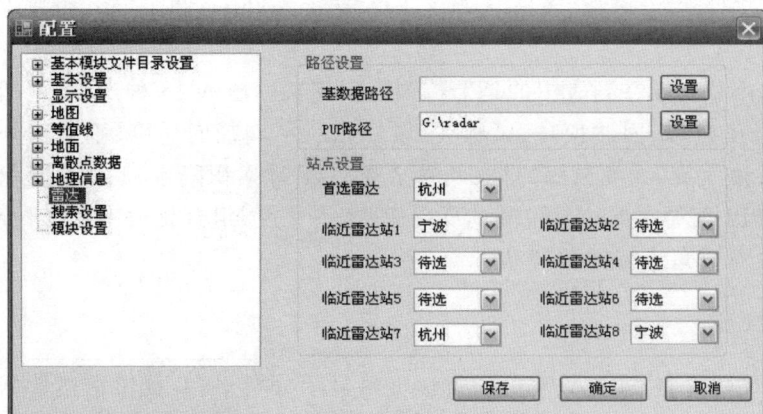

图 5.56　雷达资料系统配置界面

### 5.5.2　雷达资料独立系统显示

MICAPS 系统提供一个独立的雷达基数据和 PUP 产品显示界面,将独立显示界面的图像发送到系统主界面显示,并且提供基数据简单的交互、显示分析功能。雷达组件在 \MICAPS3\modual\radar 下,用于单雷达显示(业务单位该模块还包括 PUP 产品分发工具)。配置文件独立放于模块下的\conf目录中,其中 rpgconfig. conf 是雷达组件的主要配置文件。在此主要介绍单雷达终端的功能和操作。

1. 单雷达终端显示模块目录结构

MICAPS 系统目前版本中单雷达终端显示模块下有 14 个文件夹,这里介绍部分重要的文件目录(见表 5.1)。

表 5.1　单雷达终端显示模块目录结构

| 文件目录 | 功　能 |
| --- | --- |
| avi | 生成的动画文件自动保存目录 |
| conf | 单雷达终端系统配置文件文件夹,部分是文本文件,部分为二进制文件(几乎所有的按钮文件显示都由这里的配置文件定义) |
| mapcache | 电脑处理生成的地图数据缓存文件 |
| images | 产品图像保存为图片文件,保存时不会提示用户操作,自动生成文件名 |
| output | 形成相应的 MICAPS 第 3 版扩展第 13 类格式数据文件,可以使用 MICAPS 显示(注意,用户需定期删除该目录下的陈旧文件,以保证有足够的硬盘空间可供使用) |

2. 数据格式及命名规则

雷达资料独立显示系统支持的数据包括雷达基数据和 PUP 雷达产品,其中基数据目前支持国内大多数雷达的格式,也可以以 bz2 或者 zip 为后缀的压缩格式存放。压缩文件的命名规是必须在原文件名基础上加上 bz2 或者 zip。比如一个资料文件名为 archive.001,那么压缩文件名必须为 archive.001. bz2 或者 archive.001. zip,否则系统不能正确读取。

PUP 雷达产品目前在列表中的是上传到国家气象中心的 18 种产品,包括基本反射率、基本速度、组合反射率、回波顶高、风廓线、风暴相对平均径向速度、垂直积分液态含水量、冰雹指数、中尺度气旋、龙卷漩涡特征、风暴结构、1 小时累积降水、3 小时累积降水、风暴总累计降水、CAPPI 反射率等。其中基本反射率、基本速度、组合反射率这 3 种产品既有极坐标数据产品,也有直角坐标数据产品。

3. 雷达组件

雷达组件是建立在 MICAPS 上的雷达资料显示分析平台,提供雷达数据显示能力,也可以独立使用。所以有两种启动方式。一种是通过主窗口菜单上选择"雷达"→"单站雷达显示"子菜单项,则在主窗口中显示配置文件\MICAPS3\modual\radar\conf\radarsite. conf 中所有的雷达站位置,在雷达位置点上单击鼠标左键即启动独立雷达组件显示窗口。如点击浙江省宁波雷达站点,则出现图 5.57 所示的单雷达终端显示界面。该雷达组件也可以通过双击应用程序\MICAPS3\modual\radar\program\radar. exe 进行启动。

单雷达终端显示界面分 5 个区域,分别为控制面板、资料列表区域、快捷工具条、主显示区域、功能工具条。这里重点介绍控制面板、快捷工具条和功能工具条 3 个区域。

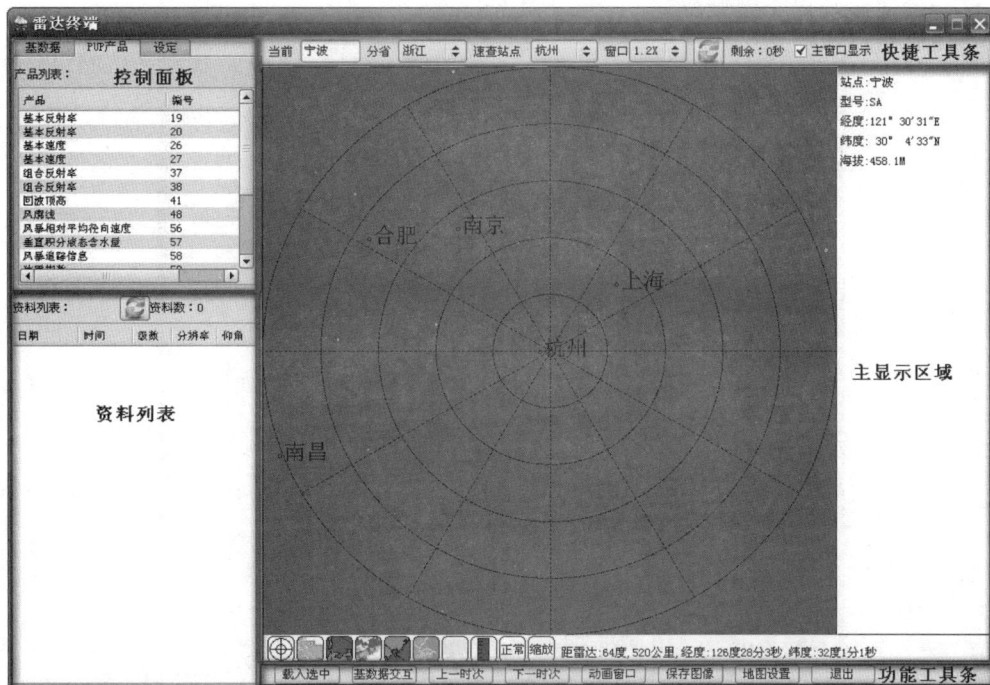

图 5.57 单雷达终端显示界面(见书后彩色插页)

(1)控制面板

控制面板包括基数据选择、PUP 产品选择和系统设置三部分。

1)点击"设定",单雷达终端显示界面变为如图 5.58 所示界面。设定窗口包括数据环境设置、系统高级设定、运行信息 3 项。

在数据环境设置中可以设置雷达基数据文件和 PUP 产品文件的父目录路径。当选择单雷达终端设置选项后,文件列表和快捷工具条等部分选项将被禁止操作。与路径有关的配置文件为\MICAPS3\modual\radar\conf\rpgconfig. conf。该文件为单雷达终端显示系统启动默认的路径设置,用户也可以通过图 5.58 所在界面上的按钮(方框圈出)对基数据以及 PUP 产品进行路径设置。基数据和 PUP 产品资料的存放原则在第 1 章数据文件目录中已作介绍,这里不再赘述。需要注意的是,各父目录下的以雷达站名为子目录的名称必须与\MICAPS3\modual\radar\conf\radarsite. conf 文件中定义的站点名称一致,保证检索正确。该文件中包含雷达站点的具体地理信息,也是控制"区域和站点位置"对话框的内容文件。

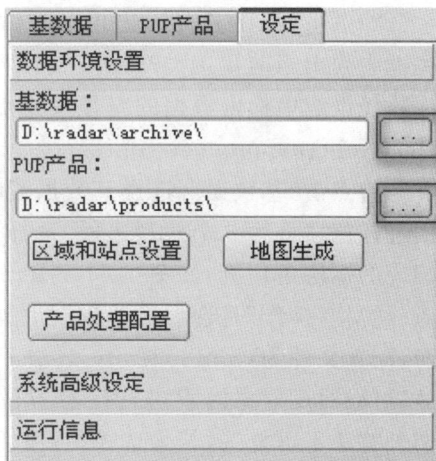

图 5.58 控制面板—路径设置

点击"产品处理配置"按钮,弹出如图 5.59 所示的对话框,给出组件可以显示的产品列表以及各产品所对应的处理模块、参数以及色标表示信息,相应配置文件为\conf\procreg.

conf,这部分内容建议不做修改。

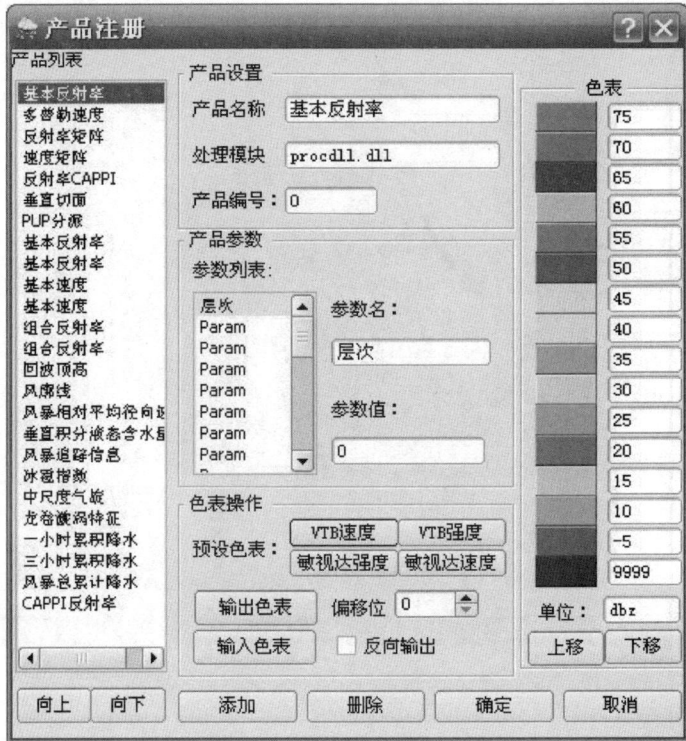

图 5.59　产品处理配置对话框

2)点击"PUP 产品",出现 PUP 产品种类列表框。在选择 PUP 产品的种类后,资料列表框中列出当前雷达类产品的文件检索参数,双击文件检索参数显示该数据。注意,应确保路径设定中检索数据的路径及站点名称对应,如图 5.60 所示。PUP 产品种类名列表文件为\conf\pupproduct.conf。

3)点击"基数据",选择基数据资料并且跳出对该数据进行操作选项设置的界面。基数据选择窗口分为 3 个控制选项:选择处理、交互操作、预处理设定。3 个选项可以通过点击相应的标题条切换,如图 5.61 到图 5.63 所示。

"交互操作"是选择对基数据进行交互性操作的算法,包括手工退模糊以及强度垂直剖面,配置文件为\conf\operate.conf。"手工退模糊"是对基数据的基本处理。"强度垂直剖面"可以对反射率因子进行任意方位的垂直剖面,与功能工具条中的"基数据交互"一致。两种算法不可复选,若未选择"强度垂直剖面"交互,则功能工具条中的"基数据交互"功能不能启动。

"预处理"设定是在对资料进行"选择处理"的算法前采用预处理方案,配置文件为\conf\preproc.conf。系统会先将资料按照预设方案进行处理,然后再进行"选择处理"中设定的算法处理,默认方案为"资料填补"。

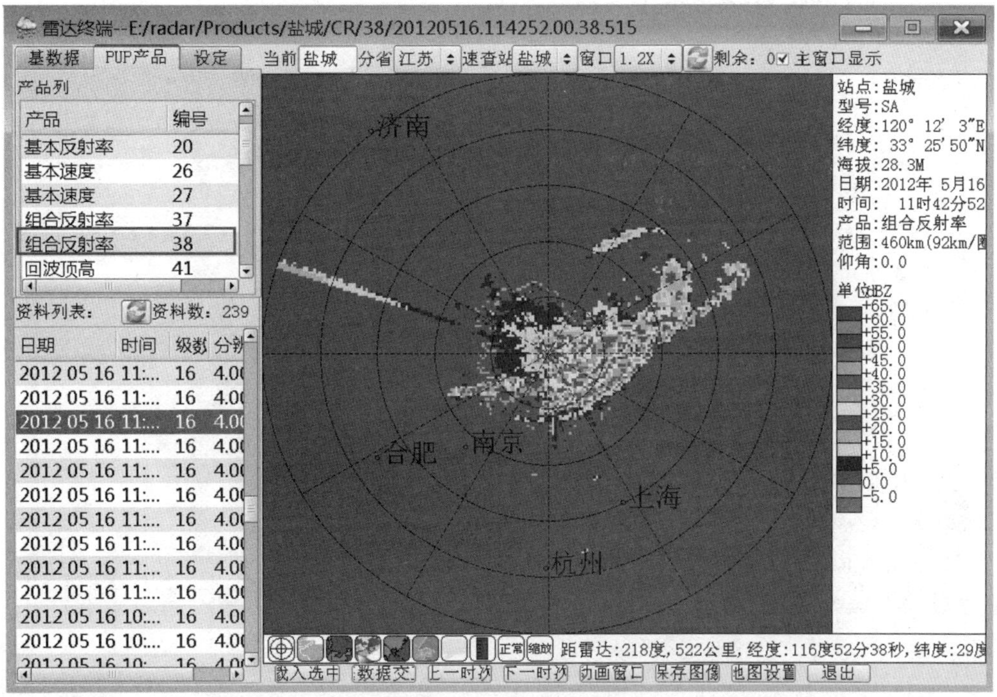

图 5.60　PUP 产品组合反射率(直角坐标系)显示

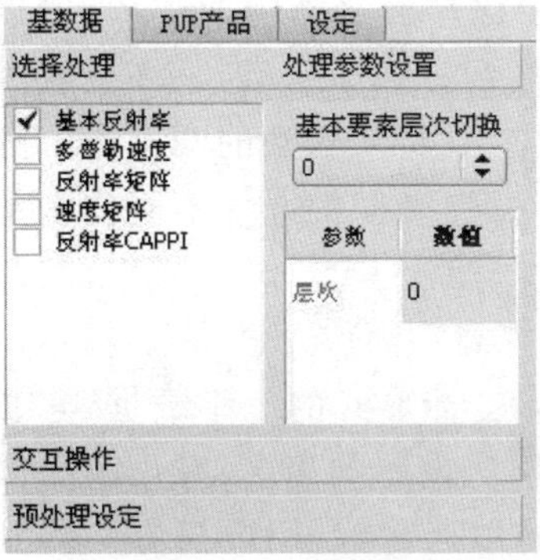

图 5.61　选择处理 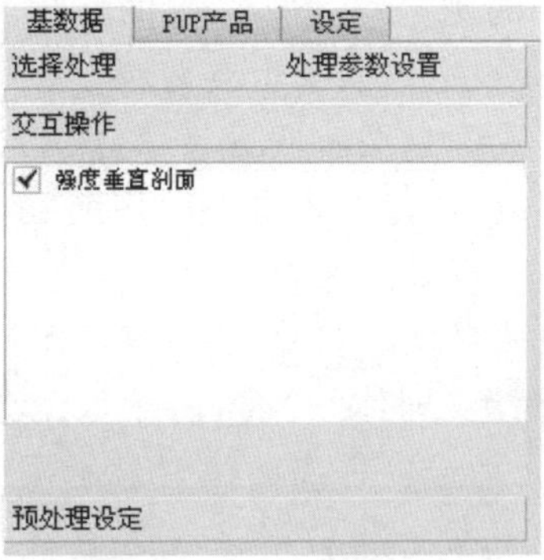　　　　　　图 5.62　交互操作 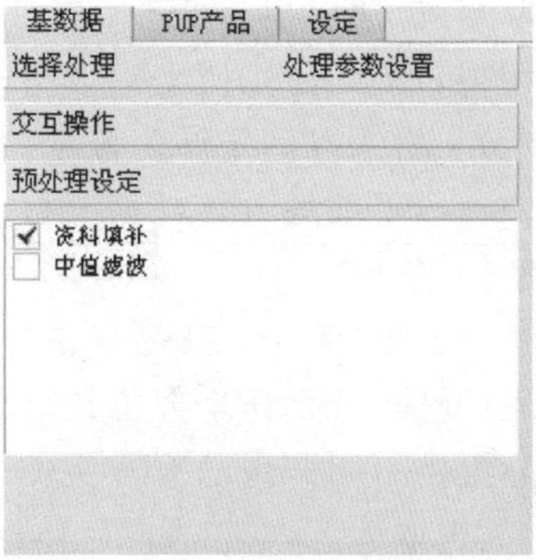　　　　　　图 5.63　预处理设定

　　"选择处理"是选择对基数据进行产品算法处理,若选择针对"第 0 个"仰角的"基本反射率"算法,在资料列表区域中选择基数据文件,双击或者单击该文件,然后点击功能工具条中的"载入选中"按钮,则选择的基数据文件按照选择处理中设定算法在后台处理,并显示于主显示区域,且在主显示区域右侧列出雷达站点的基本信息、基数据文件时次以及反射率强度色标等,如图 5.64 所示。

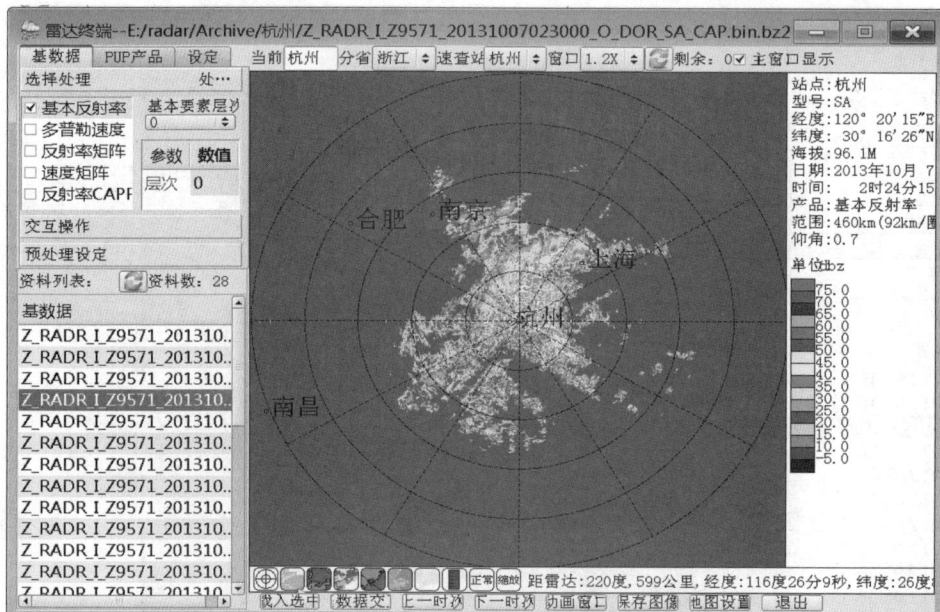

图 5.64 基数据基本反射率(极坐标系)显示

算法选择中包括基本反射率、多普勒速度、反射率矩阵、速度矩阵以及反射率 CAPPI，其中基本反射率、多普勒速度以及反射率 CAPPI 处理算法得到的是极坐标中的数据,反射率矩阵、速度矩阵处理算法得到的则是直角坐标中的数据。坐标转换必然引起误差,所以用得较多的还是极坐标下的产品数据。前 4 个要素都以 PPI 显示方式显示(即平面位置显示)。雷达以固定仰角显示的方式称为平面位置显示(PPI),也就是将采集到的圆锥面上的资料以平面的方式显示,用户可以在"基本要素层次切换"的下拉列表框中选择不同仰角下的要素分布。

反射率 CAPPI 是指雷达回波强度以 CAPPI 方式显示(即等高平面位置显示)。雷达以不同仰角分别作全方位扫描的探测(即体扫)时,所获取的是球坐标形式的三维数据,它实际上由不同仰角的 PPI 数据组合而成。等高面位置显示按照用户设置的高度,应用测高公式,选取邻近该高度平面上的上下两个仰角相应雷达测距上的数据,然后用内插方法得到该高度上的数据。用这种方法得到的图像产品即为 CAPPI 产品。由于这种图像展示高度相等,可以较方便地分析信息在某高度上的水平分布,便于和邻近该高度的天气图分析相结合。用不同高度上的 CAPPI 数据还可以了解信息的三维结构。用户可以在"高度"右侧框中设定需要显示的高度。

需要注意的是,基数据窗口总是保留上一次选择的处理算法,每次载入新的资料都默认调用该算法进行处理,所以需要适时调整。另外,资料列表右侧按钮用于更新资料列表。

(2)快捷工具条

如图 5.57 所示,通过快捷工具条可以快速切换不同的雷达站点,并且可以切换自动更新和正常工作模式。

图 5.57 中左边是当前站点提示,中间是下拉式的省份切换,右边是下拉式的该省份下站点列表切换。站点选择后地图和资料都会相应地切换到新站点。

雷达资料显示窗口的大小可以通到"窗口"选项下拉式列表框进行选择,以适应本地显示、分析需要。配置文件为\conf\scale.conf。

选择"自动更新"后,雷达组件启动自动更新模式功能,系统按照指定的间隔时间自动查询当前选定类型资料,将最新的资料显示在窗口中。

选择"主窗口显示"后雷达组件中显示的内容在 MICAPS 系统中同步显示,并在 \MICAPS3\modual\radar\output 目录下形成相应的 MICAPS 系统扩展第 13 类数据。该数据也可以在 MICAPS 系统中显示,所以选择该功能时,需要用户定期删除该目录下的旧文件,以保证有足够的硬盘空间可供使用。

(3)功能工具条

如图 5.57 所示,功能工具条包括 8 个功能按钮,其中:

"载入选中"即载入数据。

"基数据交互"即对基数据中反射率因子做垂直剖面,点击该选择,则在雷达组件主显示区域右侧出现扩展显示区域,在主显示区域按住左键拖动光标,选择剖面基线,释放左键后,在扩展显示区中就会显示基于刚选择基线的反射率因子垂直剖面图,如图 5.65 所示。用户可以点击功能工具条中"保存图像"按钮,将该剖面自动保存于\images 文件夹下。扩展图像显示区下方的按钮功能与主显示区域中下方的内嵌工具按钮一致。

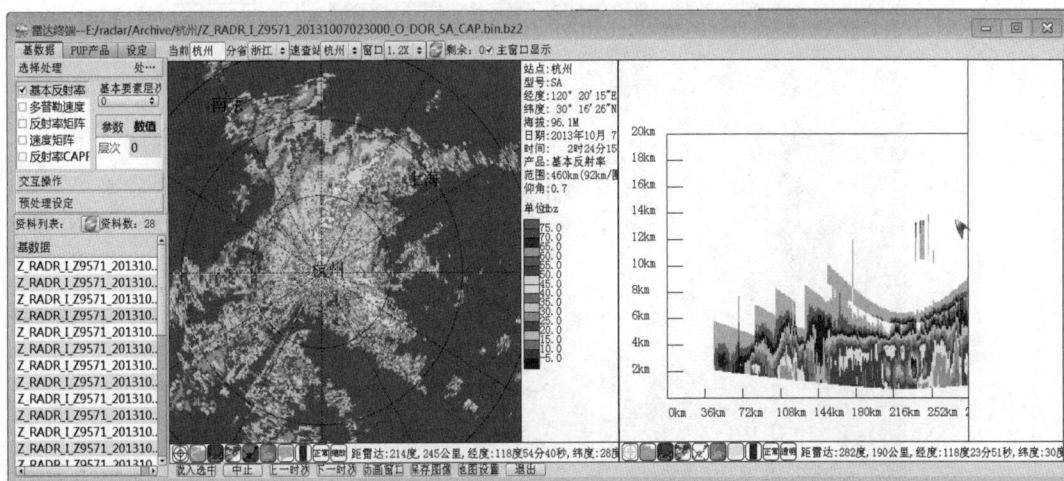

图 5.65 基数据交互显示

"上/下一时次"是快速检索方式。

"保存图像"将当前产品图像以图片文件格式保存在\MICAPS3\modual\radar\images 目录下,并自动生成文件名。

"地图设置"打开地图设置窗口,可以在该窗口中对陆地、海洋、河流等重新设置,默认自动加载显示省界、地市界、河流、湖泊等多个图层,建议不做修改。

"退出"则是退出雷达组件。

点击"动画窗口"按钮,即打开雷达图像动画制作窗口,如图 5.66 所示,用户在"帧数"中设置需要动画的文件个数;"时间间隔"参数定义动画时间间隔,在右侧选择需要输出的图像类型,并且定义输出文件名,输出序列指将动画的每一帧以图片格式输出,输出文件统一保存在\MICAPS3\modual\radar\avi中,定义好这些参数后点击"生成"按钮,则在动画生成进度中显示进度,完成后可以使用"播放""停止"按钮控制动画,"关闭"按钮用于退出动画窗口界面。

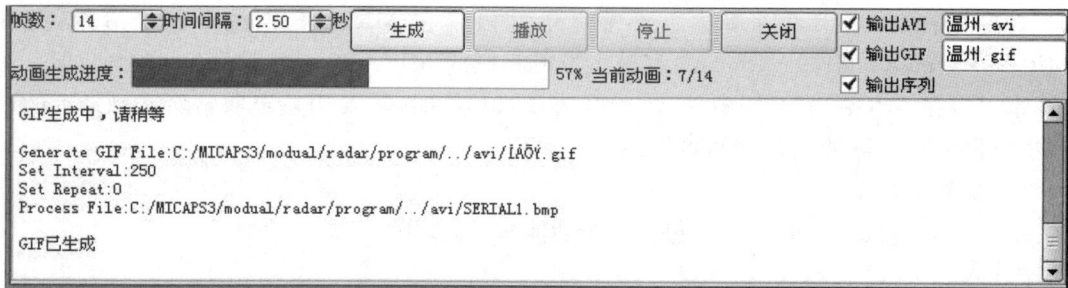

图 5.66　功能条动画制作窗口(设置部分)

(4)主显示区域

主显示区是图像显示和交互操作的主要区域,主要包括图像显示区、信息区域、内嵌工具条以及信息提示区,如图 5.67 所示。

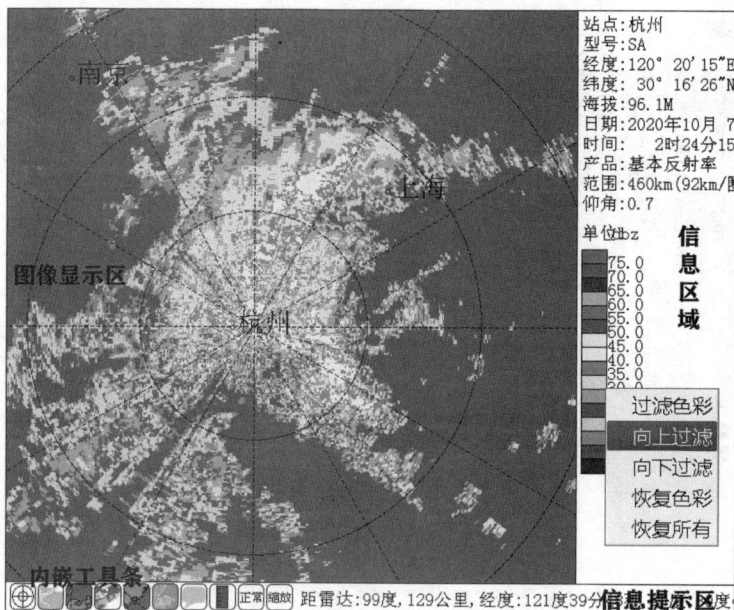

图 5.67　主显示区域

1)图像显示区支持图像的缩放和漫游,双击左键/右键分别代表定点放大/缩小,按下左/右键即对地图漫游。交互模式下左键用来选择剖面基线。

2)信息区域主要是显示有关雷达站的经纬度,海拔高度,数据的日期时间、产品名、仰角、色标等,还可以对色标进行操作。在色标条上点击右键,便会出现色标操作菜单。"过滤色彩"将光标所指色标所代表的颜色从雷达显示图像中隐去,"向上/向下过滤"将光标所在色标表示的颜色的以上/以下部分颜色从雷达图像中隐去。"恢复色彩"显现上一操作隐去的颜色,"恢复所有"则指被隐去的全部显现。这项功能是为了突出显示某些重要特征,如突出显示可能发生冰雹的强度超过 50dBZ 的反射率因子。

3)内嵌工具条可以对图形显示区域的一些图像特征进行更改,共有 10 个按钮,从左到右依次如下。

距离圈显示控制:显示隐藏距离圈。

地图产品叠加控制:行政边界在雷达产品图像前或者图像后显示。

地图背景翻转控制:海/陆两种预设背景颜色改变。

产品显示控制:显示或隐现产品图像。

地图显示控制:显示或隐去地图。

底图颜色填充控制:显示或隐去海/陆填色。

跟踪信息提示控制:显示或隐藏浮窗显示信息窗口,当光标在主显示区域移动时出现黄色浮窗显示信息窗口,显示当前地理位置和产品的有关信息,如图 5.68 所示的跟踪提示反射率因子大小。

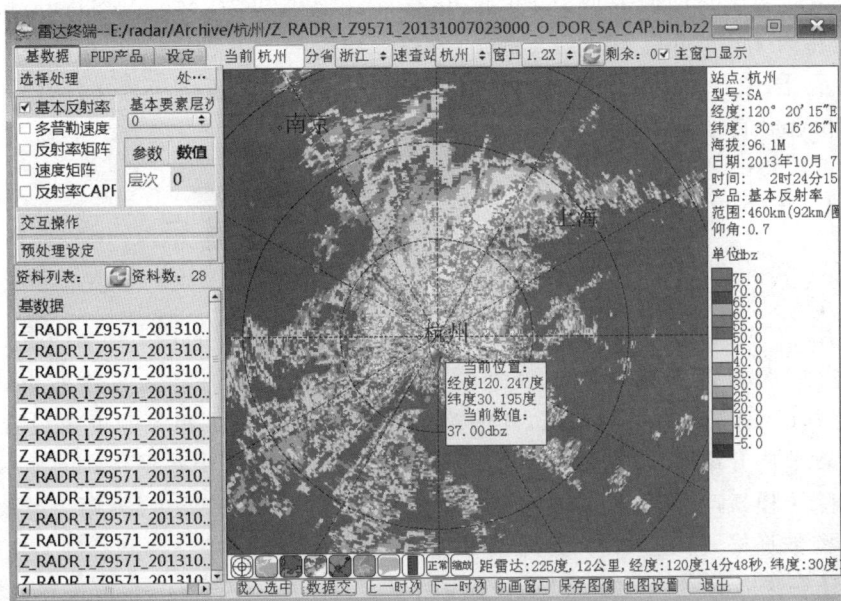

图 5.68    反射率因子跟踪信息提示显示

测距工具开关:用于测量两点间水平距离,同时启动跟踪信息显示功能。点击该按钮,在主显示区域按住鼠标左键后,拖拉到任何一点,会显示这两点的距离。

图像处理按钮:将主显示区域的图片进行 9 点平均模糊处理,这里的"模糊"表示做图像的模糊化处理。

鼠标滚轮控制按钮:切换鼠标滚轮功能,使用鼠标滚轮进行缩放操作和图片透明度操作。

在检索、显示、处理雷达资料时需要做到文件名命名正确、数据路径及目录结构以及检索信息(雷达站名)都正确,只有在这样的前提下才能正确显示,所以需要用户根据本地实际情况进行配置。

### 5.5.3 雷达拼图资料显示

MICAPS 中可以显示的雷达拼图种类有 3 类：9210(DVB-S)下发的 MICAPS 第 13 类数据格式的雷达拼图；雷达组件独立窗口雷达显示终端输出的数据格式为 MICAPS 扩展第 13 类格式的雷达拼图(该格式为经纬度网格数据)；中国气象局武汉暴雨研究所新开发的雷达拼图格式。不同格式的雷达拼图由不同的功能模块显示，属性设置略有不同。

MICAPS 第 13 类数据格式的雷达拼图数据的显示功能模块为\MICAPS3\modual\MICAPS13。9210(DVB-S)下发的主要产品有基本反射率(.ZPL)、组合反射率(.XPL)、液态水含量(.VPL)、1 小时降水(.OPL)等。数据一般位于 MICAPS 数据处理服务器上的 radar 目录下。这些产品没有投影中心的位置，因此不能自动适应当前地图投影放大比例。系统中针对下发的全国雷达拼图设定了一个合适的比例，如果本地有自己生成的该格式的雷达拼图，但显示范围不正确，则需要调整放大比例，并将该比例记入配置文件(cloud.ini)中，以后打开时就是新的比例了。

中国气象局武汉暴雨研究所开发的雷达拼图功能模块为\MICAPS3\modual\radpt。显示配置文件为 radpt.ini。可手工设置的缺省参数选项为监视——超过阈值的部分在窗口中闪烁显示、图像自动更新及时间间隔的更新。雷达拼图显示调色板文件在\MICAPS3\modual\radpt\pal 目录下。

## 5.6　格点数据和模式产品显示

目前应用于 MICAPS 系统的数值预报产品主要有 T213、Grapes、ECMWF 以及 MM5 模式，这些模式的模拟结果是经过处理的符合 MICAPS 系统定义的数据格式，主要是 MICAPS 第 2、3、4、5、11 类数据格式，其中第 2、3、5 类数据格式相关的模块设置及显示已经在之前的章节中介绍过了，所以本节重点介绍第 4 类和第 11 类数据格式的显示。当然这两类数据中除了模式产品外，还有高空资料显示中的等压面上的温度场(第 4 类数据格式)、流场(第 11 类数据格式)显示等。另外，MICAPS 系统中对于模式产品显示除了常规的流场、等值线显示还有独立的模块，如从 MICAPS 主菜单工具条中的模式剖面、模式资料处理、模式平均、模式资料曲线、邮票图、与 T639 模式 grib 数据显示等，将会在本节中逐一介绍。

### 5.6.1 等值线显示

格点数据包括地面气压场、高空各层高度场、温度场及大部分的模式产品，要素种类较多，所以检索方式不能一概而论，应多种检索方式配合使用。显示格点数据(通用标量格点场)等值线分析(MICAPS 第 4 类数据)的模块安装目录为\MICAPS3\modual\diamond14，缺省配置文件为 isoline.ini。系统同时提供了其他几个配置文件：缺省配置文件默认显示为显示分析的等值线；isoline_line_dig.ini 文件默认显示线条和填图；isoline_dig.ini 默认只填值而不分析线条。可以通过修改配置文件改变缺省配置。

打开第 4 类数据文件(见图 5.69，以 700hPa 高空温度场为例)，等值线显示的多种属性可以通过主窗口中的属性设置窗口(见图 5.70)进行修改。

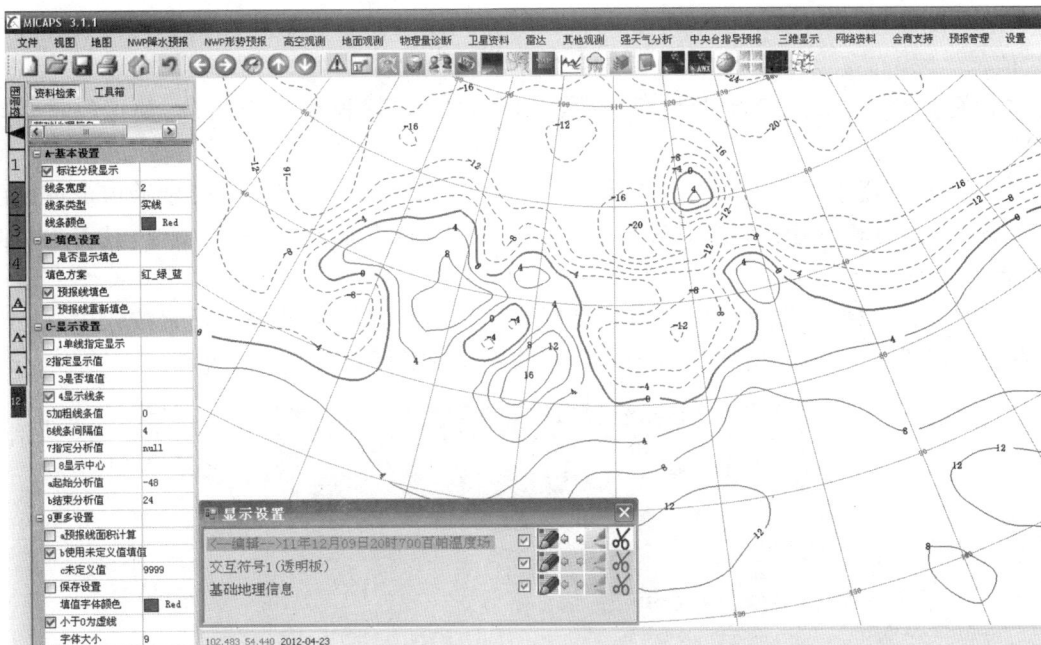

图 5.69　等值线显示主窗口

图 5.70　等值线属性设置窗口

"基本设置"用来设置等值线的宽度、线型、颜色以及是否在等值线的不同位置标注等值线值。

"填色设置"用来设置等值线是否填色、填色方案、预报线是否填色、预报线重新填色等。

"显示设置"用来设置是否显示填色、填色方案、指定某单线显示（仅显示指定值的线条，需要该值被分析且存在线条，否则无法显示）、是否格点填值、显示等值线、是否加粗某条等值线、是否标记等值线中心、显示要素值分析范围等。

等值线显示属性的设置还可以通过点击"显示设置"窗口中的快速设置按钮中进行设置，点击该按钮弹出对话框（见图5.71），具体的属性内容可查看配置文件。

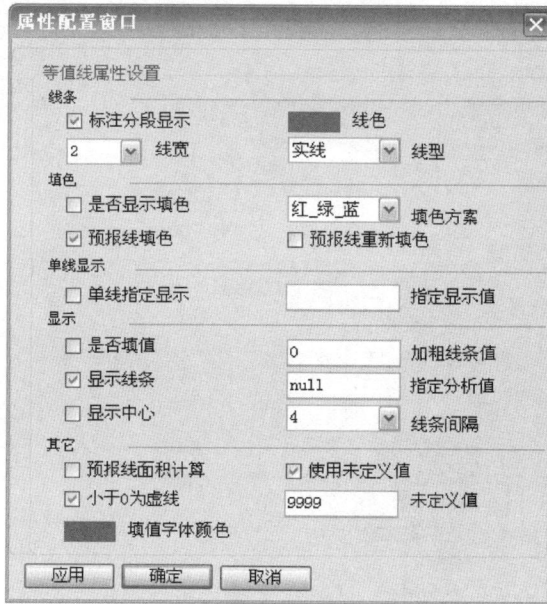

图 5.71　等值线属性快速设置窗口

另外，等值线显示模块的配置文件中有"图例"部分，用于图形制作设置，同时利用显示模块的属性以及基本地图设置，用户便可以制作中国区域、各省或自定义区域的填图、分析预报等服务图形，并可以定义输出图形文件中标题、副标题、图例等的显示。等值线模块中图例参数设置内容可参考 isoline.ini 配置文件。例如简单的 500hPa 高度场显示，基本地图设置中增加南海显示分布，高度场中突出显示 588 线，标注高、低压中心，并增加显示图例说明。当然用户还可以使用工具箱对 500hPa 高度场添加槽线等。

## 5.6.2　流线显示

MICAPS 系统可以显示通用矢量格点数据的流线（第 11 类数据格式）。流线实时数据一般位于 MICAPS 数据处理服务器上的 high\uv 或 surface\uv 目录下。模式产品中的流线数据一般位于各种模式产品目录的 uv 或 streamline 子目录下。可以用文件名检索、综合图检索、菜单检索方式检索。流线显示模块为\MICAPS3\modual\streamline 目录，显示缺省配置文件为 streamline.ini。选择检索方式打开第 11 类数据格式后，流线显示的多种属性可以通过主窗口中的属性设置窗口（见图 5.72）进行修改。可以设置的属性有流线类型（流线、风羽、箭矢）、流线线型、流线密度、颜色、显/隐设置，同时可以在流线上叠加分析等风速线场、散度场、涡度场等客观分析量。设置参数完毕可通过勾选"保存"完成属性保存。

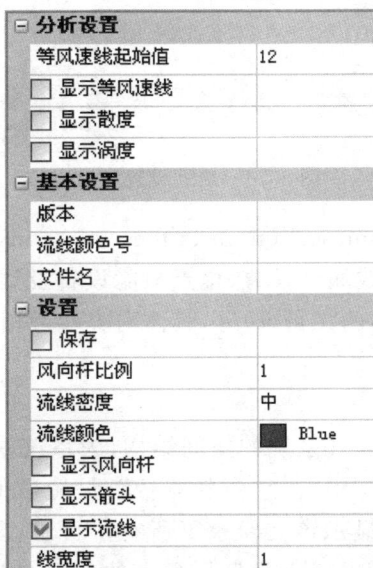

图 5.72　属性设置窗口

### 5.6.3　模式产品剖面图显示

MICAPS 主菜单工具条中"模式剖面"选项用于生成一个格点剖面图层。数值模式的剖面图主要显示第 4、11 类数据格式的资料，模式剖面图模块为 \MICAPS3\modual\numsection。启动 MICAPS 系统后，点击工具栏上的格点剖面制作按钮，弹出数值资料垂直空间剖面窗口（见图 5.73），无任何图形图像显示，不过在"显示设置"窗口中有"格点剖面"的图层说明，并且在属性设置窗口有所显示（见图 5.74）。该属性窗口用于设置图像显示类型，默认为垂直剖面显示，另外还有时间水平剖面以及时间剖面 3 种，它们的配置文件

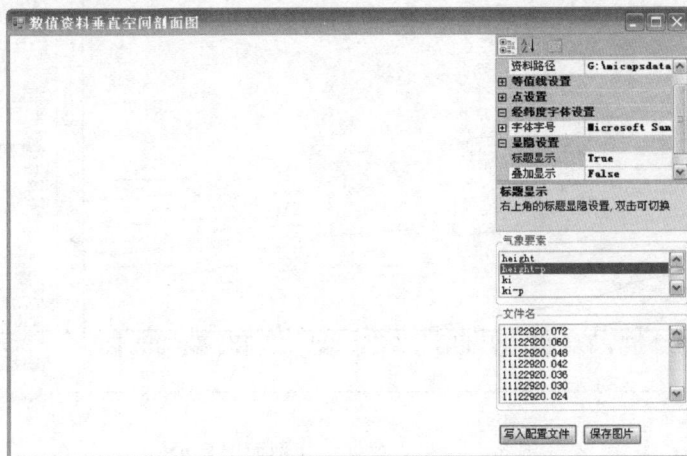

图 5.73　缺省启动模式剖面弹出窗口

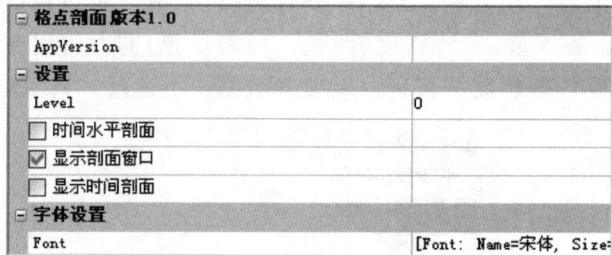

图 5.74　属性设置窗口

分别为 spacesection. ini、leveltimesection. ini、timesection. ini。3 个配置文件内容基本一致，包括等值线显隐设置、等值线属性设置、格点显隐设置及属性、数据范围设置、路径设置（该路径为需要分析的模式产品的父目录）等，具体内容参考相应配置文件。

**1. 空间剖面图显示**

空间剖面图主要用来分析天气系统的空间结构，为系统缺省情况下启动（见图 5.73），可以在该窗口右侧的"常用设置"中选择"资料路径"，设置数值模式产品的父目录，路径正确后会在"气象要素"列表框中显示该父目录下所有子目录（要素或物理量）。选择要素或物理量后，文件列表框显示该子目录下最低层包含的文件名列表。选择一个文件后，用鼠标左键在主窗口上选择两个点，单击右键确认，MICAPS 系统以这两点连线为剖线制作并显示所选要素或物理量的空间垂直剖面（见图 5.75）。图像显示后可在窗口右侧属性窗口中对图像显示做一些改进。如"标题显示"用于设置标题的显/隐；"叠加显示"设置指如果在垂直剖面窗口中显示其他要素的剖面结构时，不同要素是否同时叠加显示；还有改变默认的等值线条数、颜色、字体字号以及一些属性的显/隐设置。用户也可以在配置文件中修改该窗口启动的缺省设置。

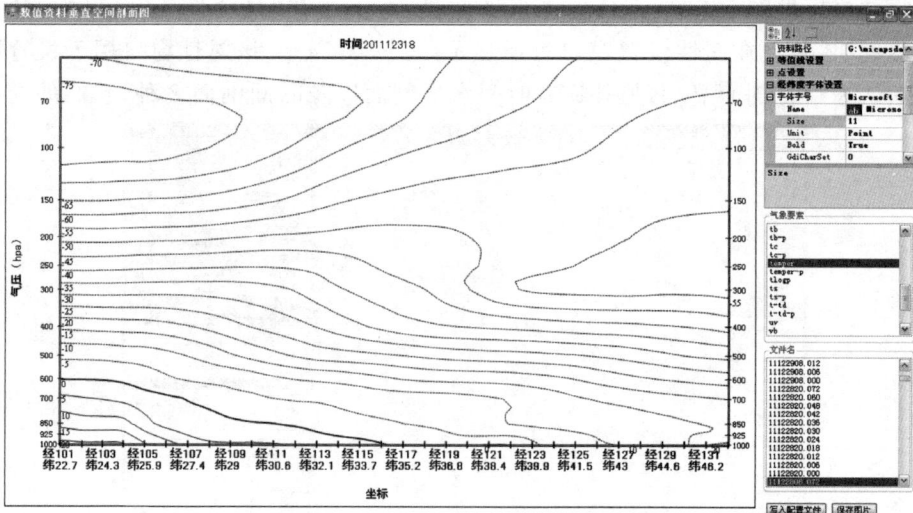

图 5.75　格点数据空间剖面图显示

2.时间水平剖面显示

时间水平剖面用来分析某气压面上特定区域(定义的剖面)要素或物理量随时间演变的情况。点击属性设置窗口(见图 5.74)中"时间水平剖面"选项,则自动退出空间剖面窗口,弹出水平剖面窗口,同样没有图形图像显示。与空间剖面图显示步骤类似,在时间水平剖面窗口右侧属性栏中选择资料路径,选择需分析的气象要素或物理量以及分析层次,确定需要分析的要素或物理量的起止时间以及时间间隔、预报延长,最后点击"数据"按钮,则右侧的列表框中显示当前要素的层次。选择层次后,点击"数据"按钮,然后在屏幕上选择两个点作为剖面位置,绘制时间水平剖面图(见图 5.76)。如果需要更改剖面的位置,只要重新在屏幕上选择两个点即可。图像显示后可在窗口右侧属性窗口中对图像显示做一些改进,也可以通过手动编辑相应的配置文件修改缺省配置。

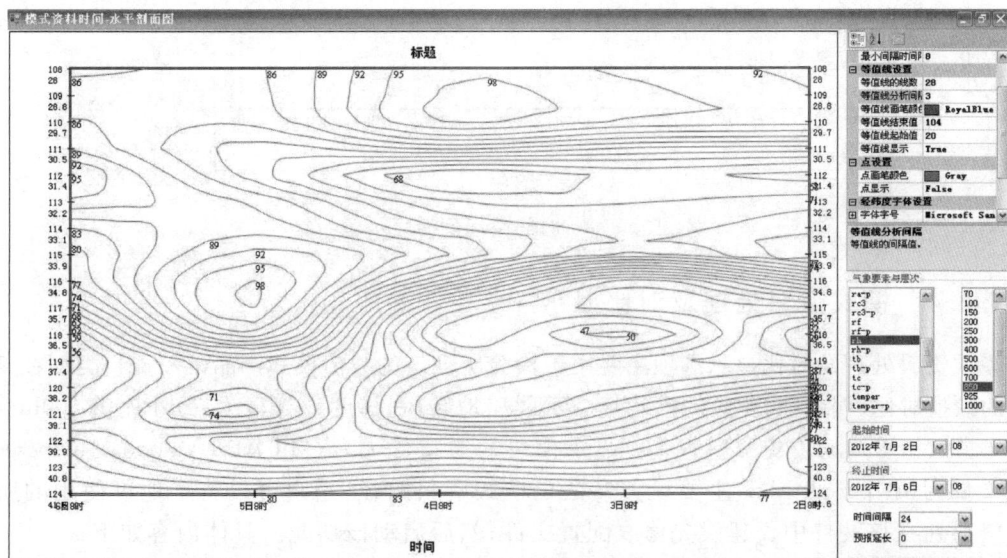

图 5.76　时间水平剖面图

3.时间空间剖面显示

时间剖面图可分析某地上空天气系统的演变。在属性设置窗口(图 5.74)选择"显示时间剖面"选项,则弹出时间空间剖面窗口。在该窗口的右侧"常用设置"中设置"资料路径",然后在"气象要素"列表框中选择资料路径显示的要素或物理量。作为缺省,系统用最近 3 天的 08 或 20 点的模式分析场资料作时空剖面,当然用户也可根据本地实际数据情况在起/止时间框中设置分析的时间段,在"时间间隔"选项中设置横坐标间隔,单位小时,时间剖面中横坐标方向自右向左。"预报延长"用于设定以"终止时间"为模式起报时间的预报时效的文件进行剖面制作,即读入该时效的预报场数据。设定"选点经度"和"选点纬度"即设定制作时间剖面的空间点位置(缺省位置为经度 120°,纬度 40°),或在主窗口中用左键选定该点,最后点击"绘制"选项,系统将分析显示时间剖面图(见图 5.77)。如果需要更改剖面的位置,则重新设置属性设置中"选点经度"和"选点纬度"值,点击"绘制"按钮,刷新显示即可。图像显示后可在窗口右侧属性窗口中对图像显示做一些改进，也可以通过手动编辑相应的配置文件修改缺省配置，或者将窗口中修改后的参数通过点击"写入配置文件"按钮对配置文件进行修改，以备之后使用。

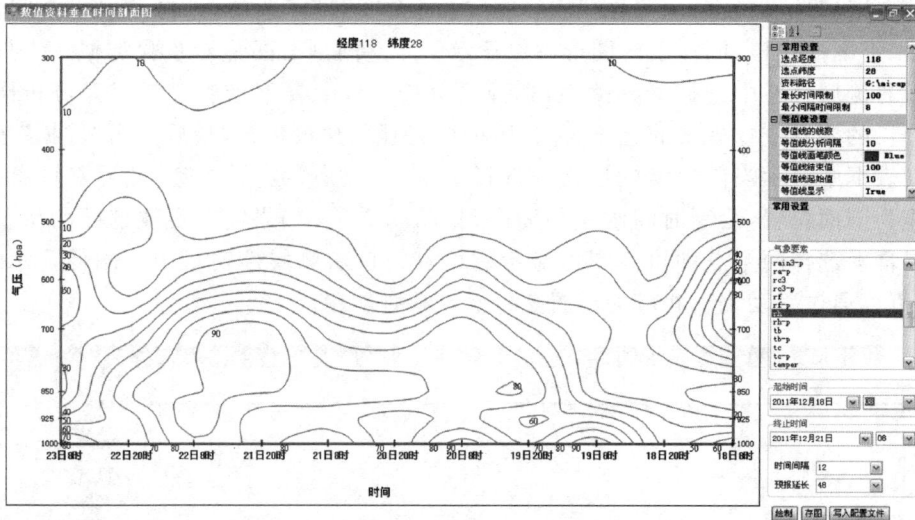

图 5.77　时间空间剖面显示

## 5.6.4　模式资料处理及对比显示

模式资料处理及对比显示选项主要用于检验所设定的数值模式产品某一资料类型在某一时段的预报对比（偏差）和相应的平均场、距平场、地转风、梯度计算显示，另外提供 500hPa 高度场年、月、旬平均场历史资料查询。显示模块的安装目录为\MICAPS3\modual\nwpcredit，配置文件为 nwpcredit.ini，主要设置参数是模式资料路径，用户可以将本地可使用的所有模式资料列在该文件中。建议先修改配置文件，然后启动该功能。具体内容如下：

［路径设置］
预设路径数 = 12
1 = 欧洲中心 500hPa 高度,G:\micapsdata\newecmwf\h500,H,500
2 = 欧洲中心 850hPa 温度,G:\micapsdata\newecmwf\t850,T,850
……,……,……,……
11 = 日本_海平面气压,G:\micapsdata\japan\pressure,P,海平面
12 = T639_700hpa 水汽通量散度,G:\micapsdata\t639\Q-DIV\700,Q-DIV,700

格式说明："预设路径数"定义常用的模式资料路径个数。以下各行记录则是具体描述每个资料的信息，每个字段之间用逗号隔开，内容依次为资料名称、资料绝对路径、资料类型、资料所在层次。

点击工具栏上的模式资料处理图标，弹出资料处理窗口（见图 5.78）。

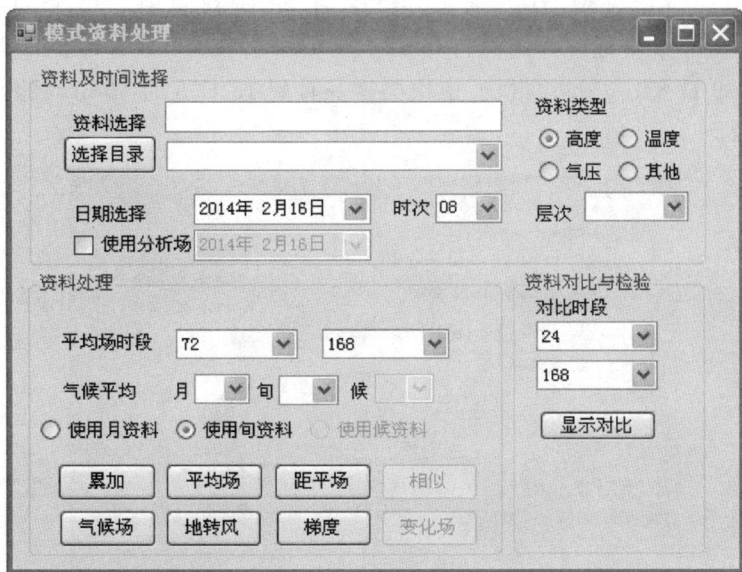

图 5.78　资料处理窗口

　　点击"选择目录"右侧的下拉式按钮,选择配置文件 nwpcredit.ini 中预设的资料名称,则"资料选择"中会出现该资料数据所在的绝对路径,或者用户可以点击"选择目录"按钮,在弹出的"浏览文件夹"窗口选择需分析的数值预报产品数据文件存放目录。

　　点击"日期选择",进行需要分析资料的时间设置。

　　"平均场时段"左、右两个对话框用于设定计算某要素平均值、距平值的起始、终止时间。通过各自对话框下拉式按钮,可设定从 00 到 240h 的计算时段,其中 00 表示模式起始运行的时间,240 表示模式第 10 天预报时效,以此类推。

　　"气候平均"左、中、右 3 个对话框用于设定显示 500hPa 高度场气候平均值的时间段,作为缺省,系统自动根据计算机时钟显示当前的月与旬,用户可通过下拉式按钮进行时段设定,500hPa 高度场月、旬、候平均资料数据在 HGT_CLIX.bin 文件中。

　　点击"累加"按钮,按"平均场时段"设置项设定好的某时段计算处理、显示某要素资料的累加场。

　　点击"平均场"按钮也是在"平均场时段"内计算处理、显示某要素资料的平均场。此功能还可以该时段的某观测要素的平均值,通过"选择目录"选中气象观测要素,选择"使用分析场",计算观测资料而非数值模式预报资料,之后点击"平均场"按钮则计算观测资料即该要素分析场的平均值。

　　"气候场"按钮用于显示设定时段 500hPa 高度场资料的气候平均场。

　　"地转风"和"梯度"等按钮分别用于计算处理、显示"平均场时段"平均高度场资料的地转风的 U、V 风分量和位势高度梯度的 X、Y 方向分量的大小(主要为 500hPa)。需要注意,如果资料范围过小,计算时有可能出现错误。

　　"对比时段"上、下两个对话框用于设定模式对某一要素预报值检验或比较的起、止时间,比较的时间间隔为 24h,缺省预报时效为 168h。

　　"显示对比"用于显示指定时次的分析场和已设置的对比时间段、不同初始场不同时效预报场的对比。如对比显示 2011 年 12 月 22 日 08 时欧洲中心模式的 24～168 小时 500hPa 高度场,则系统会处理并同时打开 22 日 8 时分析场、21 日 8 时 24h 预报场、20 日 08 时 48h 预报场、19 日 8 时 72h 预报场,依次类推一直到 15 日 8 时 168h 预报场,总共 8 个文件,如图 5.79 及图 5.80 所示。

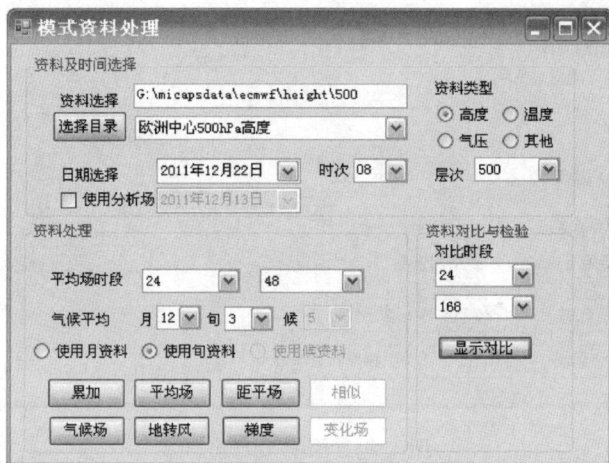

图 5.79　欧洲中心模式 24～168h 500hPa 高度场预报对比(参数设置窗口)

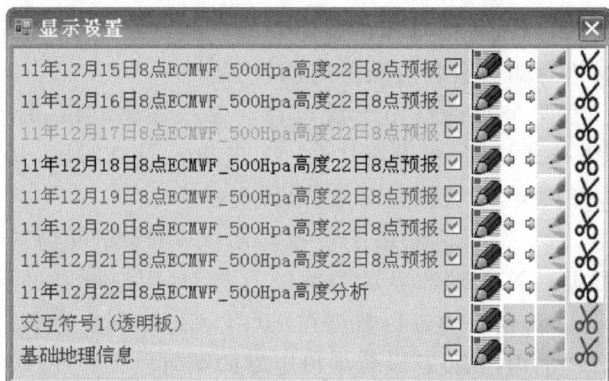

图 5.80　欧洲中心模式 24～168h 500hPa 高度场预报对比(显示设置窗口)

另外,MICAPS 系统在\MICAPS3\modual\nwpcredit 目录下自动生成用户分析处理、显示过的累加场、平均场、地转风 U 和 V 风分量、梯度等文本文件,并保存为系统第 4 类数据文件,可用于用户之后的分析、调用。

### 5.6.5　模式产品单点数据时间序列显示

模式产品单点数据时间序列显示功能主要用于分析显示格点数据(第 4 类数据)在空间某点(格点或非格点)随时间的变化(包括分析值与预报值)。该功能与模式资料处理及对比显示模块使用同一配置文件 nwpcredit.ini,在配置文件中负责该功能的参数设置。除了与模式资料处理及对比显示使用相同的模式资料路径设置外,还可以预先设定显示时间变化曲线的空间点位置(经纬度)。具体内容如下:

［点变化曲线］

个数 = 4

1 = 120,40

2 = 120,35

3 = 120,30

4 = 120,25

［数据存储］

方式 = 1

［线条颜色］

预定义颜色数 = 8

颜色 1 = Red

颜色 2 = Blue

颜色 3 = Green

颜色 4 = Purple

颜色 5 = Red

颜色 6 = Red

颜色 7 = Red

颜色 8 = Red

　　其中:"个数"表示定义在时间窗口中作为缺省时可同时显示多少个空间点的要素时序曲线,默认为 4 个;"1、2、…"表示空间点的序号,其后为各空间点具体经纬度;"方式"用于数据存储的方式,默认采用少用内存,每次改变格点位置,重新读取数据;"线条颜色"设置线条默认使用的颜色。

　　点击工具条上模式资料曲线按钮,弹出单点资料时间变化显示窗口(见图 5.81),左侧为图形显示区,右侧为参数属性设置区,包括基本设置、图形设置、背景设置。

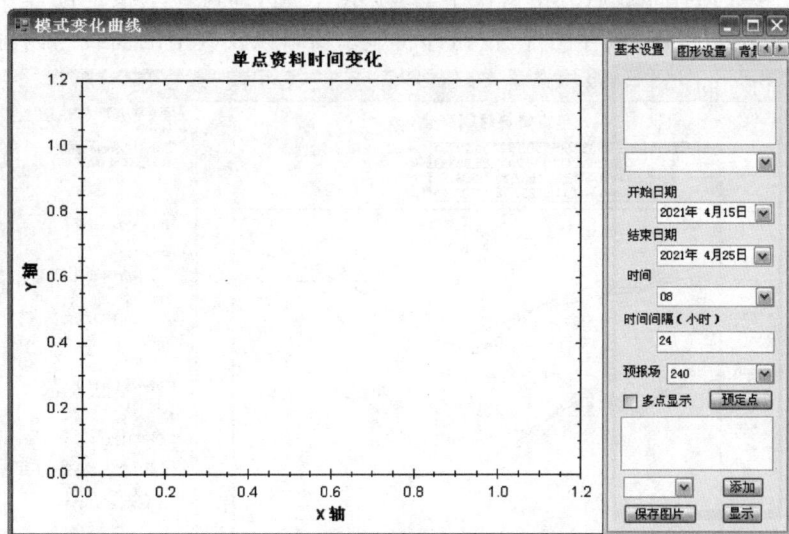

图 5.81　模式资料时间变化显示窗口

1.基本设置

模式预报要素的选取在图 5.81 所示窗口右侧中上部的对话框中进行,通过下拉式按钮,选择预先在配置文件中设定好的要素。用户可以只选择一个要素,也可以同时选择几个要素,如比较某几个模式同一要素的模拟结果,或者同一模式不同要素同时显示等。

"开始日期、结束日期"定义显示数值预报模式的分析场时段,即模式变化曲线窗口中的曲线在这个时段内表示的是分析场数据的时间变化。

"时间"用于选择模式起始运行的时间,即北京时间 08 时或 20 时。

"时间间隔"用于根据模式的预报时效间隔设置横坐标的坐标点。

"预报场"用于设置显示数值模式从"结束日期"和"时间"起多长预报时效的要素时间变化。

"多点显示"用于设置多点显示,否则只显示最后一个空间点的要素时序变化。其中空间点位置选择有 3 种方式。

(1)选择预定点,即选择配置文件中预设的空间点。点击"预定点"按钮,即在下面的显示框中出现预设的空间点的经纬度位置。如果预设空间点为多个,则系统缺省启动多点显示功能,用于比较数值模式所预报的某个要素在多个空间点上的时间变化。

(2)手动添加。点击"添加"按钮,弹出经纬度输入对话框,按照经度、纬度的顺序输入,点击"确定"后在空间点显示框中出现新增空间点的经纬度位置,此按钮可重复使用。

(3)选择站点,点击"添加"按钮左侧的预设站点对话框中下拉式按钮,选择需要的站点,这些站点信息存放在模块安装目录下的文件 stationList.txt(MICAPS 系统第 17 类格式数据)中,可手工编辑该文件,按照格式添加用户所需站点的经纬度信息,然后点击"添加"按钮。用户可以添加多个站点。

基本设置参数选择完成后点击窗口中的"显示"按钮,即可显示指定位置要素的时间变化曲线(见图 5.82),点击"保存图片"按钮即将显示窗口以及其中的曲线与内容说明作为一

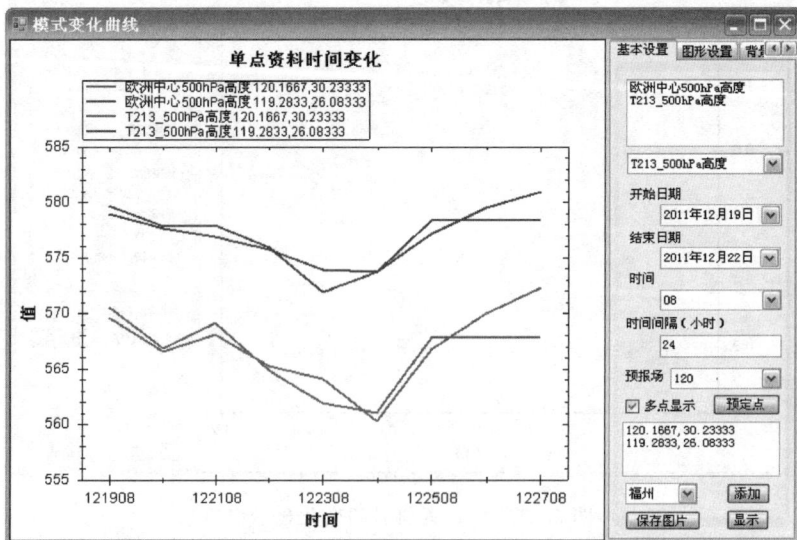

图 5.82 欧洲中心、t213 模式 500hPa 高度杭州、福州时间变化显示

个图片文件保存,保存格式可多选。将光标放在图形显示区中,点击右键,出现对于显示区的操作功能选项框,与第 3 类数据的时序图显示窗口中的操作一致,可显示节点值。

2.图形设置

图形设置主要用来设置右侧图形区中图形的标题内容、X/Y 轴标题以及每条曲线的属性,包括显隐、标签、颜色、宽度等。对上述属性进行设置,则图 5.82 中的图形可完善成为图 5.83 所示的图形。

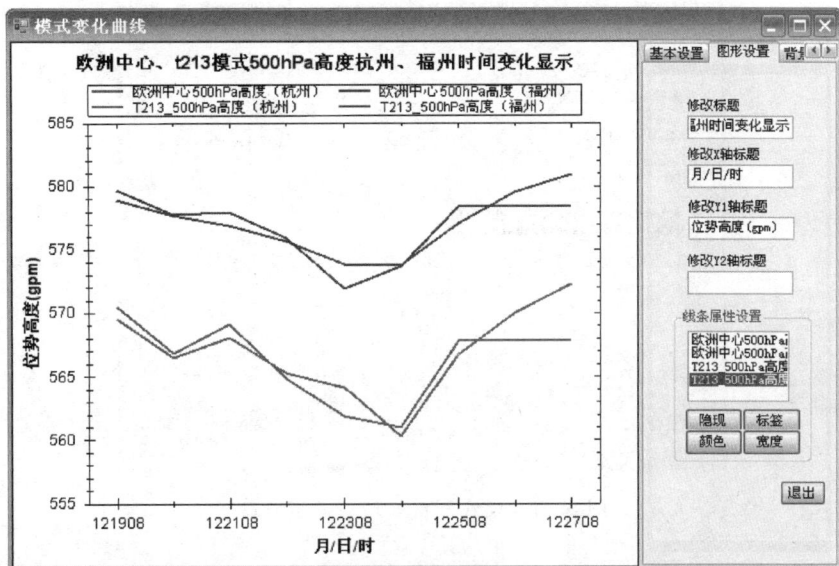

图 5.83 图形设置显示

3.背景设置

背景设置用来设置背景、墙纸区域颜色显示。与第 3 类数据时序图显示窗口中的设置一致。

### 5.6.6 多模式资料集合显示

多模式资料集合显示功能实现多个数值模式的产品的"超级集合"处理显示(主要是第 4 类数据格式即格点数据)。功能模块目录依然为\MICAPS3\modual\nwpcredit,配置文件为 nwpcredit.ini,处于该文件的后半部分,模式资料路径依然使用模式资料处理及对比模块的设置,具体内容参考配置文件中"多模式资料集成"之后的内容。其中:"预设组数"定义有几种超级集合的方案,需预先设定好,否则无法进行集合方案的选择;"目录数"设定某个集合方案中所用的资料个数;"组名称"即某个集合方案的名称;"资料目录"设置某个集合方案中所用资料数据的绝对路径、要素名称及层次;"集成系数"指超级集合每个模式所占的比例,目前仅简单地取算数平均。

点击工具条上的"模式平均"按钮,弹出模式资料处理与显示窗口(见图 5.84)。点击"使用的模式"的下拉式按钮,选择超级集合方案,在下面的信息框中显示对应集合方案的资料路径目录;第二行中设置分析的日期,缺省显示的是当前机器时钟的日期;第三行两个对话框左右依次用于选择模式开始运行时间(即起报时间)和模式的预报时效。目前系统采用最简单的算术平均系数集合方案,即每个参与集合处理的模式产品数据的系数相同(两个模式集合,则各模式系数都为0.5),可以手工输入的方式临时修改模式所占权重,但要确认各系数的和等于1。点击"显示"按钮,在主窗口中将显示超级集合处理后的结果。因为处理结果是第4类数据格式,所以用户可在主窗口中按照第4类数据显示设置的方法对集合显示图层进行同样的操作。

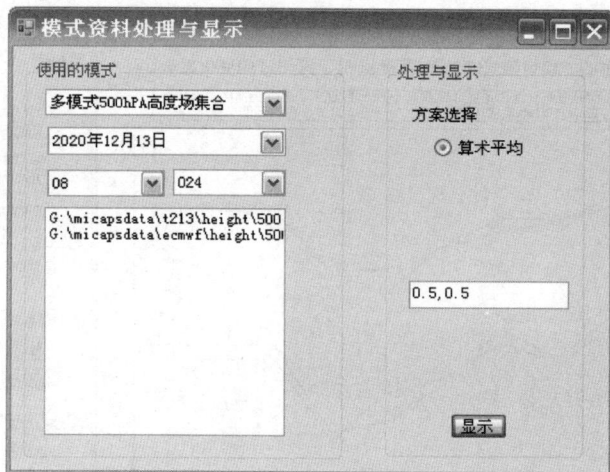

图 5.84  模式资料处理与显示窗口

### 5.6.7  邮票图和切片图显示

"邮票图"可作集合预报模式产品的显示,即不同初值相同预报时效的结果对比分析。"邮票图"和"切片图"的显示模块为\MICAPS3\modual\omultipictures,无配置文件。用户可以点击工具条中"邮票图"按钮启动该功能,也可以通过在主显示窗口的"打开"文件方式直接调入第111类数据文件格式的文件,即可弹出邮票图/切片图空白对话框(见图5.85)。MICAPS系统的第111类数据文件为文本格式,可手工编辑,其数据格式如下:

diamond 111 数据说明

成员总数

第一个成员的目录和文件名

第二个成员的目录和文件名

……

例如:

diamond 111 邮票图测试数据

4

G:\micapsdata\t213\temper\1000\11121108.000

G:\micapsdata\t213\temper\925\11121108.000

G:\micapsdata\t213\temper\850\11121108.000

G:\micapsdata\t213\temper\700\11121108.000

图 5.85　邮票图空白显示窗口

需要注意的是第 111 数据中各成员的数据文件必须是 MICAPS 系统第 4 类数据,即格点数据。

操作方式如下:

(1)"文件"菜单中通过"打开"文件的方式调入第 111 类数据格式文件。

(2)"显示选择"菜单进行邮票图与切片图切换显示。

(3)"投影方式"菜单用于选择"邮票"窗口中底图的投影方式。

(4)点击"设置"菜单,会弹出邮票图显示的设置窗口(见图 5.86)。其中:

"地图设置"属性项用于设置地图中中国的行政边界线颜色和线的粗细;

"风速线设置"用于设置风速线属性,包括密度及颜色;

"经纬线设置"用于设置经纬度格距,经纬度线宽度、颜色、经纬度值字体颜色及大小;

"路径设置"设置邮票图所用的地图文件的存放处,缺省目录为邮票图模块的安装目录;

"起始坐标设置"设置每幅图起止经纬度;

"数据曲线设置"用于设置资料数据等值线的宽度和颜色;

"填充设置"用于设置邮票图中等值线、地图、经纬度等显/隐控制以及等值线填充方案,目前方案只有 5 种,取值分别为 0、1、2、3、4,分别对应"红_绿_蓝""Grids 颜色""浅红_深红""浅蓝_深蓝""红_蓝"方案;

"斜压图设置"主要用于设置切片图之间的间隔、每幅切片图的平行四边形形状(视角高度、旋转角度)以及填充透明度。

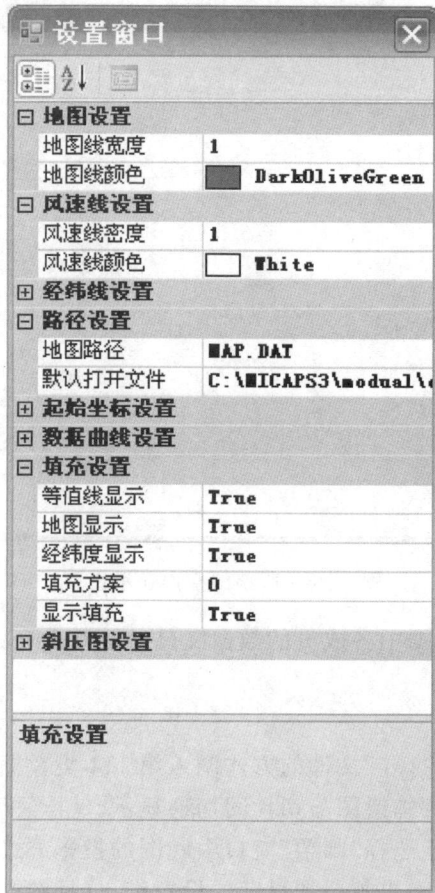

图 5.86 邮票图设置窗口

# 5.7 非常规观测资料显示——netCDF 数据

netCDF(Network Common Data Format)为网络通用数据格式。该类数据文件包括维度、属性、变量等信息。

MICAPS 系统显示、处理 netCDF 格式数据的功能模块为\MICAPS3\modual\netcdf，该模块没有配置文件。启动 MICAPS 系统，通过文件检索方式打开 netCDF 格式数据（此处使用开源数据），出现 netCDF 数据信息窗口（见图 5.87），窗口中左侧对话框列出 netCDF 数据目录下所有该格式文件列表，旁边的对话框显示选择的文件变量以及该文件的维数、变量等属性。点击变量名称，如"air"，自动打开该变量属性对话框（见图 5.88）。如果该变量为一个四维变量，默认情况下设置纬度维作为纵坐标、经度维作为横坐标，时间使用该变量的第一个时次，高度采用该变量的第一个层次。点击"展开窗口"选项，出现图形显示框（见图 5.89）。此时，MICAPS 系统主窗口显示选择变量的二维等值线。当然，用户可以根据需要做时次、层次以及显示的区域范围设置。另外，针对该数据还可以进行单点(杭州 120E,30E)500hPa 高度的时间序列显示(见图 5.90),或者高度廓线显示(见图 5.91)等。

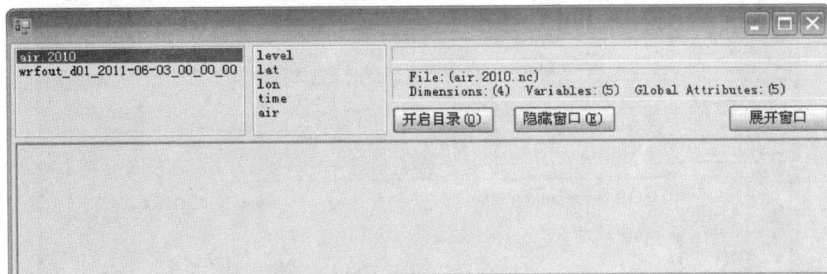

图 5.87　netCDF 数据信息窗口

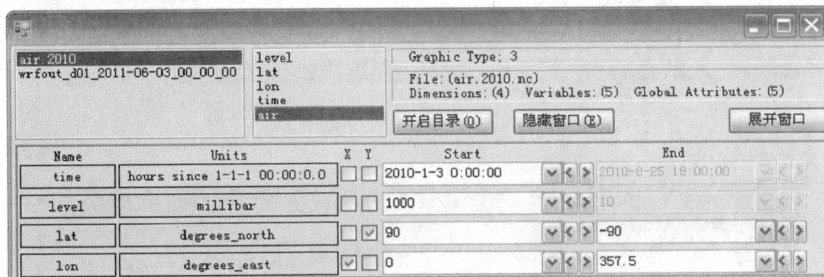

图 5.88　netCDF 数据变量属性窗口

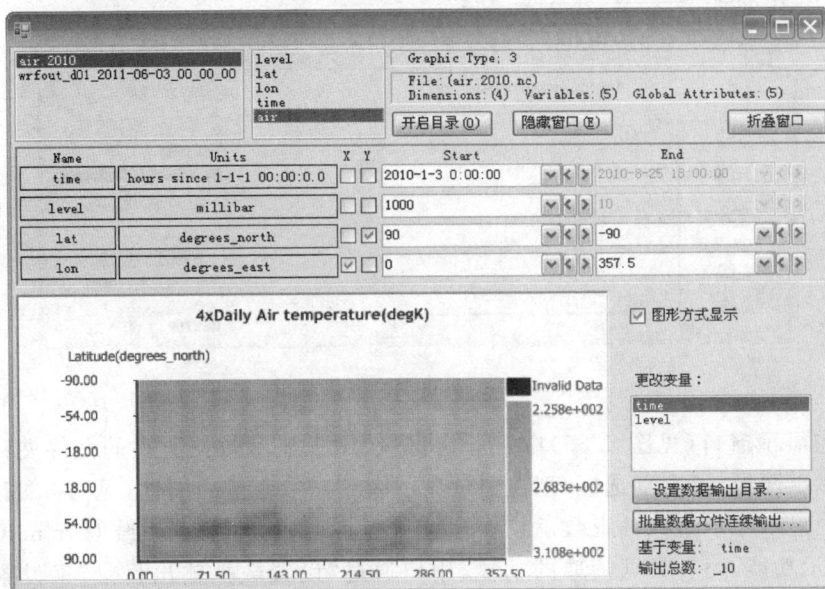

图 5.89　netCDF 数据图形显示区窗口

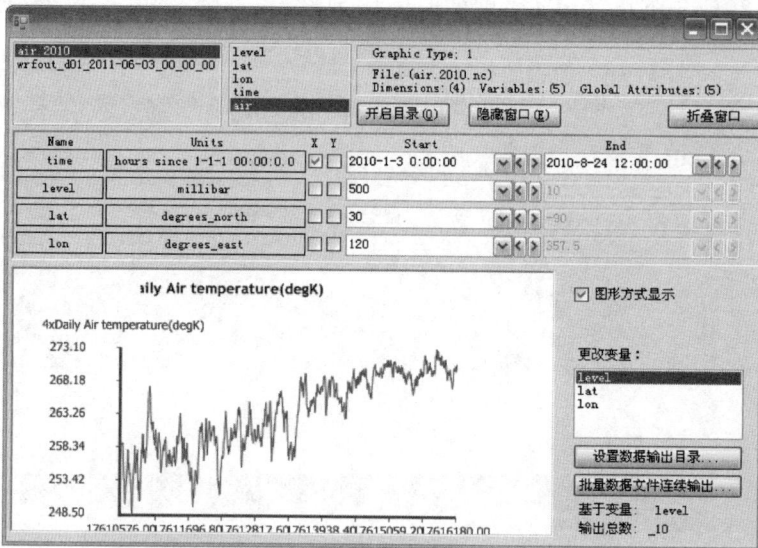

图 5.90　单点时间序列显示

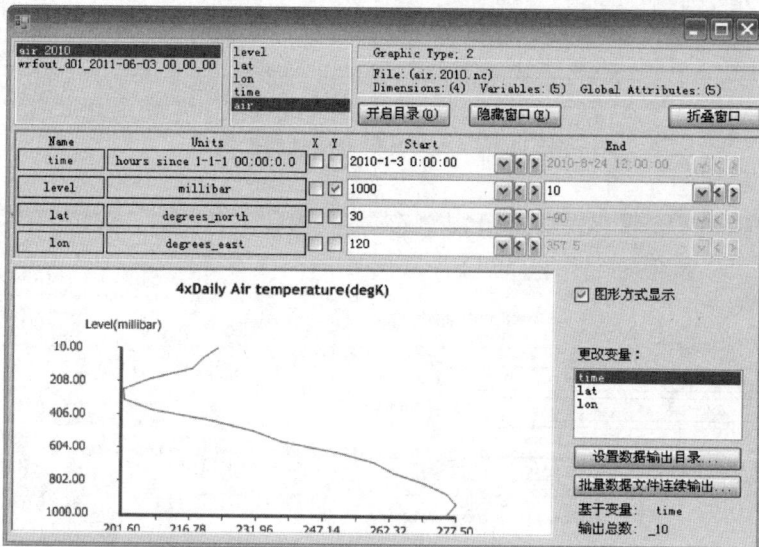

图 5.91　单点温度廓线显示

　　另外,在显示窗口(见图 5.89)中,"开启目录"用于显示数据所在的文件夹;"图形方式显示"默认显示图形,点击复选框,则在图形显示区域显示变量的属性(见图 5.92);"更改变量"列表框中显示除了坐标轴维数后该变量的维数说明;MICAPS 系统对于 netCDF 数据,除了具有显示功能,还有数据读取的功能,用户通过"设置数据输出目录"来设置输出数据的路径,然后点击"批量数据文件连续输出",则在设置的路径下产生图形显示区域中数据资料,并保存为 netCDF 格式数据。另外,MICAPS 系统也自动将显示区中图形显示的数据保存在模块路径下,保存为文本格式。

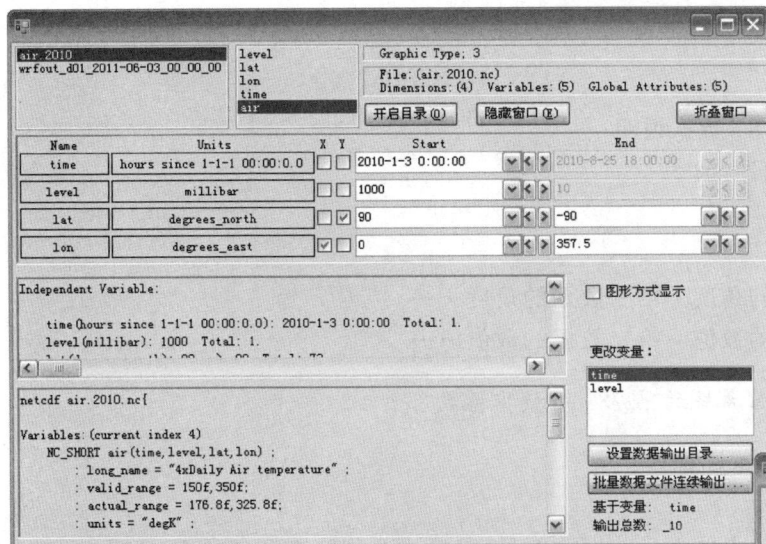

图 5.92　netCDF 数据变量属性显示

# 5.8　自定义图形显示

自定义数据图形主要包括散点图、饼图、风玫瑰图等，这些图像所使用的数据需符合相应的数据类型格式。相关模块为\MICAPS3\modual\d1。

## 5.8.1　自定义数据格式

1. MICAPS 系统的第 779 类数据格式

文件头：

diamond 779 数据说明

年　月　日　时

类型　扇区个数

注：其中类型可以取 0 到 7，分别对应填充花纹为实心、上斜线、斜交、直交、下斜线、横线、竖线的饼图及立体饼图。

数据：

第一扇区的说明字符　第二扇区的说明字符……

第一扇区的数值　　　第二扇区的数值……

2. MICAPS 系统的第 780 类数据格式

文件头：

diamond 780 数据说明

年　月　日　时

数据个数

数据：

第一数据的角度　第二数据的角度……

第一数据的数值　第二数据的数值……

3. MICAPS 系统的第 781 类数据格式

diamond 781 图标题

年 月 日 时 分

数据区为各点的坐标和标注符号,最后为绘制距离圆的信息,cycle 以下为距离圆信息,后面第一行为圆的个数,后面为各个圆的半径(每行一个数字)。

### 5.8.2　饼图、玫瑰图、散点图显示

可通过文件检索方式打开数据,也可以直接将数据文件拖放到系统主窗口中。弹出一维显示窗口显示第 799 类数据——饼图(见图 5.93);打开第 780 类数据显示玫瑰图(见图 5.94);打开第 781 类数据——散点图(见图 5.95)。

右键点击图形显示区,弹出的菜单包含复制、另存为、页面设置、打印、显示节点数值、缩放、恢复缩放/移动、恢复原大小等项。

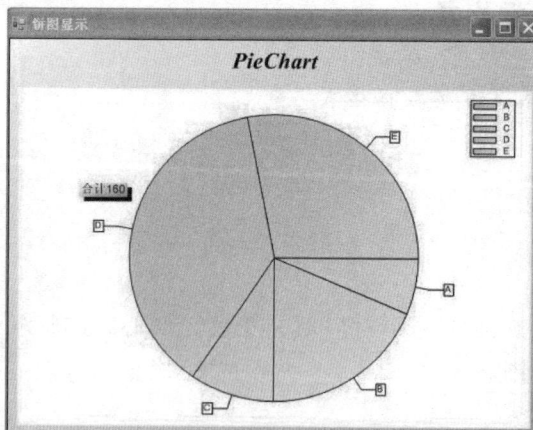

图 5.93　饼图

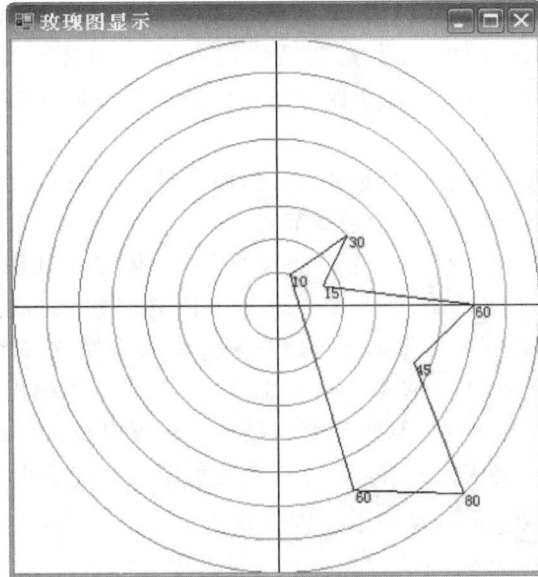

图 5.94　玫瑰图

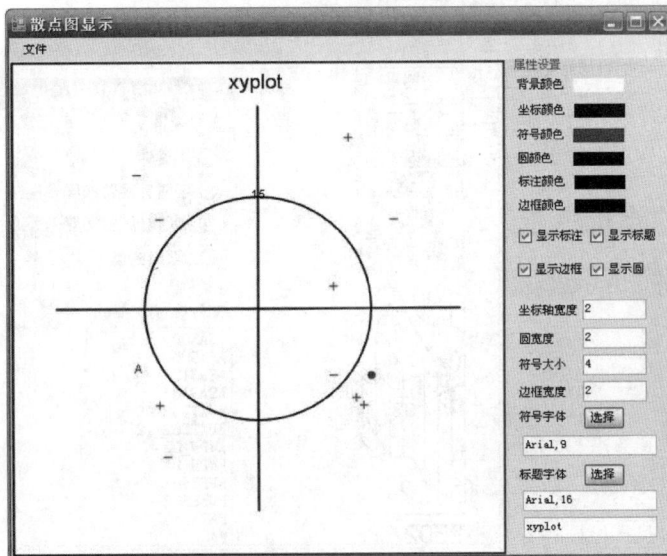

图 5.95　散点图

# 5.9　其他数据显示与功能介绍

## 5.9.1　传真图和图像显示

MICAPS 系统可以显示 MICAPS 格式的传真图和 BMP、GIF、PNG 等格式的图片数据,显示模块为\MICAPS3\modual\Ima,配置文件是 ima.ini,在该文件中可以编辑修改传真图的存放路径、旋转传真图的显示方向、传真图的文件名以及传真图在主窗口中的显示方式。传真图或图片数据有两种显示方式:适应窗口大小,即图形显示时自动适应当前窗口;开始显示时保持原大小,随地图缩放保持长宽比例不变也同样缩小/放大显示。这两种方式只能取一。

传真图可以通过文件名检索或者通过直接拖放文件进行显示,也可以通过"参数检索"方式或者综合图方式检索(参考资料检索章节)。

以"参数检索"方式为例。打开一个传真图文件,具体显示如图 5.96 所示。MICPAS传真图显示默认取图像逆时针旋转 90°、按照一定长宽比并且与地图同时缩放显示(见图 5.96 属性窗口中的 A-设置),根据需要可以在属性窗口中修改或者在配置文件中"永久"设置。"B-显示设置"用于启动传真图独立显示窗口。点击该选项弹出独立窗口,显示主窗口中的传真图。传真图独立显示窗口属性设置包括旋转设置以及文件选择选项(见图 5.97)。在显示图片上双击鼠标左键放大图片,双击右键缩小图片。传真图或图片经过放大/缩小后,可以通过点击按钮 ⌂ 返回初始显示设置状态。

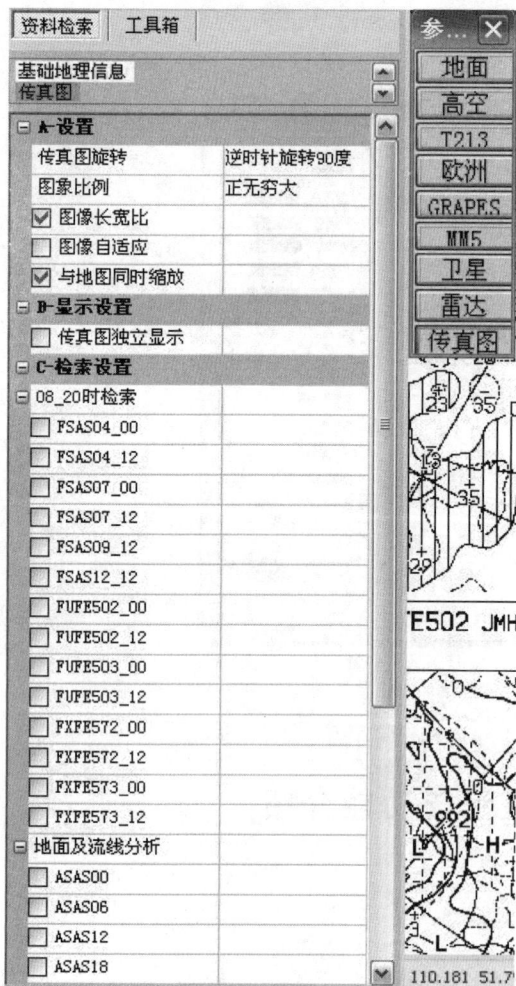

图 5.96　传真图显示(属性设置)　　　图 5.97　传真图独立显示窗口(显示设置)

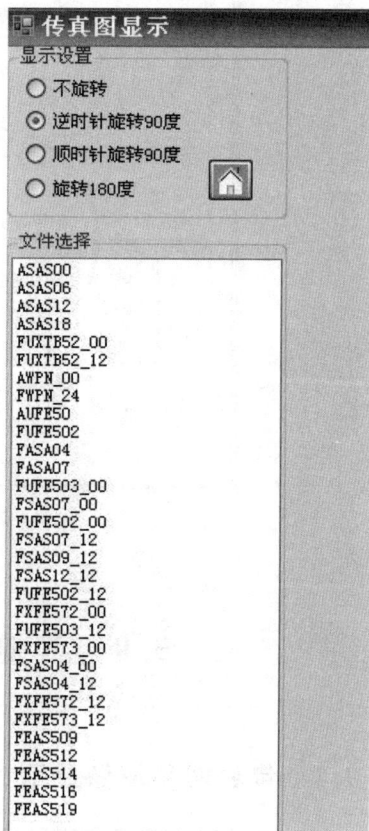

### 5.9.2 城市站点预报显示

城市预报(MICAPS第8类数据格式)的显示模块为\MICAPS3\modual\citycstI,缺省配置文件为 cityfcsti. ini,其中只有填图符号大小参数设置项在显示时起作用,关于天气现象符号颜色的设置不起作用。

每个城市预报都包括两个时段(0—12h与12—24h)预报,预报要素为天气现象、温度、风和天气状况。城市预报数据的显示特征只能在"显示属性设置"窗口中设置。需要注意的是这里设置的参数只在当前会话期内起作用,不能保存到显示配置文件中。

### 5.9.3 站点信息显示

站点信息对应的数据类型是第17类数据格式,台站信息数据的文件名为 stations. dat,在\MICAPS3 目录下,可通过文件名检索方式打开。

显示模块安装目录为\MICAPS3\modual\stainfo,配置文件为 stainfo. ini。可设置缺省显示的站点大小及填图颜色、站点/站号的隐现、测站海拔高度的隐显、字体字号、分级显示等。

### 5.9.4 距离和面积计算

距离和面积计算功能用于计算地图上任意两点间的距离和任意闭合区域的面积(如气象影响区域大小),模块安装目录为\MICAPS3\modual\xEarthDistance。点击工具条上的距离和面积计算 按钮,出现如图5.98所示的对话框。该窗口上有两个选择框,分别是修改点位置和计算面积。

#### 1. 计算两点间距离

直接在主窗口中用左键选择两点,即可在对话框中显示两点距离,依次再选其他点,不仅可计算显示最新两点的距离,还可以选择显示分段距离和累计总距离。

或在对话框中选中"修改点位置",在主窗口中任选一个起始点,弹出一个经纬度输入对话框,框中显示光标的经纬度位置。用户可直接在对话框中输入真正的起点经度,按回车键确认,再在主窗口中点击第二个点位置,依此类推,即可得到两点或多点之间的距离以及总距离,同时在主窗口中显示两点的连线。点击右键,则连线以及对话框中信息消失。这种方法可方便地计算天气系统到某一影响区域的距离。

图 5.98 地球球面面积距离和面积计算对话框

#### 2. 计算闭合区域面积

选择"计算面积",然后在主显示窗口需要关注的区域不断点击左键,使关注区域处于闭合范围内,此时单击右键,弹出根据当前选择区域计算的地球球面面积结果(见图5.99),单位为平方千米。这一功能可以较快地粗略计算天气系统影响的区域范围等。

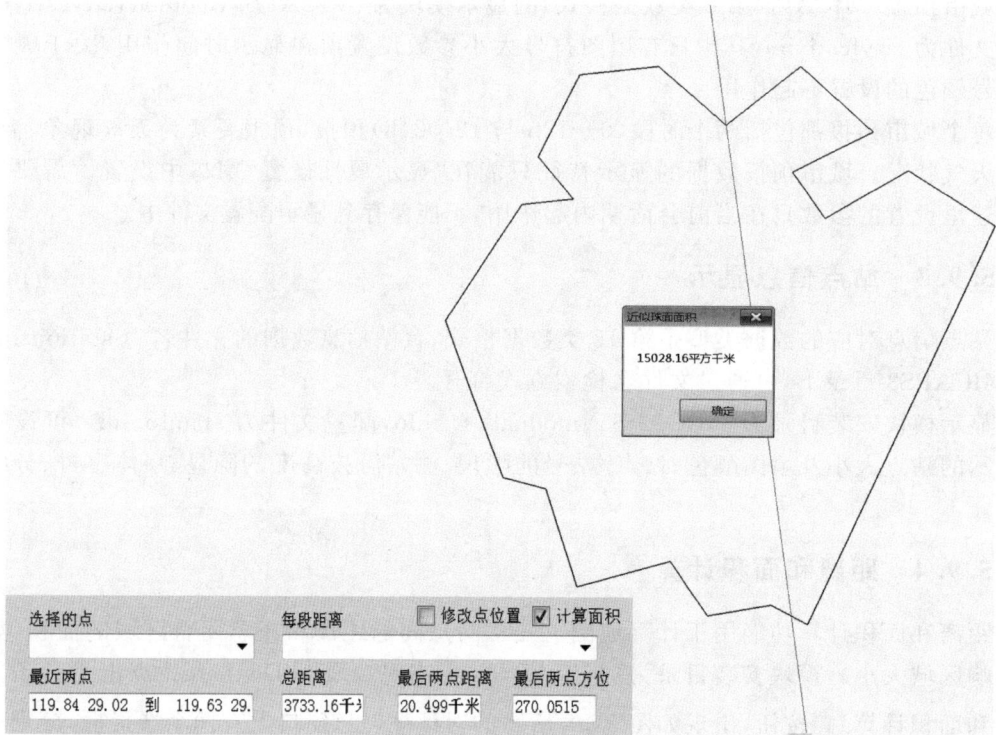

图 5.99 面积计算示意显示

### 5.9.5 预警信号

工具条中"预警信号"选项是 MICAPS 系统提供的一个简单快捷的气象灾害预警(信号)文档制作功能。该模块为\ MICAPS3 \ modual \ alarm,在该模块下有两个配置文件basicSetup. ini 和预警信号. ini。在 basicSetup. ini 中需要设置缺省省份即本省和气象台名称、预警(信号)文档保存路径、预警(信号)文档签发人、预警编号。预警编号初次设置为000,该模块以后会依次自动编号。在"预警信号. ini"配置文件中需要修改已有的各种灾害预警用语或将常用的预警用语录入,而预警信号代码不能更改。

点击工具栏中预警信号文档制作按钮,启动气象灾害预警信号文档制作功能,弹出预警信号制作窗口(见图5.100)。在该窗口中,"基本设置"参数在配置文件中可以定义,也可以通过下拉列表框进行选择。"选择"参数部分在配置文件中定义,部分自动生成,如时间,当然也可以通过下拉式列表框进行选择。在"内容选择"部分中,"区域"对话框中显示"气象台设置"参数定义的该级别气象台所负责气象服务的行政区名,通过下拉式列表框分别选择气象灾害预警种类、级别、区域签发人,即可形成预警文档。若预警区域选择错误,可点击"清空重选"重新定义区域。预警信息确认无误后点击"生成 Word 文档"或"生成 txt文档"则该预警信息将保存在配置文件中预设的目录下。

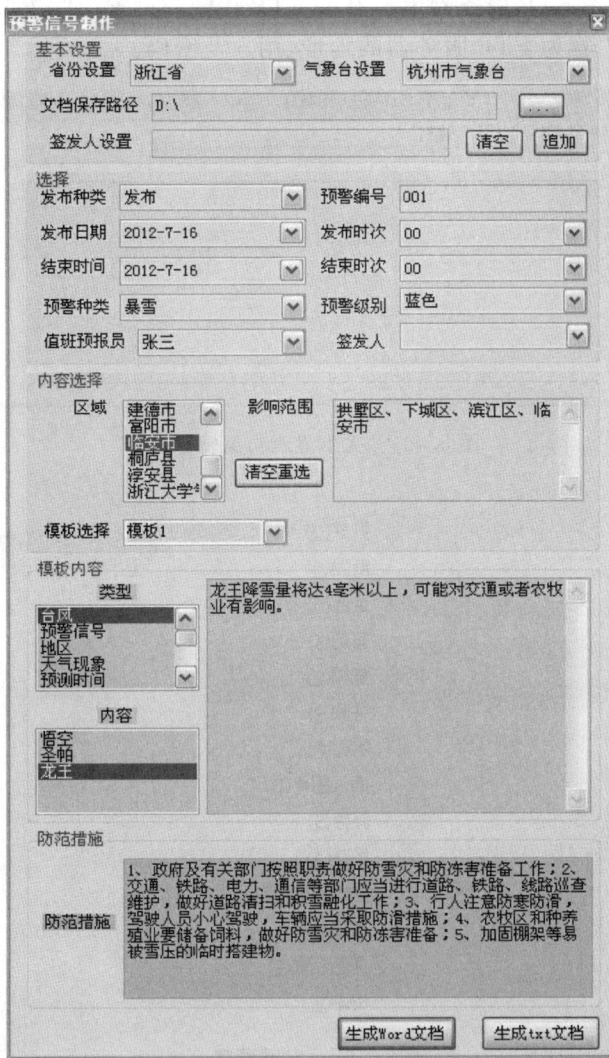

图 5.100　预警信号对话框(示例)

　　该窗口中下拉式列表框中的内容在该模块下的其他配置文件中都有定义,如"预警种类""预警级别""预警内容"在预警信号.ini 文件中定义,所以,如果需要增加选项或者修改,都可以通过对配置文件做相应修改。修改之前还是建议对缺省文件先做备份。

### 5.9.6　文本编辑

　　文本编辑模块用于打开文本文件或 rtf 格式文件显示,并可对文本内容做相应修改。文本显示与编辑模块为\MICAPS3\modual\textedit,配置文件为 TEXTEDIT.ini。

　　在工具条上点击"文本编辑"按钮,弹出文本显示与编辑窗口(见图 5.101),或者直接使用"打开"菜单项或工具栏的"打开文件"按钮,打开文本或 rft 文件,弹出文本显示与编辑窗口。在文本框中点击鼠标右键,弹出右键菜单(见图 5.102),通过该菜单完成基本的编辑操作,包括剪切、复制、粘贴、选择字体、插入图片、保存等,也可以进行打印和通过 FTP 方式将当前编辑的文件上传到 FTP 服务器上。有关 FTP 传输的设置由配置文件 TEXTEDIT.ini 中的参数设定,设定内容为 FTP 服务器的地址、用户及密码。

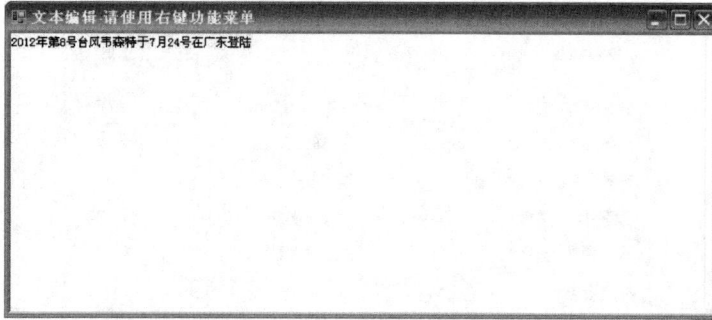

图 5.101　文本显示与编辑窗口

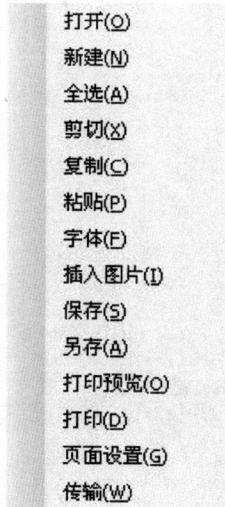

图 5.102　右键菜单

## 5.10　三维显示

MICAPS 系统三维显示可以使用 MICAPS 第 4、11 类数据和 Vis5D 格式三维数据,也可以显示水平和垂直剖面、三维等值面等。MICAPS 三维模块安装在安装目录的子目录 MICAPS_3D 下,该目录下有详细的使用介绍和部分测试数据,用户可以通过目录中的说明逐步学习。

# 第6章 MICAPS 系统编辑交互的基本操作

MICAPS 系统按照适合的检索方法得到数据后将在主显示窗口上显示出相应的图形、图像,用户可以对这些图形、图像做进一步的操作。显示设置窗口对于图形、图像的控制操作在之前有所介绍。本章主要介绍图形、图像的编辑与交互操作,在此基础上介绍城市预报制作(精细化预报订正)及支持业务会商的功能介绍。

## 6.1 交互编辑与预报制作

### 6.1.1 编辑与交互操作

1.常规天气分析线条和符号编辑

MICAPS 系统提供的用于交互式编辑的线条和符号有:等值线与等值线标值;文字说明;高低值标志;闭合区;天气符号(雨、雪、风、暴等);天气系统符号(槽线、切变线、锋面等);天气区域(雨区、雪区、大风区、沙尘区等)。

MICAPS 系统提供的交互操作有:符号的添加、删除、移动;线条的添加、删除、移动和修改以及各种操作的撤销。

所有线条和符号的操作都是在交互层中进行处理的。

(1)交互层的建立和工具说明

要进行符号和线条等的交互操作,首先要建立图形交互操作层。可在"文件"菜单中选择"新建"下的"交互符号",也可以使用工具栏的"新建"按钮,即可建立一个新的交互编辑图层。作为缺省安装,MICAPS 系统启动后,自动在第一个图组生成一个交互编辑图层,如图 6.1 所示。在"图层属性控制"或者"显示设置"窗口中,用鼠标左键点击某个图层(这里所

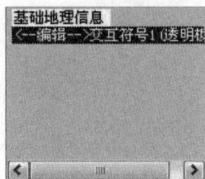

(a) 图层属性控制          (b) 显示设置

图 6.1 交互编辑操作图层

指为第 4、14 类数据文件），使其处于"编辑"状态，即称为交互图层属性，类似的，用右键选中某个"交互"图层，则退出"编辑"状态。

选定交互图层或使图层处于编辑状态，然后选择"工具箱"，则出现工具箱选择框，如图 2.24 所示。当光标指示到符号处都会有提示信息，出现该符号的具体含义。

（2）添加天气符号

工具箱中"天气符号"如图 6.2 所示（图 6.2 中前 42 个符号），天气符号只能添加在编辑状态的图层或交互图层上。

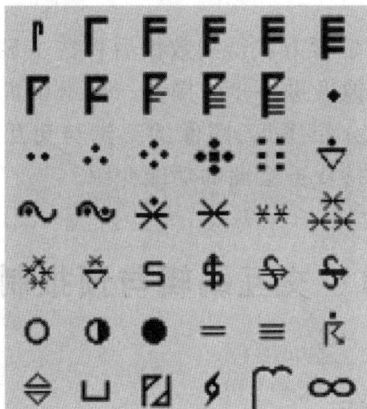

图 6.2　编辑用天气符号

1）添加常用天气符号

选择"工具箱"中相应的天气符号图标，把光标移到主显示窗口中需要增加符号的位置上，单击鼠标左键，完成添加。其中当点击"台风"符号后，将光标放置在显示窗口中需要增加符号的位置上单击鼠标左键，然后在该符号上单击右键，将弹出一个显示台风中心位置的窗口，然后在对话框中输入台风中心定位的经纬度，点击"确定"则台风符号添加完成。

2）添加风符号

选择"工具箱"中相应的风符号，将光标移到相应位置，单击鼠标左键并移动鼠标，此时会出现风向的角度值，可在希望的角度上点击鼠标左键即完成该类符号添加。

（3）分析天气系统符号

天气系统符号主要包括槽线或切变线、暖锋、锢囚锋、静止锋、冷锋、35°温度线、霜冻线，这些系统符号的添加也是要处于编辑的状态下。选择"工具箱"中的相应符号，在主窗口中不断点击鼠标左键，确定线条符号上的各点位置，然后单击鼠标右键完成分析添加。另外，点击"高低压中心""冷暖中心"字符图标，可对系统进行标注。

（4）添加其他交互制作符号

这里是指箭头符号、双实线、单点符号，点击这些符号会在工具箱的下部出现相应符号，添加时会显示属性设置，如箭头类型、颜色、线条宽度、颜色以及单点符号形状等。

（5）等值线添加、修改、编辑符号

等值线添加、修改、编辑符号分别对应"添加新等值线""修改等值线""编辑等值线"图标。

点击"添加新等值线"图标，单击鼠标左键，确定线条符号上的各初始点，单击鼠标右键确认完成添加。

点击"修改等值线"图标,在主窗口中查找到要修改的等值线,则该等值线变色,然后在需要修改的线段部分单击鼠标左键来选定修改的线,同时该点为第一个修改点,不断点击鼠标左键确定新形成线段的各个修改点,直至最后一个,然后点击鼠标右键完成修改。若需保留原等值线后半部分,可将最后一个修改点落在原来的线上,若不需要则最后一个修改点落在原来的线以外。这一功能多用于处理高空图中等值线不平滑等。

点击"添加或修改等值线标值",在主窗口中查找修改添加或修改标值的等值线。当该等值线变色后单击鼠标左键,此时弹出对话框,在该框中输入等值线标值,默认值为999999,表示等值线不标值。若要添加,可在对话框中输入相应的数值修改原来的数值,点击"确定"完成编辑。

(6)添加文字说明

点击"标注"图标,此时在"工具箱"下方出现标注属性框,用于定义所标注的文字内容、字体、颜色、文字显示角度、是否屏幕位置锁定以及是否修改文件。其中:"屏幕位置锁定"属性为true,表示文字在屏幕上的位置是绝对固定即不随底图的移动、缩放而改变的;"是否修改文字"属性值为true,表示重新在"文字"对话框中输入新的文字时,将光标移至需要修改的标注文字字符处,点击右键,则新的文字替换之前的内容。

(7)计算闭合线面积

此功能用于计算受气象灾害影响的面积大小。若用于交互的图层本身是预报结果显示,则点击"计算闭合线面积"图标,将光标置于需要计算的闭合线上,当该等值线变色后,点击鼠标左键,则弹出计算结果对话框,显示该等值线所围区域面积。若处于的编辑状态图层并不是预报产品显示,则需要先点击"添加闭合线"图标定义该闭合曲线,然后再对该曲线计算区域面积。

(8)分析天气区域和闭合区域

分析天气区域和闭合区域用于综合性区域符号的添加,可以添加普通的各种填充模式的闭合区域、雨区、雪区、雷暴区、大风区、沙暴区等。

点击"填充区域"图标,出现填充区域的属性框,如图6.3所示。填充区域的属性框的"选择填充方式"栏提供了五种填充方式:无填充、颜色填充、Hatch图案、颜色线性渐变、气象填充区。若在"选择填充方式"栏中选择了"无填充",可在"线颜色"栏上选择相应颜色,再按画线的方式生成线条,这时只是线段,无填充区域;若在"选择填充方式"栏中选择了"颜色填充",可在"前景色透明度"和"前景色"栏上选择相应的透明度和颜色,再按画线的方式生成线条,这时会按线条组成颜色填充的区域;若在"选择填充方式"栏中选择了"Hatch图案",可在"前景色透明度""前景色""背景色""Hatch图案"栏上选择相应的设置,再按画线的方式生成线条,这时会按线条组成图案填充的区域;若在"选择填充方式"栏中选择了"颜色线性渐变",可在"前景色透明度""前景色""背景色""色渐变角度"栏上选择相应的设置,再按画线的方式生成线条,这时会按线条组成渐变色填充的区域;若在"选择填充方式"栏中选择了"气象填充区",可在"气象填充图案"栏上选择相应的天气区域,再按画线的方式生成线条,这时会按线条组成闭合的填充区域,其中若在填充区域属性框的"是否画边框"栏中选定为true,则闭合区域会画一条"线颜色"栏中指定色的边框线。例如,在"气象填充区"方式下的示意图如图6.4所示。

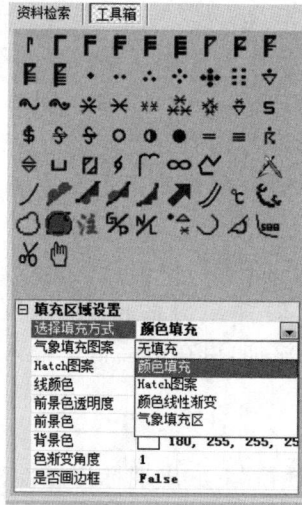

图 6.3　填充区域符号属性设置

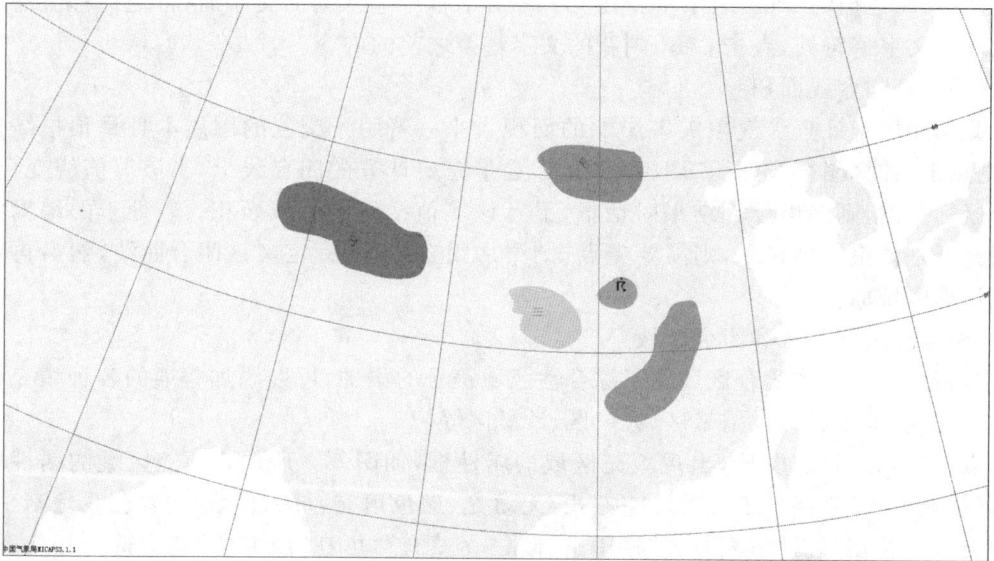

图 6.4　气象填充区示意图

(9)移动、删除、保存线条和符号

移动、删除线条和符号功能由一个符号 ✂ 控制。

在该符号上点击鼠标左键,则启动移动线条和符号功能。针对图层中的线条、符号、天气区域,按住鼠标左键移动,选择对象,等移动到合适位置松开鼠标即可。这里的移动指的仅仅是平移。

在该符号上点击鼠标右键,则启动删除线条和符号功能,具体操作与移动类似。

对于交互层编辑生成的线条和符号,通过"文件"菜单上的"保存"或者"另存为"选项保存为 MICAPS 第 14 类数据格式文件。

另外,之前所有的操作过程都可以通过点击"工具条"中撤销操作 ↩ 逐一撤销。

**2. 强天气分析线条与符号编辑**

强天气分析是指在常规的天气图上,根据强天气(如强对流、短时强降水)发生的条件,分析有利于强天气发生的要素和系统分布。要进行强天气中尺度分析符号和线条等的交互操作,首先要建立图形交互操作层。

强天气分析中的尺度分析模块为 MICAPS3\modual\mesotools,提供用于交互编辑的线条和符号,包括:等值线,闭合区,天气符号(冷堆、风羽),天气系统符号(槽线、切变线、锋面等),按颜色、线型、线宽设定好的线条,根据层次变化设定了固定颜色、线型、线宽的线条。提供的交互操作有:符号的添加、删除、移动等,线条符号的添加、删除、移动、修改等以及各种操作的撤销。

常规天气分析工具箱中的所有线条、符号等都可以用在强天气分析中。

打开"强天气分析"菜单,选择"中尺度工具箱",弹出独立的强天气中尺度分析工具箱,如图 6.5 所示。工具箱左部为层次、线型及粗细、符号大小选择的选择工具,右部为各种线条与符号分析工具。将光标置于某个线条或符号图标上,系统出现一个浮动信息提示框,显示该图标所代表的具体含义及功能,也可以点击"帮助"按钮,弹出完整的关于每个工具图标的含义及功能解释窗口,帮助我们完成交互任务。

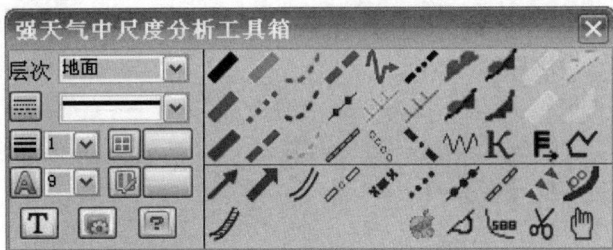

图 6.5　强天气中尺度分析工具箱

工具箱右部横线上方图标中的内容已设定好固定的颜色、线型、线宽。如槽线,不管是 700hPa 还是 850hPa,都是由棕色粗实线表示。

工具箱右部横线下方图标中的内容与层次结合,不同层次对应不同颜色,地面为黑色、925hPa 为灰色、850hPa 为红色、700hPa 为棕色、500hPa 为蓝色、200hPa 为紫色。

在理解图标的含义及功能后,其编辑操作与常规天气分析中的线条与符号编辑类似,所以这里只介绍不同的编辑操作。

强天气中尺度分析中首先值得注意的是关于交互层次的定义,即选择交互的气压层次。

在各交互层编辑修改的线条和符号同样保存为第 14 类格式文件。若只保存一个交互层的数据,则将此图层设为编辑状态,选择菜单中的"文件"选项,点击"另存为"子菜单选项,按照定义的路径、名称保存。若要保存所有交互图层的数据,则在"文件"菜单下选择"保存所有交互图组为"选项保存,这样会生成多个数据文件,除了保存的文件外,还有各个交互层对应的文件,比如保存的文件名为 aaa,那么各交互层对应的文件为 aaa-0-sub.dat、aaa-1-sub.dat 等。

### 6.1.2  城市预报制作

城市预报制作模块安装目录为 modual\cityfcstI,配置文件在模块安装目录下,缺省设置文件为 cityfcsti. ini。

每个城市预报都包括了两个时段(0—12h,12—24h)的预报,要素包括天气现象、温度和风(具体参数代表含义参考配置文件)。功能上设有单站编辑和区域编辑两种。

当调入了一个城市预报数据(MICAPS 第 8 类数据格式)在主显示窗口中显示后,可以直接交互地修改各城市的预报数据。需要注意的是,修改的城市预报文件必须在本地目录,或在具有读写权限的网络映射盘目录中。用户在修改城市预报结果时,系统自动在原城市预报文件目录下将该文件命名为具有. bak 后缀名文件进行备份。

1. 城市预报制作编辑

调入一个城市预报数据,通过"显示设置"窗口或者"图层管理窗口"使图层处于编辑状态,点击工具箱(见图 6.6)。工具箱中包含 32 个按钮,其中:"12""24"分别代表 0—12、12—24 小时预报区域修改;"单点"为单站要素批量修改按钮;交互操作撤销图标在这里不起作用;还有"漫游"图标;其他剩下的 27 个按钮为天气现象、风速和温度单站修改功能按钮。图标的含义与功能与常规天气符号一致。

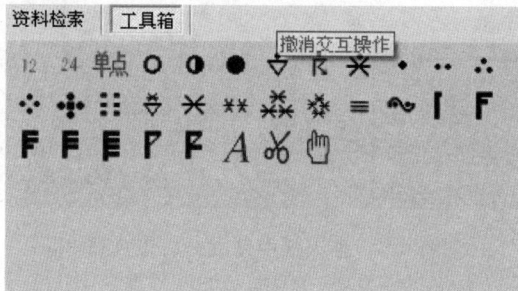

图 6.6  城市预报编辑工具箱

2. 区域编辑

鼠标左键选中工具箱中的"12"或"24"图标。在要修改站点预报值的区域上,按鼠标左键选择区域边界线上的点,按鼠标右键确认,弹出图 6.7 所示对话框,可选择所要设置的风向、风速、天气、温度值等要素。其中"温度调整"用于对区域内所围站点城市预报的温度在原来数值的基础上按照相同的增量编辑修改。"指定温度"是指定该区域内所有城市温度预报的结果相同,按"确认修改"按钮,则完成区域内所有站点的城市预报的修改。该功能适用于某区域天气要素基本一致情况。

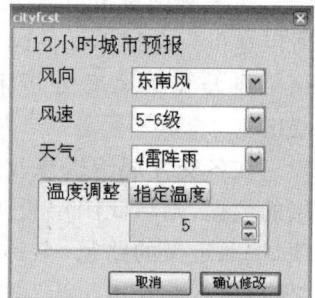

图 6.7  区域预报修改

### 3.单站编辑

鼠标左键选中工具箱的"单点"图标,右键单击预报站点,弹出图6.8所示窗口。按要求修改0—12小时和12—24小时预报的要素,按"确认修改"按钮完成单站编辑任务。该功能可以一次性调整某站点所有显示的气象信息。

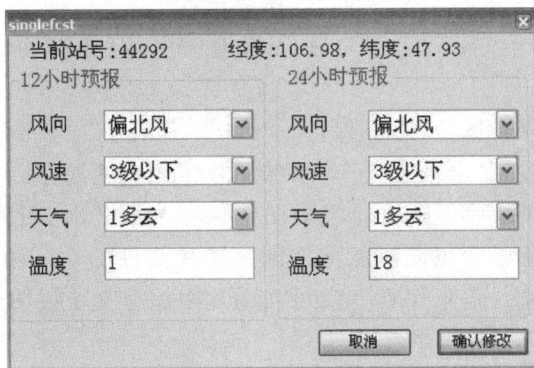

图6.8　单站预报修改

### 4.单站要素直接修改

鼠标左键选中工具箱的天气现象图标,在城市预报站点的天气现象上点击鼠标左键,则使用选中的天气现象替换当前站点的天气现象预报;选择风速按钮,在城市预报站点的风向杆上点击鼠标左键,修改为预报风速;点击 $A$ 按钮,在城市预报站点的温度预报上点击鼠标左键,弹出温度输入对话框,可以修改温度预报,可以直接输入温度值或使用输入框右侧的箭头调整数值大小。

城市预报制作完成后,点击菜单"文件"中"保存"选项,将城市预报交互结果自动保存为第8类数据格式。

# 6.2　会商支持

MICAPS系统提供预报会商材料制作的功能,用于帮助我们在天气图分析的基础上加工制作并输出用于日常天气会商的幻灯片。本节主要介绍会商组件和独立运行的会商系统。

## 6.2.1　图形保存

MICAPS系统的图形保存功能在系统介绍及图形显示章节中已简单给出介绍,这一节对于图形保存给出系统介绍。

### 1.图片文件保存

MICAPS系统窗口内的显示内容随时可以保存为一个图片文件,支持图片输出格式为

PNG、JPG、GIF、BMP、EMF。在 MICAPS 系统的主配置文件中可以设置是否自动保存图片文件。这一部分在系统配置中详细介绍。MICAPS 系统因为系统设置上的差异,保存图片可以有以下几种方式。

(1)自动保存,自动生成文件名,以 PNG 格式保存在指定目录下(即主系统配置文件所定义的)。

(2)手工保存,由用户定义路径、文件名、格式保存。

(3)选择"文件"菜单中"保存图片"选项保存,选择其中"保存矢量图"可保存 EMF 格式矢量图。

(4)使用工具栏中"保存图片"工具保存。

(5)会商图片保存,使用"会商支持"菜单的图片生成功能保存。

另外,在将当前窗口中所有显示的图形图像保存为图片时,可以设置各图形在显示设置窗口中对应的文字说明是否也同时保存在同一图片文件的右下角。选择"菜单"中"会商支持"选项中的子菜单"文件信息保存",就可在图片中保存文字说明信息,否则不保存。

**2.图片文件后台保存**

图片文件的后台保存实际上是带参数启动 MICAPS 系统的一种形式,在系统启动章节已给出了详细的介绍,如"指定启动地图参数文件和保存图片类型并退出"。需要注意的是,图片文件后台保存图片的底图是按照 MICAPS 系统配置文件的第一个图层参数设置而定的,当然后台保存时也可以指定启动需要的个性化的 set.ini 文件。另外,无论是综合图文件、数据文件或者被保存的图片文件,最好使用绝对路径。

**3.图片批量生成**

对于日常用于天气会商的固定类型的许多天气图可做成批处理文件,一次生成多幅图片。图形批量生成也是实现 MICAPS 系统本地化的一种途径。通过在主窗口中打开综合图列表文件,系统逐个生成指定的图片,并保存到指定的目录。这里讲到的综合图列表文件是 MICAPS 系统定义的第 82 类数据格式,如一次性将模式输出的 500hPa 高度场画在一张图上,要达到这个目的,我们的综合图列表文件定义如下:

①diamond 82 图片列表文件——可以是综合图或数据文件

②2

③C:\MICAPS3\zht\MM5.zht

④G:\data\ecmwf\height-p\500\12063020.000

⑤2

⑥G:\data\high\height-p\500\12063020.000 0

⑦G:\data\high\height-p\500\12063020.000 -1

⑧0

下面按照序号解释:

①文件头,为第 82 类数据文件,"图片列表文件——可以是综合图或数据文件"是该文件的说明字符串;

②"2"表示接下来要同时打开以及输出的数据文件个数;

③定义打开的是位于 C:\MICAPS3\zht\路径下的 MM5.zht 综合图文件,即打开综合图文件中定义的 MM5 模式输出的 500hPa 高度场;

④定义打开 G:\data\ecmwf\height-p\500\路径下 12063020.000 文件;

⑤"2"表示接下来需要打开两个数据文件;

⑥定义打开 G:\data\high\height-p\500\路径下 12063020.000 实况文件,这里的"0"表示当前数据文件;

⑦定义打开 G:\data\high\height－p\500\路径下 12063020.000 实况文件前一天文件,这里的"－1"表示同一时刻前一天数据文件;

⑧"0"表示文件结束。

打开的文件可以是具体的某个数据文件,也可以是综合图文件。需要注意的是这里的文件必须使用绝对路径,文件结束必须以 0 为标示,严格按照数据格式书写。

主窗口显示保存或者使用后台图片生成时图片自动保存在主配置文件中定义的目录下。图片批量生成设置中也可以定义保存路径,在文件结束标示之后增加一条记录,如 C:\MICAPS3\picList\save.png,将图片保存在定义目录下并命名为 save.png。该图片是多个文件显示图像,所以为动画文件,动画时间间隔由"会商支持"菜单中的"动画间隔"定义。

### 6.2.2 会商支持菜单

会商支持菜单(见图 6.9)包含 8 个菜单项,分别为:"图片清除",用于清除指定目录下自动保存的图片;"图片生成",自动保存当前显示内容为 PNG 格式图片;"图片批量处理""文件信息保存"都参考 6.2.1 节的内容介绍;"动画间隔",用于设置输出动画 GIF 文件的图片动画时间间隔;"输出动画",用于将自动保存的 PNG 图片输出为动画 GIF 文件;"自定义动画制作",使用已有图片制作动画文件(默认\MICAPS3\savePic 目录),点击菜单,弹出对话框(见图 6.10)进行动画制作;"会商制作",启动会商制作组件。

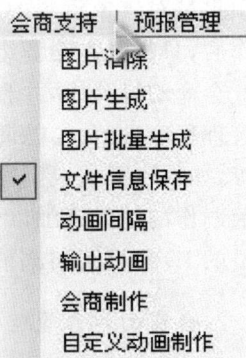

图 6.9 会商支持菜单

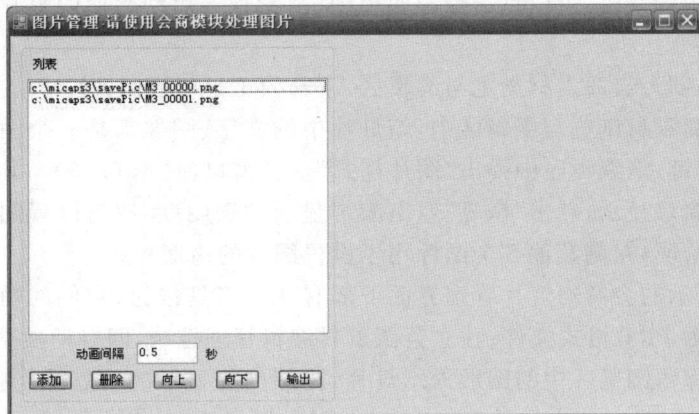

图 6.10 动画制作对话框

### 6.2.3 会商组件

会商组件用于帮助预报员将利用 MICAPS 系统完成的预报分析图表自动加入到会商幻灯片中。该组件安装在\MICAPS3\modual\weatherbf 目录下。可以通过点击菜单"会商支持"中的"会商制作"选项启动,也可以点击工具条中的"会商系统"启动,出现启动界面如图 6.11 所示。

该组件将列出目前已经制作了当前时次的天气会商幻灯片的预报员名字,如果当前用户不在列表中,可自行输入自己的名字或其他 ID,在开始制作了第一张幻灯片后,该名字即被保存。在会商组件第一次启动之前,可以将原来缺省安装的幻灯片模板和封面替换成具有本地特色的模板和封面。原来的模板和封面位于\MICAPS3\modual\weatherbf\template 和 images 目录下。

图 6.11 会商制作控制面板

#### 1.会商幻灯片制作

会商组件控制面板在预报员进行天气分析时是半透明地浮在图形显示窗口上的,不影响预报员对气象资料的显示、分析和编辑的操作。当预报员完成在图形显示窗口上的分析操作后,只需要在会商组件的控制面板上点击"分析图",即可将当前分析好的图像加入到天气会商幻灯片中,并且按照预先设定的模板进行排版(模板的设定和排版可由会商组件的管理程序进行)。除此之外,非主界面图形显示窗口上显示的其他图像如 tlnp 图和三线图等,如果也要进入到会商幻灯片中,只能通过控制面板上"截屏"获取。"继承"主要是将以前制作的幻灯片加以引用(会删除当前的幻灯片)。选"继承"后弹出对话框,选时间和预报员的 ID 后即可将当前的幻灯片替换掉。

#### 2.会商幻灯片管理

在主界面图形显示窗口中,通过调取不同的天气分析图表,并简单地点击控制面板上的"分析图"或"截屏"按钮,即可完成对天气会商幻灯片的选入。如果预报员还想对已经选入的幻灯片做简单的修改,可以点击控制面板中的"管理",启动会商幻灯片管理程序完成,如图 6.12 所示。

图 6.12 中上部为会商素材浏览与编辑区,下部为工具栏控制区。

在上部的会商素材浏览与编辑区中,幻灯片中的文字、图像都是一个图层,可以任意移动、缩放。单击右键,该编辑区中弹出"图片样式"选择窗口(见图 6.13)。其中:"满屏"按钮可设置图片为全窗口显示,点击"恢复"退出满屏显示;"透明度"按钮设置图片的透明度,数值越大图片越不透明;左侧其他 8 个图标用于设置图片的边框样式。

在图 6.12 所示的会商幻灯片管理界面下部有 9 个工具按钮,它们的功能依次为:将会商准备材料另存为 PPT 格式文件;独立会商素材编辑管理控制,即启动独立会商系统(将在下节详细介绍);保留浏览区中的图形为幻灯片;删除当前显示的幻灯片;浏览前/后一张幻灯片;将当前 MICAPS 系统主显示窗口中的图形通过"抓屏"的方式形成一个新的幻灯片素材图形,完整显示在浏览窗口中。

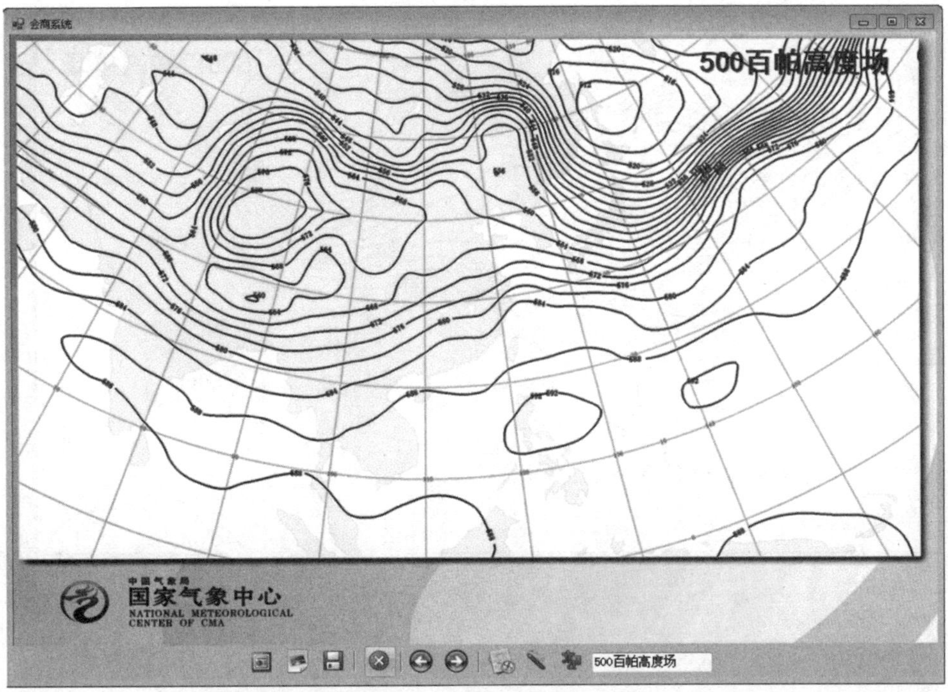

图 6.12　会商幻灯片管理界面

图 6.13　图片样式设置窗口

　　第 8 个工具按钮为"矢量图添加",用于添加各种天气符号或区域等(见图 6.14)。选择某一个符号,如点击"雷暴"符号,在图形编辑区中点击右键,则在编辑区中相应区域出现雷暴符号(见图 6.15),并在该符号右侧出现矢量图属性设置窗口。若不需要该符号,则点击"删除"按钮,编辑区中雷暴符号就会消失。点击图 6.14 中"添加形状"右侧的"—"按钮,则关闭矢量图添加窗口。

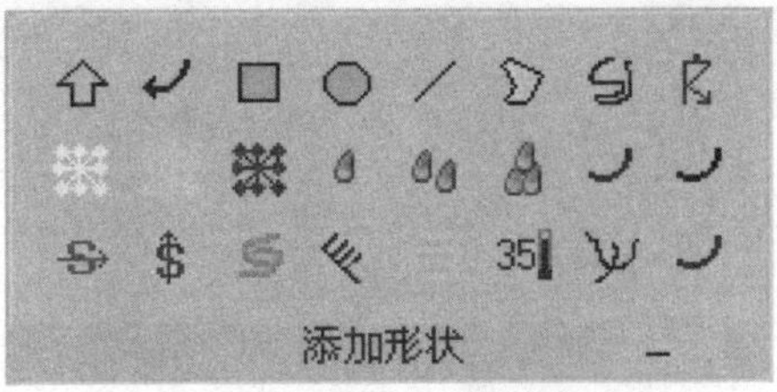

图 6.14　各种天气符号或区域

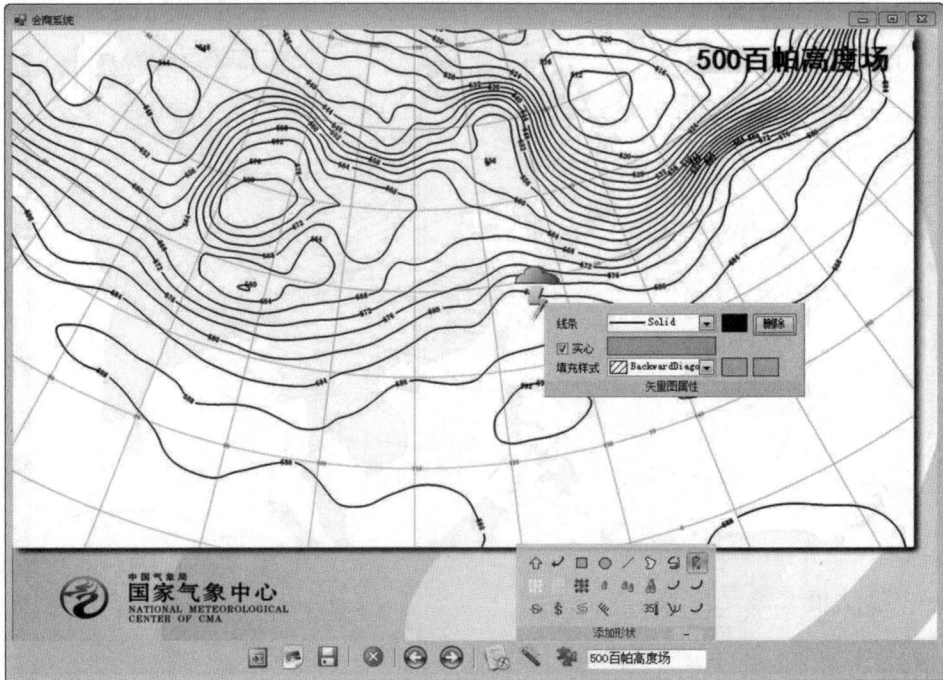

图 6.15　矢量场添加

第 9 个工具按钮为"添加文字说明",点击该按钮,在右侧框中填写编辑区(分析区)需要添加的内容,则在分析区中出现添加的内容,再按住左键将文字区拖放至主窗口中合适的区域。在文字区域点击鼠标右键,出现文字属性设置窗口(见图 6.16)。

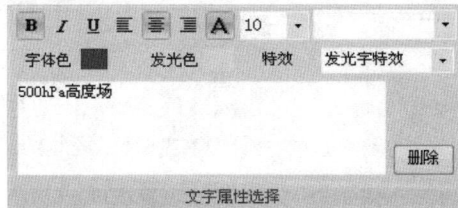

图 6.16　文字属性设置选择窗口

在会商幻灯片管理界面上的"国家气象中心"字样附近单击鼠标右键,弹出背景属性设置窗口(见图 6.17),可以根据自己的个性修改背景。

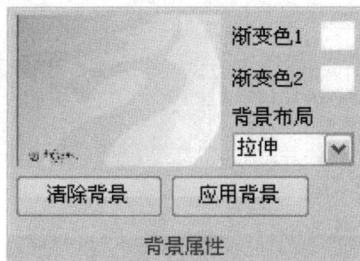

图 6.17　背景属性设置窗口

### 6.2.4　独立会商系统

MICAPS 系统会商组件包括两部分：一个是 MICAPS 系统图形窗口出现控制面板，直接选天气图表进入幻灯片，对入选的幻灯片进行加工、编辑；另外一个是独立的会商组件运行程序，即\MICAPS3\modual\weatherbf\WeatherBriefing.exe，这样播放幻灯片并不需要启动 MICAPS 系统，并且可以方便地播放已经生成的会商幻灯片，也可以再次编辑、修改已经生成的会商幻灯片，类似于雷达资料单独显示系统。目前会商组件设置在独立运行程序界面中完成，而其中设置的参数适用于会商组件的两个部分，所以将设置这部分内容放在独立会商系统中介绍。

点击图 6.12 中独立会商素材编辑管理控制按钮或者"启动"，弹出独立会商系统登录界面（见图 6.18）。如果是首次使用该独立会商系统，输入用户名或 ID 号，或者通过用户名对话窗口右侧的下拉式列表框中选择用户名，点击"确定"，弹出独立会商系统窗口（见图 6.19）。

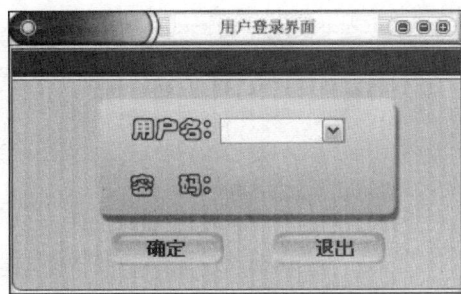

图 6.18　独立会商系统登录界面

图 6.19　独立会商系统窗口

### 1.会商组件设置

幻灯片目录设置很重要，可通过两种途径修改：通过直接修改\MICAPS3\modual\weatherbf\wbfsysconfig.xml 配置文件，或是通过设置界面配置达到目的。目录设置主要包括幻灯片路径设置，幻灯片模板、封面风格设置和会商制作时需要浏览的图片资料源路径设置。这里需要注意的是修改.xml 配置文件时避免对配置文件属性的修改。

(1)幻灯片路径设置

幻灯片目录是指制作的幻灯片保存的目录,缺省目录为 c:\slides。用户可以将配置文件中的"BasePath＝"c:\slides""修改为本地化的目录,如"BasePath＝"d:\slides"",也可以通过设置界面修改。点击图 6.19 中的"系统设置"按钮 ✗,弹出会商组件设置界面(见图 6.20),修改幻灯片目录为用户希望的目录。这里建议改为一个共享目录,以便在不同机器之间可以共享使用。

每次启动会商系统组件时,会在幻灯片目录下自动创建以日期时间命名的会商幻灯片存放的子目录。假定一天会商 3 次,分别在 08 时、14 时、20 时,则会商系统组件将依据机器时钟分别自动建立 3 个子目录:yyyymmdd08、yyyymmdd14 和 yyyymmdd20,其中 yyyy、mm、dd 以及之后的 08(14、20)分别是年份、月份、日期、会商时次。如果当天是首次会商,则无论机器时钟是何时,均是 yyyymmdd08 子目录。

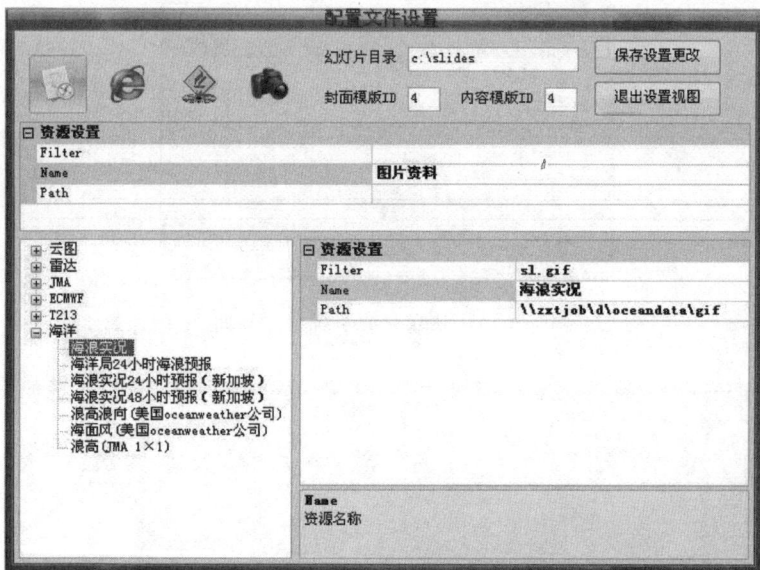

图 6.20　会商组件设置界面

(2)幻灯片封面风格、模板设置

缺省安装 MICAPS 系统后,会商幻灯片的封面模板在\MICAPS3\modual\weatherbf\template 目录下,该目录包含子目录 images、幻灯片母版文件 template.pot 和模板配置文件 wbftemplate.xml。

用户可以采用缺省安装的幻灯片封面,也可以设置新的封面。首先将用户自定义的图片文件拷贝到\MICAPS3\modual\weatherbf\template\images 目录下,然后用记事本编辑模板配置文件 wbftemplate.xml,将其中的参数项"ImageFile＝"""修改为用户自定义的图片文件名,这里只需要给出文件名,不需要路径。有几个幻灯片内容的模板就可以按相同的方法设置不同的封面。按上述幻灯片模板风格预制各模板中的相关内容。不同的模板用模板号区分,在配置文件 wbftemplate.xml 中体现为参数项"Template ID＝""。

在设置界面(图 6.20)上的内容模板 ID 对话框、封面模板 ID 对话框中输入 ID 号,点击"保存设置更改"按钮,将两种 ID 号保存到 wbfsysconfig. xml 配置文件中,当在会商系统组件控制面板点击"分析图"按钮时,将 MICAPS 主窗口中的图形图像入选幻灯片素材时候,生成的预报幻灯片就是设置中所选的。

(3)图片资料路径设置

缺省安装 MICAPS 系统后,用户可以利用独立会商系统组件和已制作完成的各种气象图片文件编辑天气会商幻灯片文件,而这些气象图片文件保存在缺省的目录下,具有缺省的文件名。因此,如果要使用好独立会商系统组件,应根据本地图片资料的结构,重新编辑或者修改配置文件 wbfsysconfig. xml 中关于图片资料类型名称、存放路径等。

在配置文件(部分内容)中有:

&lt;SystemFilePath BasePath = "c:\slides" AuthorFile = "wbfAuthor. xml" TemplateFile = "wbfTemplate. xml" FrontPageID = "4" DefaultTemplateID = "4"/&gt;

&lt;Resource Name = "图片资料" Path = "" Filter = ""&gt;

　　&lt;Type Name = "云图" Path = "" Filter = ""&gt;

　　　　&lt;Kind Name = "红外云图" Path = "d:\zxtweb\gms" Filter = " * |yy||mm||dd| * PJ2. gif; * |YY||MM||DD| * PJ2. gif"/&gt;

　　　　&lt;Kind Name = "可见光云图" Path = "d:\zxtweb\gms" Filter = " * |yy||mm||dd| * PJ2. gif; * |YY||MM||DD| * PJ3. gif"/&gt;

　　　　&lt;Kind Name = "水汽图" Path = "d:\zxtweb\gms" Filter = " * |yy||mm||dd| * PJ2. gif; * |YY||MM||DD| * PJ4. gif"/&gt;

．．．．．．．．．．．．．．．．．．．．．．．．．．．．．．．．．．．．．．．．．．．．．．．．．．．．．．．．．．．．．．．．．．．．．．．．．．．．．．．

　　&lt;/Type&gt;

配置文件内容中总共有 7 个"&lt;&gt;"记录。

第 1 个&lt;&gt;记录:表示的是系统幻灯片路径,用户名定义配置文件为 wbfAuthor. xml,模板配置文件为 wbfTemplate. xml,其中封面模板缺省为 ID＝"4",内容模板缺省 ID＝"4";

第 2 个&lt;&gt;记录:图片资料源的名称为"图片资料",由 path 与 filter 参数定义检索;

第 3 个&lt;&gt;记录:type name 参数项定义气象图片资料类型名,如云图、雷达、T213 等。也是由 path 与 filter 参数定义检索;

第 4 个&lt;&gt;记录:kind name 定义气象图片资料检索要素名,如红外云图、可见光云图、低仰角反射率、500hPa 高度场等,检索绝对路径 path＝"d:\zxtweb\gms",filter 参数项定义气象图片资料的"过滤器",在该绝对路径下可能存在大量图片,为了减少图片的列表和检索时间,定义一个便于检索的"过滤器",一般情况下,气象资料图片文件名都与时间有关,因此采用通配符的方式,利用时间通配符来过滤,如当前选择的资料时间为 2021 年 7 月 15 日,通配符:i|YYYY||MM||DD| * c. gif 被替换为 i20210715 * c. gif,利用这个通配符过滤出来的文件在该绝对路径下只有一个,加快图片浏览速度,需要注意的是通配符的大小写是有区别的,书写时需要注意!

第 5 个&lt;&gt;记录与上一条类似;

第 6 个&lt;&gt;记录与上一条类似;

第 7 个<>记录</Type>表示定义的"云图"这一类型的图片资料检索完毕。

了解了书写格式后,用户可以添加自定义的图片资料,方便会商幻灯片的制作。如将红外云图图片资料改为本地路径之后,点击"入选图片"按钮,独立会商系统显示如图 6.21。

用户可以在图 6.20 中通过展开左侧的树状结构,在窗口右侧的资源设置下进行具体修改,这里不再赘述。

2.会商组件操作

独立会商系统界面包括工具栏、图片显示区、幻灯片缩略图列表、图片资料检索窗口以及幻灯片文字添加说明框(图 6.21)。

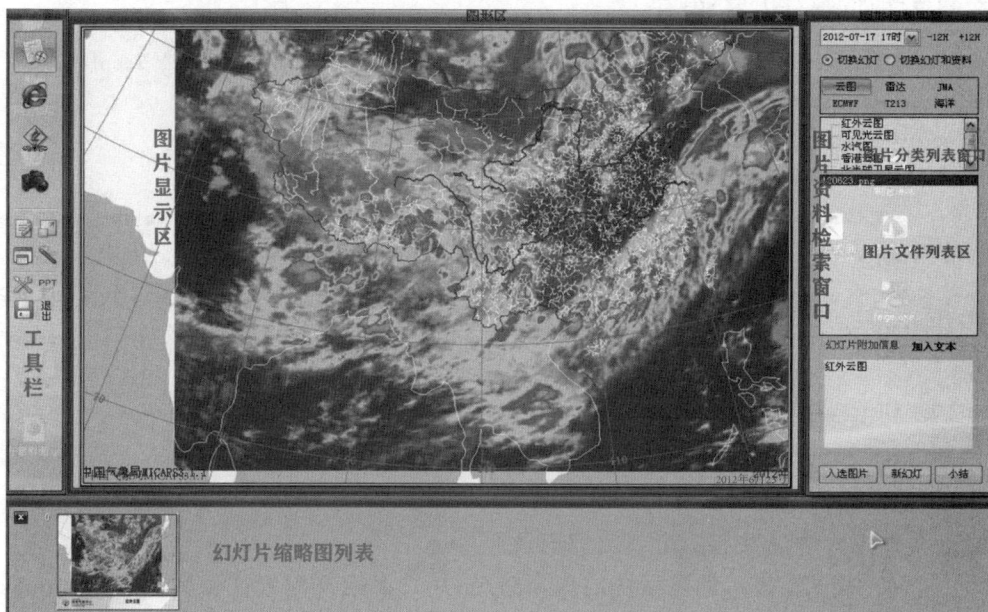

图 6.21 独立会商系统界面

(1)工具栏

工具栏即功能管理区,共有 12 个按钮,如图 6.22 所示。

1)点击"图片资料"进入图片浏览资源,即在"图片资料检索窗口"中进行操作。点击日期对话框右侧的下拉式按钮,出现日期、时间选择窗口,通过此窗口可以临时改变图片资料文件的过滤时间设置,也可以通过按钮"-/+12H"减/增 12h 间隔,临时改变图片资料的过滤时间设置。通过选择气象图片资料类型、资料检索要素名,检索需要的图片文件,此时,图形处于浏览状态。若认为某张图片支持预报思路,点击右下侧"入选图片"按钮,将该图片按照设定的模板选入到幻灯片中,并显示在缩略图列表中。在浏览图片中选择多个图片文件,即可以将多图动画形式作为一个图层添加到幻灯片中。

点击"新幻灯片"按钮,则在图形显示区中形成一张已设置幻灯封面的新幻灯片,然后可在此幻灯片上叠加其他气象图片。

点击"小结"按钮,弹出文本输入框,在文本输入框中输入文字说明,点击"保存当前幻灯片小结"按钮,则输入的字符串在当前图形显示区中显示。或者在"幻灯片附加信息"文

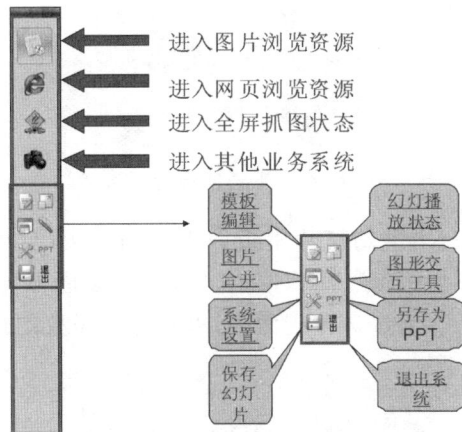

图 6.22　功能管理区

本框中输入说明字符串,点击"加入文本"按钮,也可以达到同样的目的。

2)点击"web"按钮,进入网页浏览资源(见图 6.23),可以在右侧的网站资料选择框中选择需要显示的网站主页,也可在图形区上部的地址栏中输入其他网站网址,如杭州市气象局网址 http://www.hzqx.com/gzhfw/index.asp。常用网站可预先在配置文件 wbfsysconfig.xml 中设定。图形区上部前几个按钮与常规网页浏览功能一致。"入选"按钮将浏览网页的内容入选到幻灯片中;"扩大视野"按钮用于隐藏资料选择框和缩略图列表,扩大网页浏览范围。点击"图片资料"按钮退出网页浏览。

图 6.23　进入网页浏览资源

3)点击"Micaps"按钮,进入全屏抓图状态,此时主界面隐藏,在屏幕左下角出现一个半透明的控制面板(见图 6.24),单击照相机图标,则对 MICAPS 系统主窗口的内容截屏,并在右下角出现提示截图内容已入选幻灯片。在控制面板上点击"图片资料"按钮,返回编辑幻灯片主界面。截屏是为了获得其他业务系统的显示内容,即进入其他业务系统。

图 6.24　半透明控制面板

4）点击"模板编辑"按钮，出现幻灯片模板编辑控制面板（见图 6.25），进入模板编辑状态。幻灯片模板分为 4 类图层：背景、图像层、文字层、矢量图形层，在每一类图层上单击右键都有一个属性对话框显示。通过该控制面板，可自定义设置幻灯片的样式、布局。

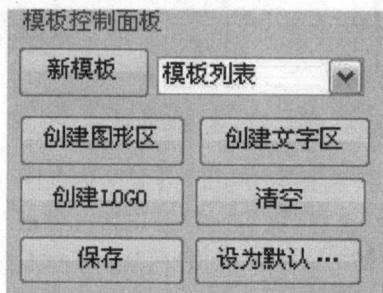

图 6.25　幻灯片模板编辑控制面板

"新模板"，可修改原有的 5 种模板之一，也可以自定义一个新的幻灯片模板；"创建图形区"，新建一个图片显示区域，点击该按钮，在幻灯片模板显示窗口背景上显示一张图片样式，与图 6.13 功能一致；"创建文字区"，与图 6.16 的介绍一致；"创建 LOGO"，新安置一个单位的标志，可按住鼠标左键拖动标志到希望的地方，再抬起左键即为标志显示位置，该标志图片文件名为 logo. png，需要预先制作好，并存放在\MICAPS3\modual\weatherbf\images 目录下；"清空"，删除控制面板中所有设置；"保存"，将这些设置保存并自动生成模板标识号 ID；"设为默认"，将当前幻灯片模板设置为缺省模板，即会商制作 PPT 素材时使用该模板。这些设置修改将保存到配置文件 wbftemplate. xml 中。

5）点击"平铺"按钮，用于将 4 张图片合并在一张图中，即 4 分屏形式，对图像进行对比分析。在刚选中的图形中单击右键，出现图 6.26 所示的窗口，选择"添加到平铺图序中"，出现一个 4 图平铺的缩略图，将独立会商系统界面中刚新增的图形左键拖到 4 分屏中的任意位置，松开左键则该图出现在缩略图中，依次将需要显示的图形放入缩略图中，然后单击"平铺"按钮，则中间的图形显示区中出现 4 分图形。

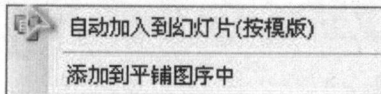

图 6.26　添加到平铺图序

6）"系统设置"在之前的章节中已作介绍。另外，"幻灯播放状态""另存为 PPT"与熟悉的 microsoft 相似，"保存幻灯片""退出系统"意义非常明确，"图形交互工具"与"矢量图添加"一致，这里都不再赘述。

（2）图片显示区

在图片显示区中（见图 6.21）选中一个图形、文字或形状，按住鼠标左键，可以任意拖放位置，按住鼠标右键，拖放实现缩放。当处于图形浏览状态时，点击鼠标右键，出现图 6.26所示的窗口，用于添加幻灯片或者平铺幻灯片。未处于图形浏览状态时，选中一个图片，单击鼠标右键，弹出该图片的属性设置窗口。

（3）幻灯片缩略图列表

图 6.21 中的幻灯片缩略图列表为会商幻灯片的预览区，选择该缩略图则在图片显示区显示该图片，通过拖放缩略图可以调整各个幻灯片的位置。

# 6.3　预报管理

预报管理流程模块安装在目录\MICAPS3\modual\zfcstmanage 下，由"预报管理"菜单启动，该菜单包含预报员注册、交接班记录、批注、重点天气和预报评分等子菜单项。

MICAPS 系统提供预报员注册功能，预报员开始值班时需注册登记，便于预报流程的业务管理。该注册模块使用配置文件 forecasterList.txt，内容为单位名称和预报员列表。该配置文件需要手工编辑。选择"预报管理"菜单中的"预报员注册"选项，弹出注册窗口（见图 6.27），预报员在此注册。这里注册的信息被保存在系统日志文件中。

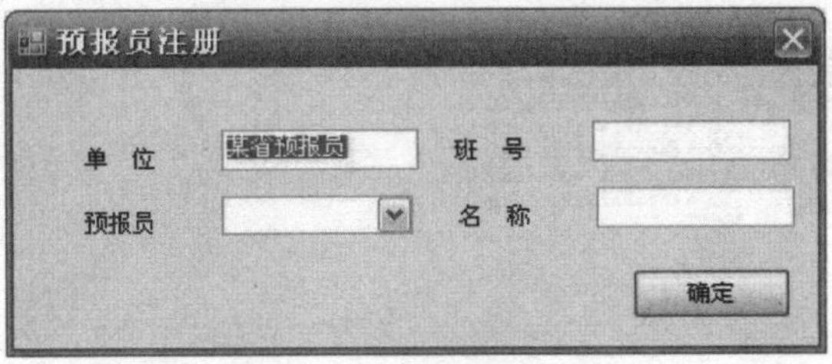

图 6.27　注册窗口

系统还提供预报值班交接班记录功能。当前班号的预报员完成工作后，可以与下一班号的值班员进行交接班，通过"预报管理"菜单中的"交接班记录"启动交接班记录窗口（见图 6.28），系统保存交接班相关信息。输入交接班预报员、班号、意见等信息，点击"确定"按钮，交接班信息即可记录到日志文件中，然后弹出预报员工作列表（见图 6.29），罗列该班号值班需要完成的任务及所需使用的数据目录和需要生成的产品。掌握当前班必须完成的工作，点击"交班"按钮，再次弹出交接班窗口，点击"返回"按钮，结束交接班流程。其中任务列表中的任务分为两类，代码为 0 的类别是可以打开的综合图，点击该行将打开指定的数据或综合图文件，方便值班人员快速检索，代码为 1 的类别是需要预报员生成的产品。任务列表中显示的内容在模块目录中 tasklist.txt 文件中预先设置，根据实际业务需要，手工编辑修改。

系统还提供批注、重点天气提示的功能，选择模块菜单中"批注""重点天气"选项，弹出批注输入对话框（见图 6.30）以及重点天气输入框（与图 6.30 类似），并对对话框进行编辑，则批注内容记录在系统日志中，重点天气提示在之后弹出的预报员值班任务列表窗口中显示。

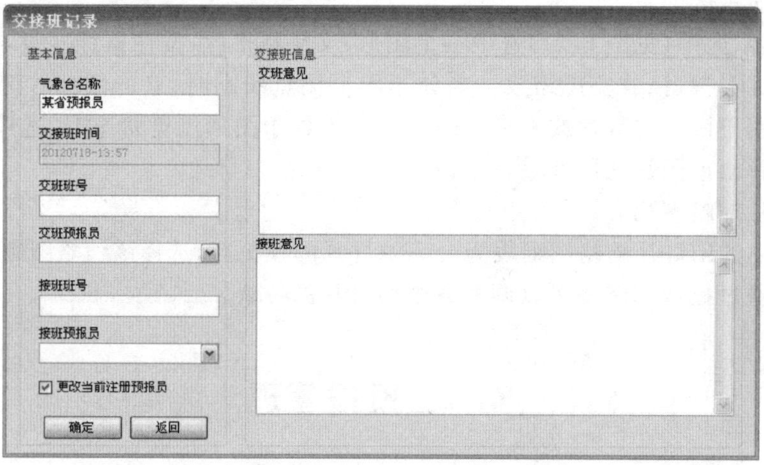


图 6.28　交接班记录窗口

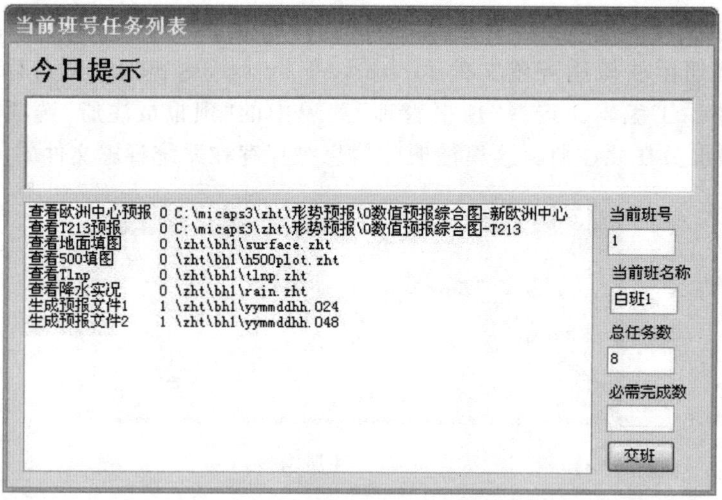


图 6.29　当前班号任务列表窗口

图 6.30　批注输入对话框

MICAPS 系统提供的日志文件会记录系统启动、退出、主要操作过程、预报员注册信息、交接班信息、值班批注等。每次启动生成一个日志文件，缺省保存在\MICAPS3\LOG 目录下。文件名根据启动日期自动生成，文件名格式为 micaps3Log_20120718_000.txt，其中 000 为编号，每启动一次编号增加一次。该文件用于对系统使用的监测及查询。

## 本章参考资料

[1]中国气象局重点工程办公室 9210 工程项目组，人机交互处理系统技术开发组．MICAPS 系统管理员手册[M]．北京：气象出版社，1999．

[2]吴洪．气象信息综合分析处理系统（MICAPS）第 3 版培训教材[M]．北京：气象出版社，2010．

[3]寿邵文，励申申等．天气学分析[M]．北京：气象出版社，2002．

[4]张晓伟．基于 MICAPS 平台的风切变线的识别与应用[D]．武汉：武汉理工大学，2010．

[5]MICAPS 第三版用户手册[Z]．北京：中国气象局，2009．

[6]卫星数据格式实用手册[M]．北京：气象出版社，2009．

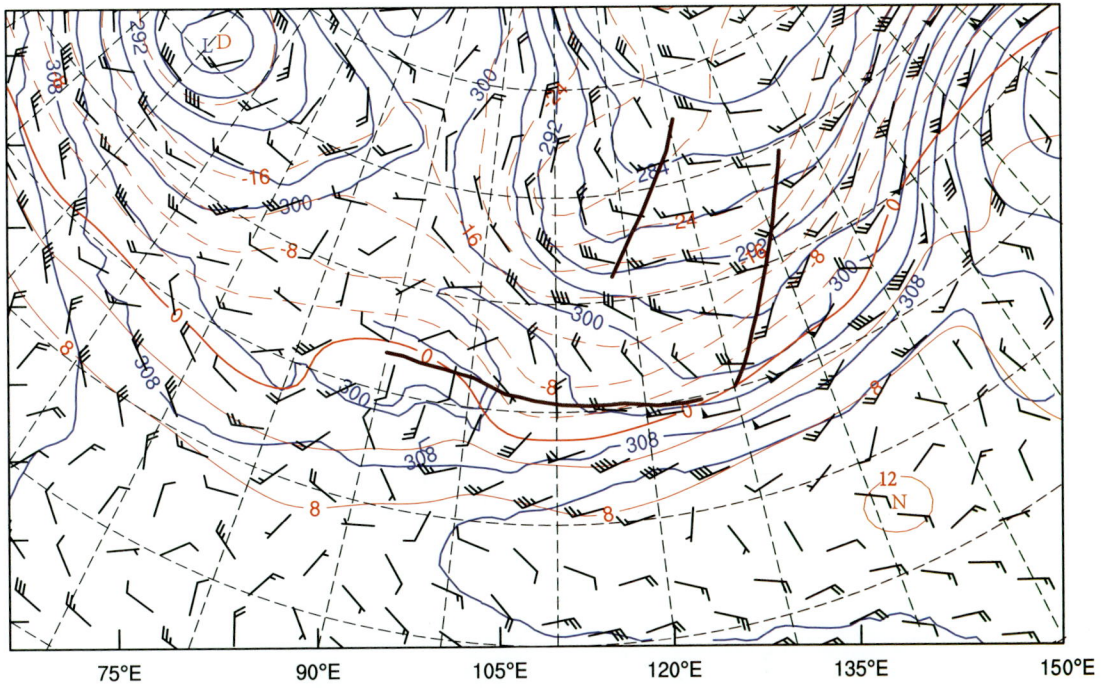

图 1.6　2012 年 3 月 9 号 20 时（北京时）700hPa 亚欧高空分析图

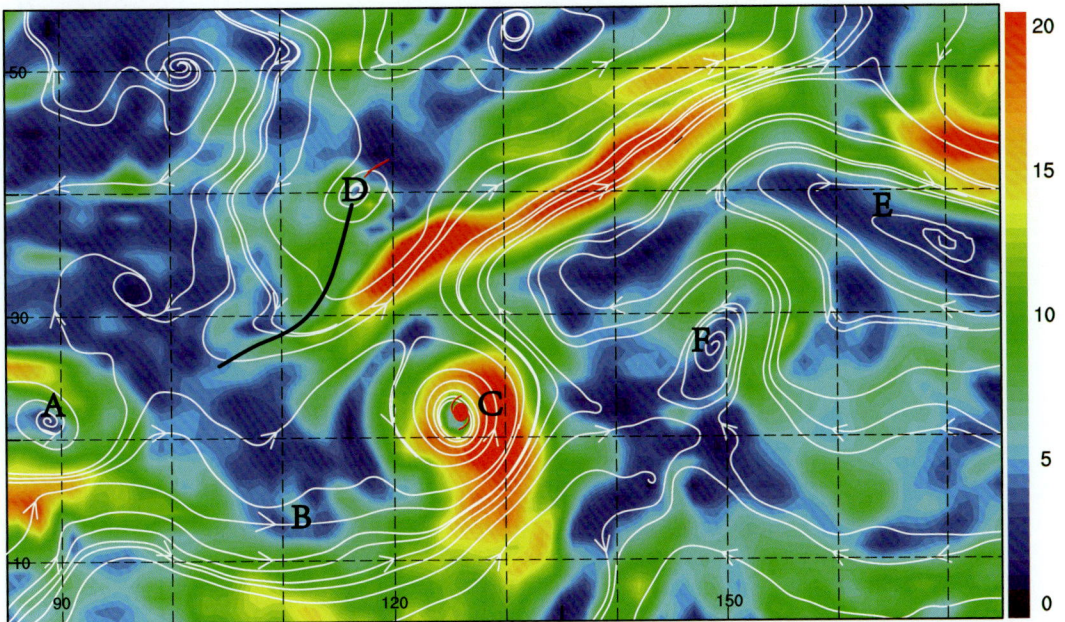

图 1.12　对流层低层流场图

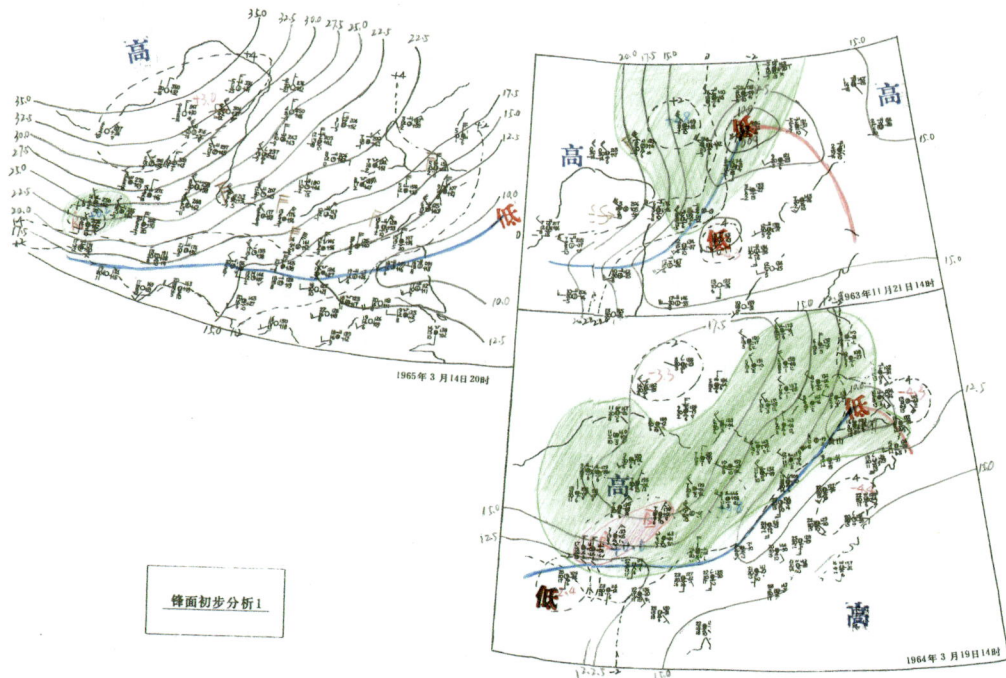

图 1.14　锋面初步分析（1）

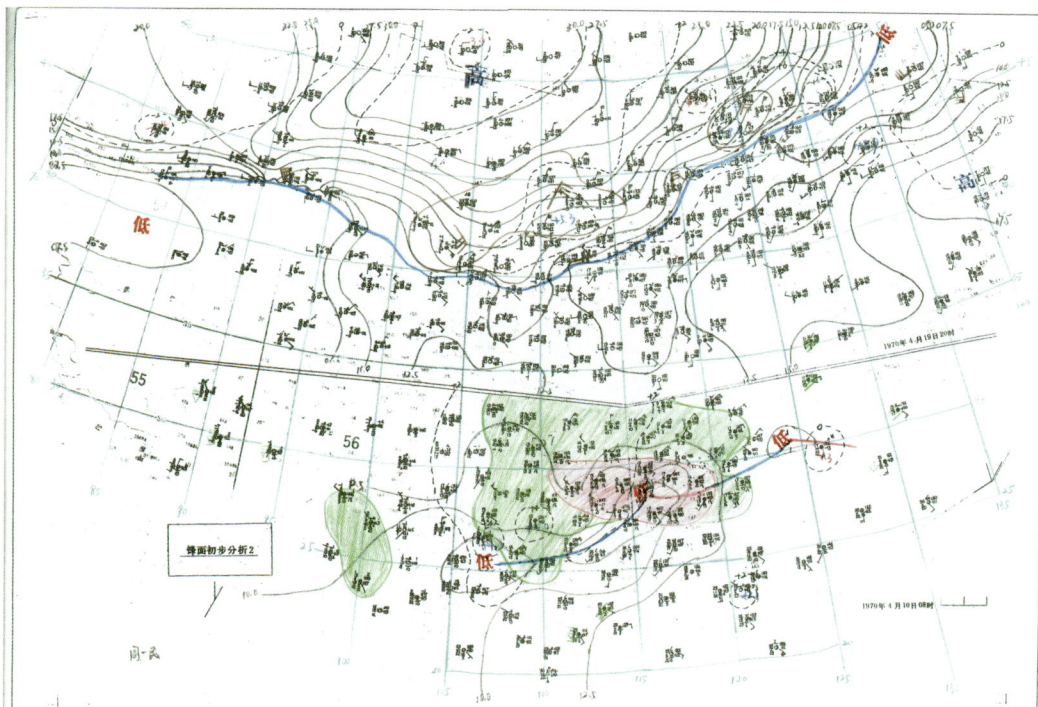

图 1.15　锋面初步分析（2）

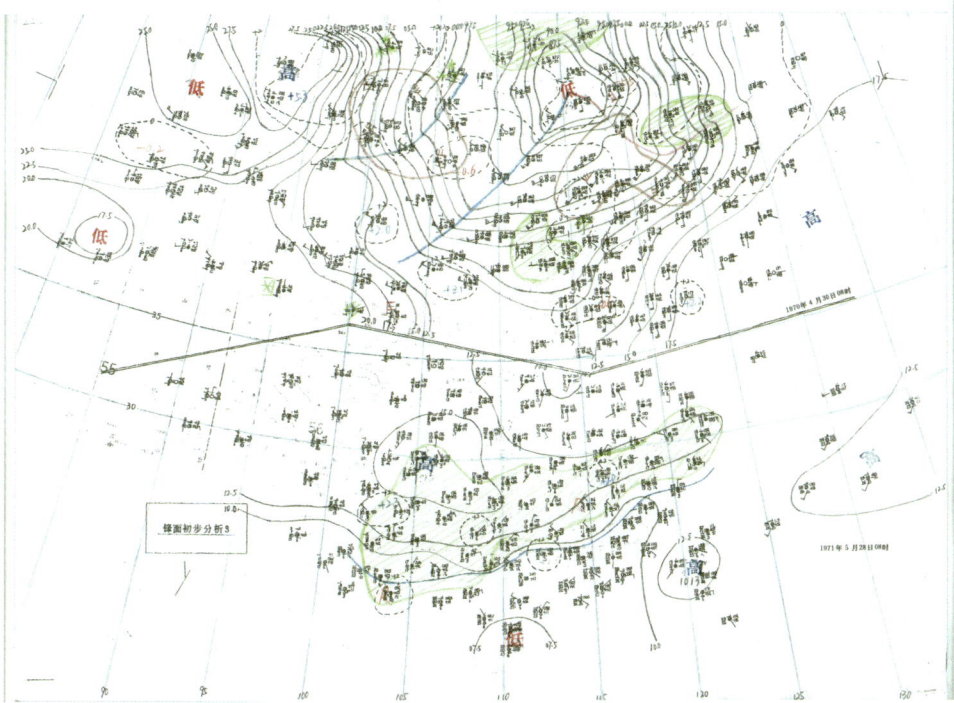

图 1.16 锋面初步分析（3）

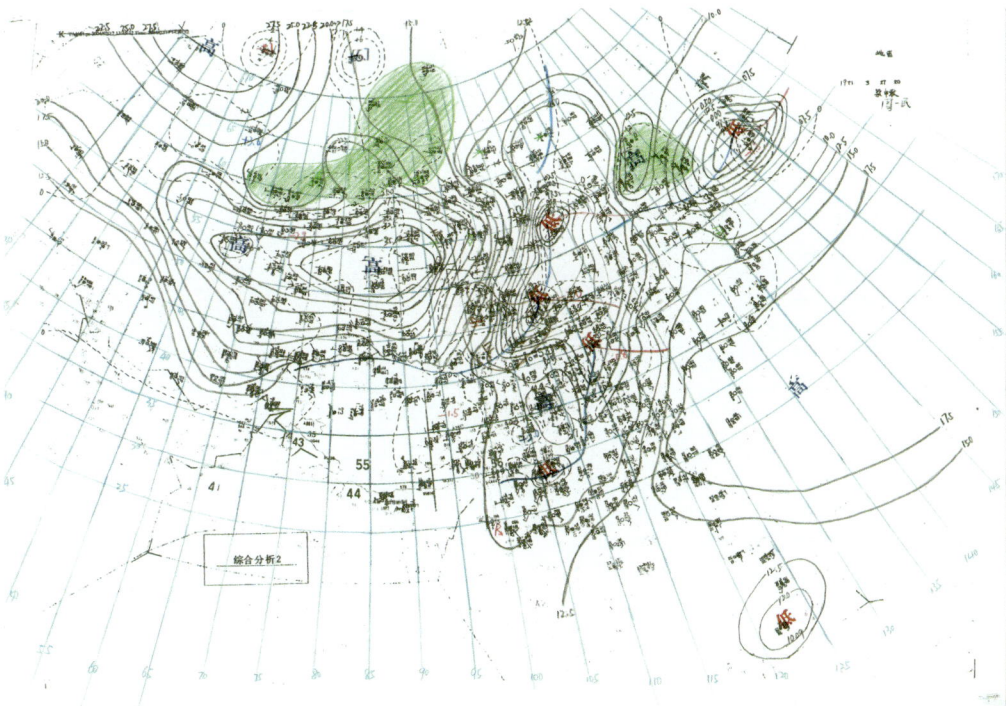

图 1.18 综合分析（1）

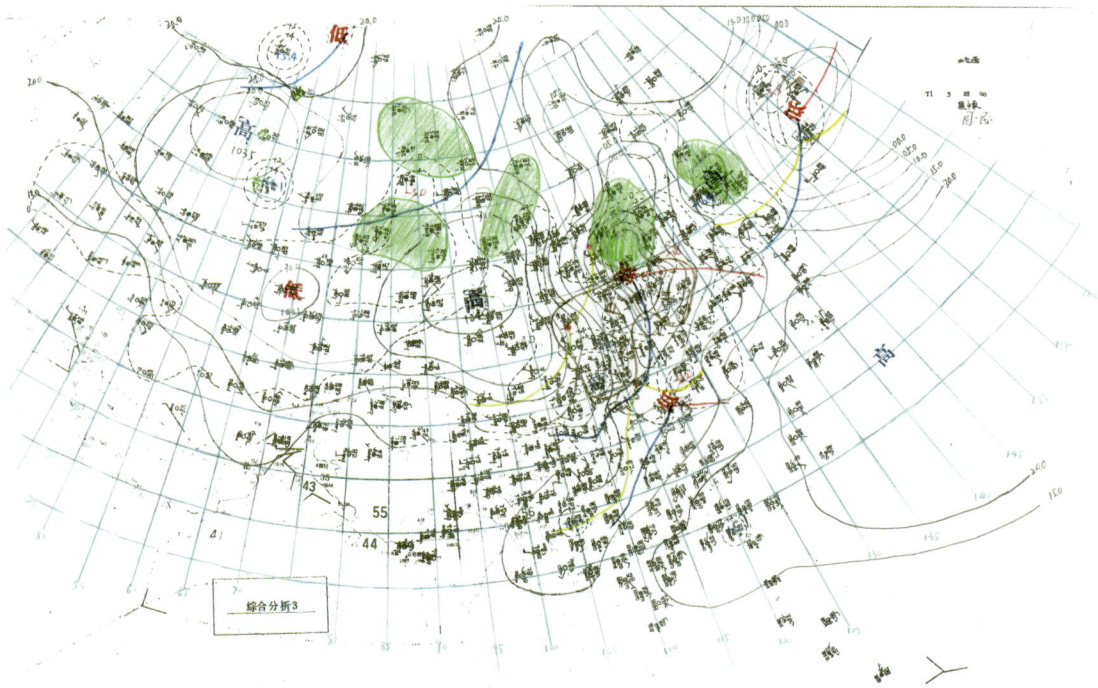

图 1.19　综合分析（2）

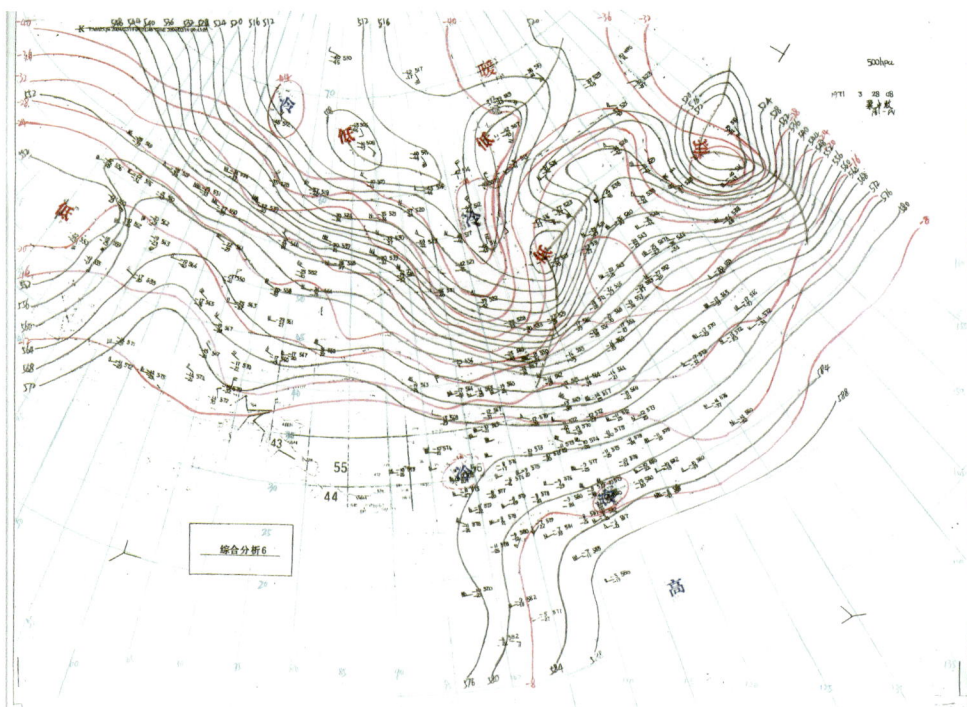

图 1.20　综合分析（3）

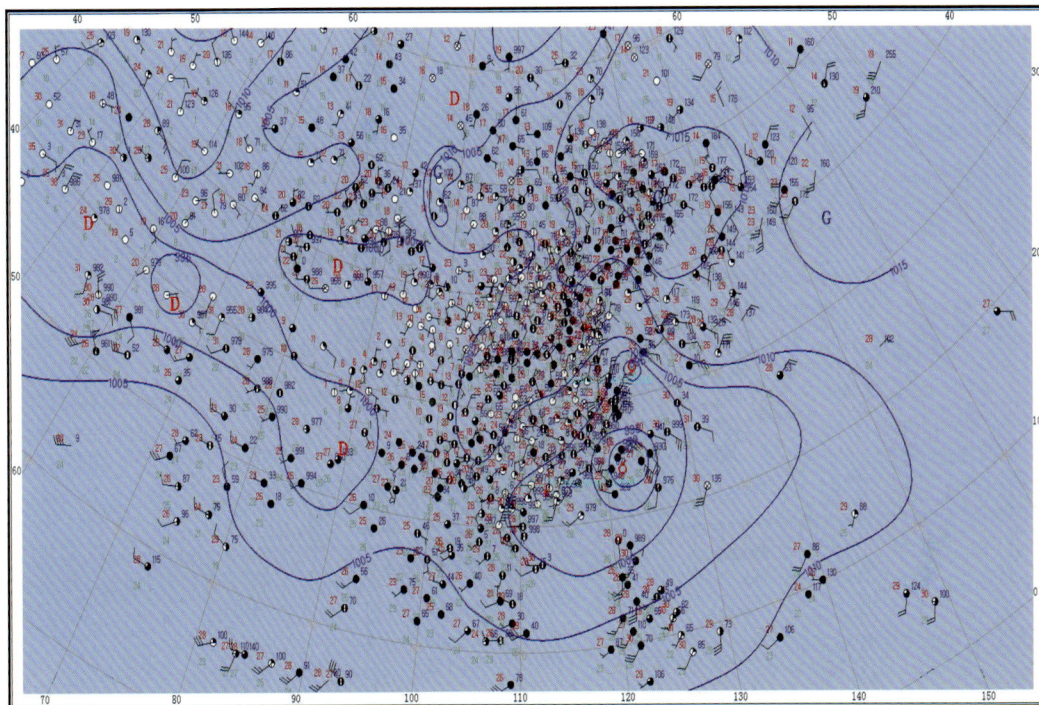

图 1.21　2012 年 8 月 02 日 08 时地面分析图

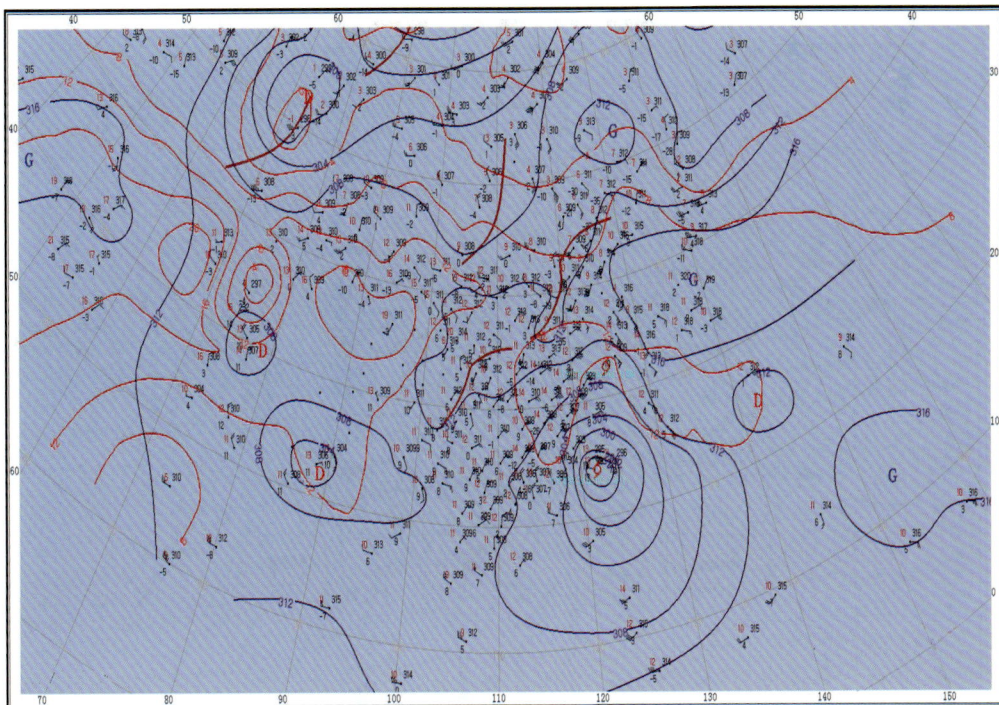

图 1.22　2012 年 8 月 02 日 08 时亚欧 700hPa 高空分析图

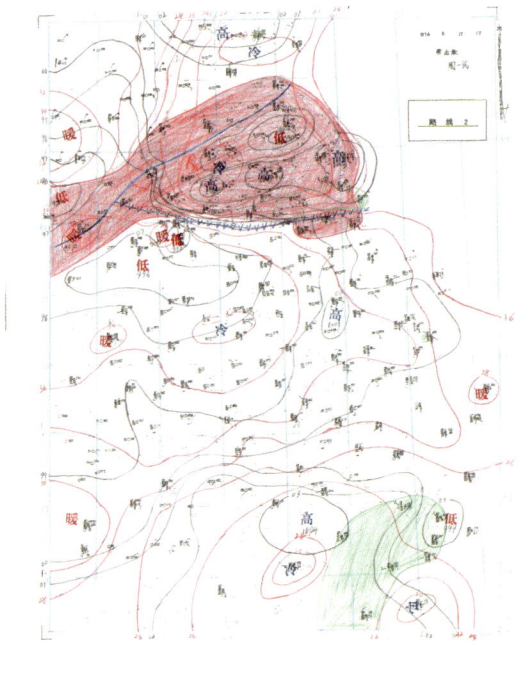

图 1.31　飑线过程

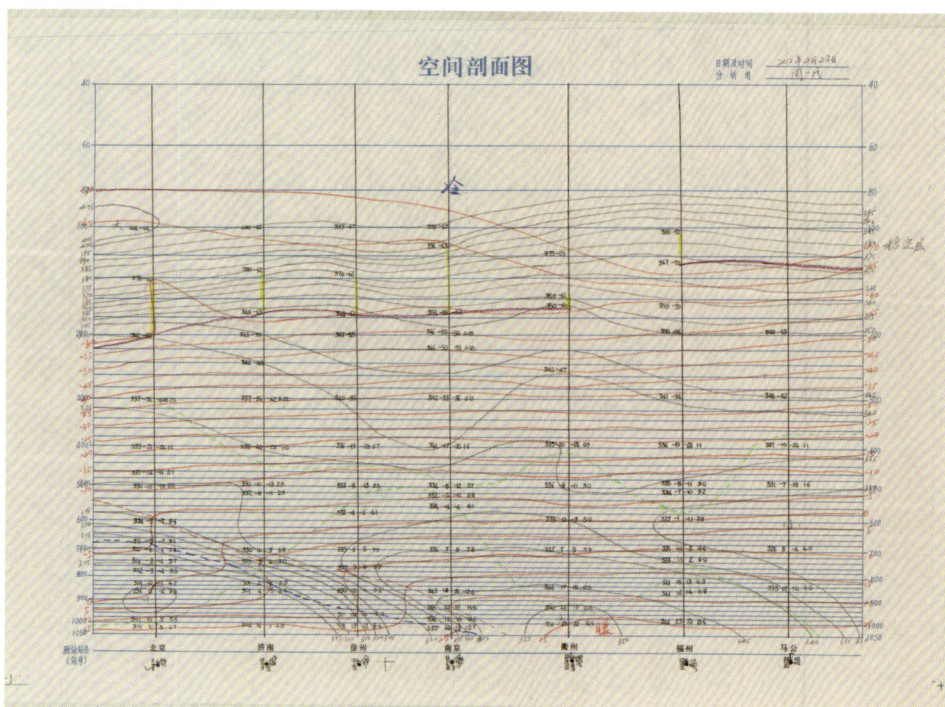

图 1.32　空间剖面图

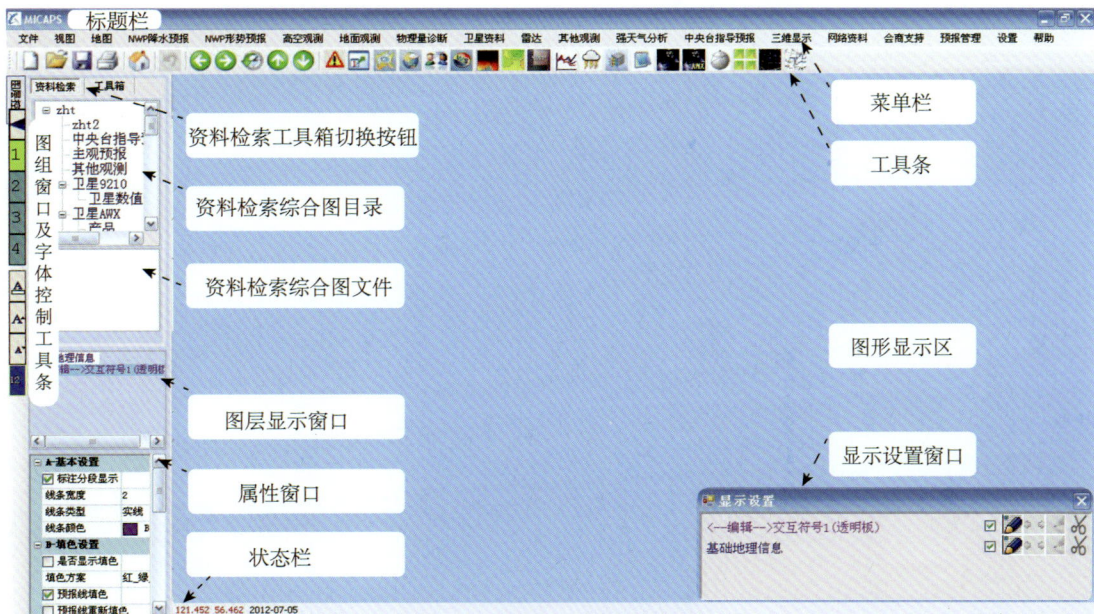

图 2.8　MICAPS 系统主界面

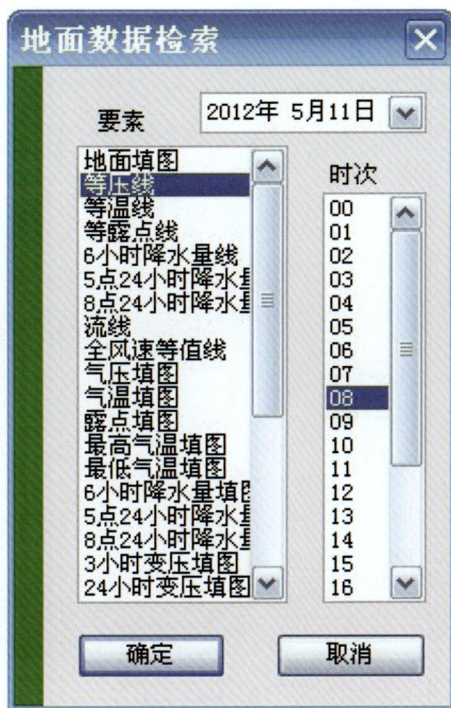

图 4.6　地面数据检索

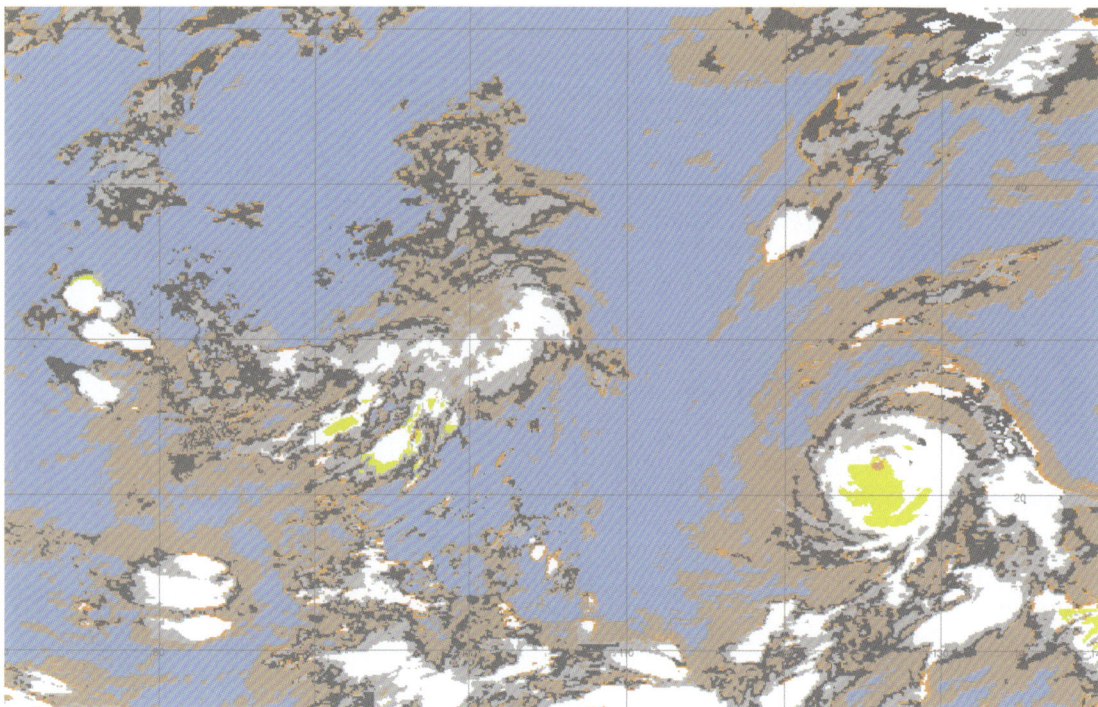

图 5.47　云分类显示

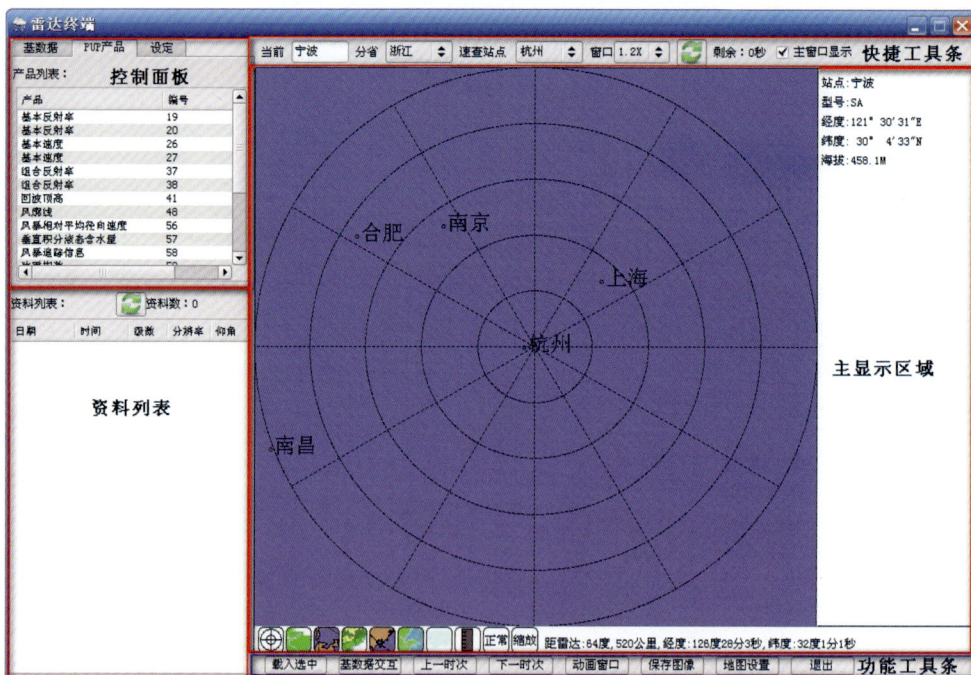

图 5.57　单雷达终端显示界面